目で見る
チェルノブイリの真実
[新装版]

リチャード・F・モールド 著　小林 定喜 訳

西村書店

CHERNOBYL：The Real Story
ISBN：9780080357188
by
Richard F. Mould
MSc.PhD, CPhys, FInstP, FIS, FIMA

Copyright © 1988, Pergamon Books Ltd.
Japanese edition copyright © 2013, Nishimura Co., Ltd.

This edition of Chernobyl：The Real Story by Richard F. Mould is published by arrangement with ELSEVIER LIMITED of The Boulevard, Langford Lane, Kidlington, Oxford, OX5 1GB, UK.

All rights reserved.
Printed and bound in Japan

本書の記載事項については，正確を期するよう努力しておりますが，著者（訳者），権利者及び出版社は，その内容について保証するものではありません．また，本書の内容から起因した中傷，知的財産の侵害，プライバシー侵害などにより個人の名誉または資産が損害を受けた場合，または本書の情報を用いた結果なんらかの不都合が生じた場合においても，著者（訳者），権利者及び出版社は一切責任を負いません．

訳者まえがき
『チェルノブイリの真実』新装版に寄せて

1. チェルノブイリに学び，福島を考える

　1986年4月26日に起こったチェルノブイリ発電所4号炉の爆発事故のニュースは，世界を震撼させました．事故の様相はこの訳書に見るとおりです．

　この事故の教訓として，(1) 安全文化 (safety culture) の涵養，(2) リスク・コミュニケーションの促進 (risk communication：対話によるリスク情報の相互交流を通じて，リスクへの理解を深めること)，(3) 意志決定におけるステイクホルダー関与の推進 (stakeholder：ある事柄によって影響を受け，そのことに関心を持つ人．「利害関係者」と言う訳語は誤解を招きやすく不適切)，そして，(4) 正確で迅速な情報公開と透明性の確保，が喧伝されました．

　(1) の安全文化に関しては，日本にはすでに当然のこととして，十分な安全文化が存在すると考える人が多く，世界の諸国に「日本を見習うべし」と言って恥じないような風潮がありました．しかし，高速増殖炉「もんじゅ」のトラブル (1995年)，東海村 JCO の臨界事故 (1999年)，東京電力柏崎刈羽原子力発電所の中越沖地震によるトラブル (2007年) などが続くうちに，なにやら日本の原子力の安全文化は怪しいという雰囲気が出てき始め，今回，福島原発の事故によって「日本の原子力の安全文化健在信仰」は全くの虚構であったことが明らかになってしまいました．

　(2) のリスク・コミュニケーションと (3) のステイクホルダー関与とは表裏一体の関係にあり，いずれが欠けても意味がありません．我が国ではこの二つはチェルノブイリ事故以降，民主的な"一般社会目線"の目新しい概念として，原子力施設の立地や放射線防護の諸基準の設定などに際して積極的に取り組まれ，取り入れられねばならないと考えられるようになってきていました．しかしながら，福島原発事故以降の行政の対応ぶりをみると，いずれも誠に不十分な状況であり，リスク研究学会などの「科学技術と社会との関係に関心を持つ研究者」のレベルでは当然のことと思い込まれていた事柄が，肝心の行政レベルには理解されていなかったことが窺えます．小中学校などにおける被曝線量の制限値，汚染土壌など放射能除染産物の中間貯蔵地や最終処分地の選択・設定などを巡る対応の遅れや混乱は，十分なリスク・コミュニケーションとステイクホルダー関与がない限り，解決しないでしょう．

　(4) の「正確で迅速な情報公開と透明性の確保」は，元々日本，特に日本の行政にとっては

「苦手な」分野で，福島事故での「手遅れ，不透明な」情報公開は事故当初から1年半を過ぎた今でも尾を引いています．事故発生時において放射能の環境への拡散状況の予測と実際の状況とを直ちに公表しなかったこと，原子力安全委員会がそのモットーとして堅持してきた「会議の公開」を，肝心な時に「いたずらに周辺住民の方に動揺をもたらす恐れがございますので」として非公開にしたこと（第24回，2011年4月20日）は，その象徴的な出来事でした．

　福島事故の原因の解明，事故進展の状況，今後の復旧，そして多くの欠陥を露呈した体制の立て直しを目指しての提言などに関して，事業者である東京電力，民間の専門家グループ，政府，そして国会の事故調査委員会がそれぞれに報告書を取りまとめ，公開しています（政府の事故調査委員会最終報告書〈以下，政府事故調最終報告書〉が2012年7月23日に提出され，それで全部が出そろいました）．これらの報告書は多少のニュアンスの違いはあるものの，行政と電力事業者における組織的欠陥と安全文化の欠如を明らかにしています．

　福島第一原発の4基の原子炉の事故は，巨大地震・津波が第1の誘因ではありましたが，直接の原因は「全外部電力の喪失（外からの電力供給がすべてストップする）」であり，チェルノブイリ第4号炉の暴走爆発の原因が「外部電力喪失時にタービンの慣性回転を利用して必要な電力供給を得る」という「試みの実験」の失敗であったことを考え合わせると，奇しくも「外部電力の喪失」という，様々な状況下でごく普通に起こり得る出来事が原子力発電所安全運転の鍵であることを示しました．

　チェルノブイリ事故において，避難区域の設定，放射能除染方式の選択，事故による風評被害対策などに関してのリスク・コミュニケーションとステイクホルダー関与の有効性が明らかとなり，そのノウハウがヨーロッパ諸国で蓄積されています．それら以外にも，環境や風俗習慣の違いを超えて「チェルノブイリに学ぶ」べきことはなお多々あると思われます．例えば，環境の放射能の除染や避難跡地に取り残され，放置された家畜たちへの対応（プルシアンブルーなどの薬剤を用いての体内放射性セシウムの除去）はその例です．参考までに，チェルノブイリと福島の事故の様態を**表1**と**図1**にまとめて以下に示します．

2. 放射線感受性と低線量放射線の健康影響——低線量放射線についてのリスク・コミュニケーションの一つの材料として

　人において放射線の影響の受けやすさ（放射線感受性）は，その人の遺伝的素因（人種差，個体差），年齢，性，生理学的素因，生活習慣，環境要因などによって大きく異なります．放射線の急性影響に関しては，チェルノブイリでは普通の人々の致死線量（3～4 Sv〈シーベルト〉）をはるかに超えた線量（倍以上の7 Sv）を受けても生きのびた例があり，また，低線量の被曝による「がん」などの晩発性影響の場合も同様で，被曝線量が同じでも，がんになる人もならない人もいます．

　したがって，福島事故で様々に論じられ，今でも議論が続いている「被曝線量1, 5, 20, 50, あるいは100 mSv（ミリシーベルト）のどれが，あるいは，どこまでが安全か？」という質問には，「平均的な，標準的な，人や人の集団」については科学的な知見に基づいて，あれこれと意見を言うことができますが，実際の状況での個々の人については一律に論ずることはできないのです．

　低線量放射線の健康影響は，主として，我が国の放射線影響研究所（放影研，広島・長崎）による広島・長崎の原爆被爆生残者についての長期にわたる追跡調査（疫学調査）によって，

表1 チェルノブイリと福島の比較

項目	チェルノブイリ	福島
原子炉　種類	発電炉 黒鉛減速・沸騰軽水冷却 チャンネル炉（圧力管型）	発電炉 軽水減速・沸騰軽水冷却炉
型式	ソ連製　RBMK1000	GE社製　BWR. Mark 1
基数	1基	4基
電気出力　万kW	100	1号機　2号機　3号機　4号機 　46　　78　　78　　78
特徴	格納容器がない構造．低出力状態では高い正のボイド係数となり制御が不安定化	1号機：ターンキー契約で米国より購入
運転開始年	1983年12月22日（商業運転1984年3月26日）	1971年3月26日（1号機のみを記載）
事故の年月日	1986年4月26日	2011年3月11日
事故の主原因	運転規則に違反した人的エラー＋炉の特性と構造	地震津波による全外部電源の喪失＋補助電源の喪失＋その他の複合要因
事故の様態	炉心の爆発・火災により放射性物質がヨーロッパを中心に広範囲に拡散．石棺で密閉	冷却不能による炉心溶融，水素爆発による建屋の破壊などによる発電所機能の完全喪失．2012年8月現在収束作業進行中
放出放射能＊　TBq 大気圏（総量ヨウ素131換算値）	IAEA, UNSCEAR：520万TBq	保安院（政府事故調）：77万TBq 安全委員会（同上）：57万TBq 国会事故調・東電：90万TBq（チェルノブイリの約1/6）
水圏（単純合算値，未確定）		IRSN，東電：1万8,000 TBq
深刻な放射能汚染地域の広さ（図1参照）	1万3,000 km^2（555 kBq/m^{2}以上，約年間10 mSv以上に相当）	1,800 km^2（年間5 mSv以上）福島県
被曝による人的被害 　急性障害死　作業者 　がん死　　作業者 　　　　　　公衆	 28人 白血病，甲状腺がん：有意に増加 甲状腺がん：同上	 0 未確定 未確定
一般公衆の被曝（避難と被曝）	避難行動は組織的に実施されたが，大量の放射能放出後に避難を開始したため，線量はかなり多くなった． 甲状腺被曝防護に失敗． 内部被曝線量管理は特に乳幼児のI-131について不十分．	放出放射能の拡散方向などの情報なしに，避難開始・避難区域の段階的拡大を実施したため避難行動が混乱，避け得た被曝が生じた． 甲状腺被曝防護に失敗． 事故後中長期の内部被曝線量管理はほぼ成功． 福島3町村1万4,000人の事故後4カ月外部被曝線量：1 mSv未満57％，1〜10 mSv未満42.3％，10 mSv以上0.7％．
避難者数	11万6,000人（ベラルーシ，ウクライナ，ロシアの3カ国合計）	14万6,520人（公式な避難者数，政府指定区域以外からの自主避難者を除く）
事故の規模＊＊ 国際原子力事象評価尺度（INES）	7	7

＊環境に放出される可能性のある「原子力発電所内の放射能の量（inventoryインベントリー）」は，事故の規模などを考察する上で重要な値ではあるが，調査報告書では示されていない．
　大雑把な比較として，事故を起こした原子炉内あるいは使用済燃料保存プール内の核燃料棒の数を示すと，チェルノブイリ 1661本，福島（1〜4号炉合計）4604本（炉内1496本，燃料プール内3108本）である．
＊＊7段階，最大が7.

訳者まえがき　v

図1　チェルノブイリ（左）と福島（右）の放射能汚染範囲の比較

　福島地図の赤で表した汚染域は，チェルノブイリ地図の最も色が濃い箇所とほぼ同じレベルの高濃度セシウムによる汚染が広がった地域である．より比較しやすくするために，チェルノブイリの地図に赤太線で福島の地図を重ね合わせている．

　チェルノブイリでは高濃度汚染域は福島より広範囲に広がっているが，これは主として放出放射能の量（チェルノブイリが約6倍）と地形（チェルノブイリは平野，福島は山間部が迫っている）の違いによる．なおチェルノブイリに比べると潜在的リスクは福島の方が数十倍も大きく（表1の註参照），その状態はまだ解決されていない．

参考文献4

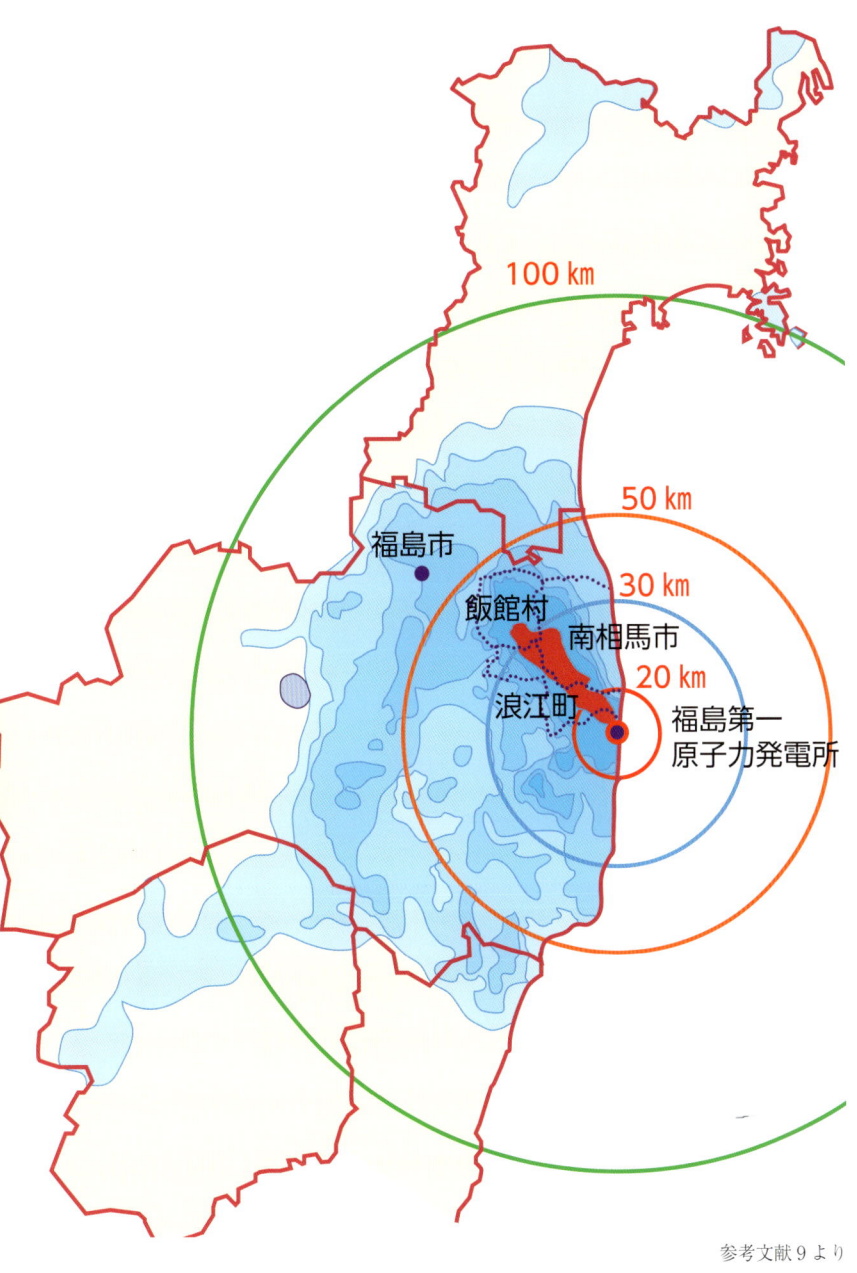

参考文献 9 より

訳者まえがき　vii

被曝線量と白血病・がんの発生頻度との関係（直線の線量効果関係）が明らかにされています．しかし，この場合，線量効果関係が直線であると認められるのはおよそ 100 mSv 以上の線量であり，それ以下の線量でどうなるかは，実は，はっきりしていないのです（**図 2A**）．国際放射線防護委員会（ICRP）は 100 mSv 以下でも直線関係が成立するものと仮定して，「放射線防護のための線量基準」を設定して勧告し，我が国を含めて世界各国はこの勧告に従って放射線防護にかかわる法令を定めています．一方で，放射線生物学の研究によると，低線量域での線量効果関係は必ずしも直線ではないことがわかってきています．低線量域において放射線の影響が増幅されることもあれば，ある線量以下では影響がない（閾値がある），また逆に，悪い影響を低減したり，あるいは，健康を促進するようなことも起こり得るのです（**図 2B**）．

　広島・長崎の疫学調査データに基づく「放射線防護上の直線線量効果関係」については，広島・長崎のデータが内部被曝を考慮していないこと（放影研では内部被曝の影響はなく外部被曝のみ，として解析している．内部被曝を考慮に入れず，すべての影響を外部被曝によるとすることは外部被曝の影響を大きめに評価することになる），高 LET 放射線である中性子線を低 LET 放射線*であるガンマ線などに換算合算して低 LET 放射線の総線量として解析していること，放射線被曝の急性効果の影響を乗り越えて生きのびた「強い」人々のデータである可能性が高いこと（放射線の影響を少なめに評価することになる）などが留意すべきこととして挙げられていますが，このデータを放射線防護の基準に用いる際に考えるべき最も重要な特質は，「原爆爆発時に**瞬時に受けた**（外部被曝）放射線による影響のデータ」であることです．

*ガンマ線，X 線などの放射線が，なんらかの物質の中を通り抜けていくときの物質に与えるエネルギー量が少ない放射線．これに対して中性子線，α 線など，当たった物質に与えるエネルギー量が大きい放射線を高 LET 放射線と言う．単位吸収エネルギー当たりで比較すると，高 LET 放射線は低 LET 放射線よりも影響が大きい．

　放射線による影響は線量が同じでも一度に全部受ける（高線量率）のと，少しずつ時間をかけて受ける（低線量率）のとでは影響が異なり，少しずつ受ける方が影響は小さくなることが多くの実験や人間のがんの放射線治療などの経験で示されています．線量効果関係が直線の場合で見ますと，線量，あるいは線量率が小さくなると線量効果関係の直線の傾き（勾配）が小さくなります．この現象を「線量・線量率効果（dose and dose-rate effect）」といい，この影響の大きさを線量・線量率効果係数（高線量率での影響と低線量率での影響の比，Dose and Dose Rate Effectiveness Factor，DDREF）で表します．例えば，「DDREF が 2」であれば，低線量率では影響は高線量率の場合の 2 分の 1 になる，という意味です．ICRP が防護基準を策定する際の根拠とした広島・長崎のデータは原爆爆発の瞬間に「一度に急激に」体外から受けた「高線量率・外部被曝」の結果としての影響であり，チェルノブイリや福島での環境の放射能汚染による一般公衆の被曝は，「外部被曝も内部被曝も含めての低線量率での被曝」です．

　この DDREF の値として，ICRP と NCRP（米国放射線防護審議会）は 2，BEIR（米国科学アカデミー研究審議会）は 1.5，原子放射線の影響に関する国連科学委員会（UNSCEAR）は「3 より低い値」を提示しています（**図 2C**）．様々な実験研究によると DDREF の値は固定されたものではなく，線量率が低くなるに従って大きくなる，すなわち，影響が小さくなることがわかっています．

　低線量率低線量の放射線被曝の典型である「自然放射線による被曝」は世界平均で年間 2.4 mSv，特段に高いところで 35 mSv（インド・ケララ）～260 mSv（イラン・ラムサール）程度であり，この範囲の線量での低 LET 放射線による被曝では健康異常の増加は見つかっていま

せん．しかし，「見つかっていない」ことと「ない」こととは別であり，自然放射線のレベルでも「影響がある」可能性は残っていますが，その大きさは「極めて小さい，すなわち，DDREFの値はかなり大きい」と推論されます．したがって，ICRP, UNSCEAR などによる 1.5, 2, 3 等の DDREF 値は，低線量であっても短時間に受けるような特殊な場合を除いて，「放射線防護のための（慎重に用心し，安全側に設定した）便宜的な数値」であると言えます．

　政府説明のような言い方になってしまいますが，一般的に割り切って言うと，福島で現在，居住が認められている地域での，喫煙者でない，健康な人は，著しい内部被曝を生ずるような高濃度放射能汚染食品を摂取し続けることがない限り，健康影響を気にする必要はありません．しかしながら，100 mSv 以下，あるいは 5 mSv 以下の被曝でも，たまたま感受性の高い人では「がん」になることがあり得ます．集団全体としてみるとそのような人はごく少数なので，がんの発生確率は極めて低くなり，行政上は「ただちに問題になるようなものではない，心配しなくてよい」ということになります．つまり，社会全体としてみると，放射線によるこの程度の大きさのがんのリスクは，他の様々なリスク，例えば喫煙，農薬，感染，交通事故など，日常生活の中でいつも出会っているリスクと比べてずっと小さく，許容できる，と判断されることになります．しかし，見方を変えて，そのごく少数の個人当人の立場からみると，これは重大事であり，心配せざるを得ないことになります．つまり，「滅多に起こらないが，起こったら一大事」という「原子力発電所の事故」に似た現象であるということになります．そこで，ICRP は「不要な被曝は避けること，社会的な制約を考慮しつつ，実行可能なかぎり被曝線量は低くするよう努力すべし」と，勧告しているのです．では，国，あるいは社会として，このような「滅多に起こらないが，起こったら一大事（＝社会として極低頻度・当該個人にとって重大影響のリスク）」にどのように対処したら良いのでしょうか？　単純明快にして"容易に"実行可能な回答のヒントをこの小文のあちこちに散りばめて記したつもりです．

3. 二つのチェルノブイリ

　チェルノブイリ事故による「一般公衆への低線量放射線健康影響」に関しては，国際原子力機関（IAEA），世界保健機構（WHO），原子放射線の影響に関する国連科学委員会（UNSCEAR），ロシア，ウクライナ，ベラルーシ 3 国などによる「公式な科学的・客観的評価を得た報告書」が出されており，いずれも「一般公衆への身体的影響は甲状腺がん，特に被曝時に幼若年であった人々の甲状腺がんに限られている．白血病やその他のがんの増加はない」と結論しています．

　一方で，ベラルーシやウクライナの現地の医師や研究者からは，「甲状腺以外のがんや，その他の健康障害が広く起こっている」との様々な報告が出されています．1988 年から始められた日ソ科学技術協力協定に基づく「チェルノブイリ健康影響共同研究」においても，「がん以外の疾患」が現地からの要望の高い研究課題として挙げられていました（ちなみにこの時点で，ベラルーシの医師から被曝者の甲状腺の異常が提起されていた．甲状腺疾患はその当時，放射線起因ではないとされていたが，後に放射線による健康影響の最も顕著なものとして認められた）．現地からの個々の，現実の症例に基づく報告は，統計学的解析からは有意でない（確認できない）としても，まったく否定して良いとは限らず，研究者としてはそこに何らかの真実がありうるものとして，原因の解明を試みるべきと思われます．被曝者の膀胱がんはその 1 例です．

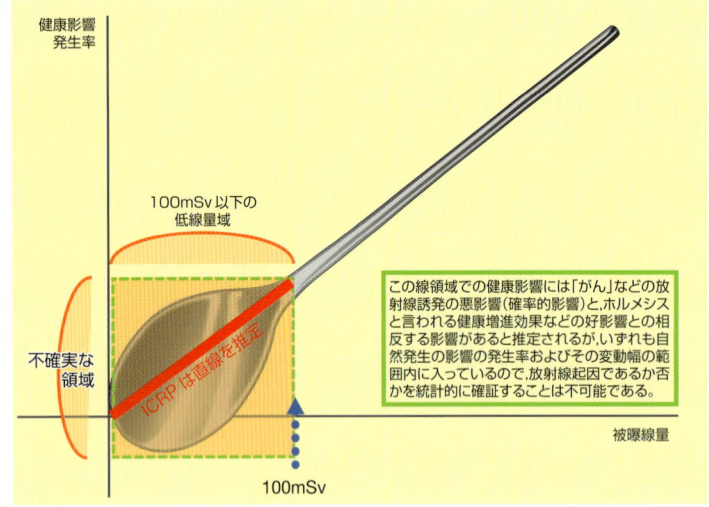

図2A　スプーンモデル

　人の集団が低線量の放射線に被曝すると，健康影響の起こりやすさは受けた放射線の量（被曝線量）に比例して大きくなり「閾値のない右肩上がりの直線（図内の赤いライン）」になる．これが国際放射線防護委員会（ICRP）が提唱し，日本を含めて世界の各国が放射線防護にかかわる法規定に採用している「直線・閾値なし（LNT）モデル」である．影響の起こり方は確率的であって，平均的・標準的にはこの直線に従っている．影響（がん・白血病）の起こる頻度は，100 mSv 当たりおよそ5 %（$5×10^{-4}$/mSv）である．100 mSv 以下の線量では放射線の影響がどうであるかは現時点では科学的に「不明確，不確実」である．被曝した個々の人の生理的，遺伝的，あるいは環境条件によって影響の現れ方が変わり，有害度が大きくなることも，健康に良い影響になることも，いずれも起こり得る．人の集団についてみると，その集団の中に影響を受けやすい人，あるいは，抵抗力の強い人がどのくらい含まれているかによって，集団全体としての影響の大きさは変わってくる．

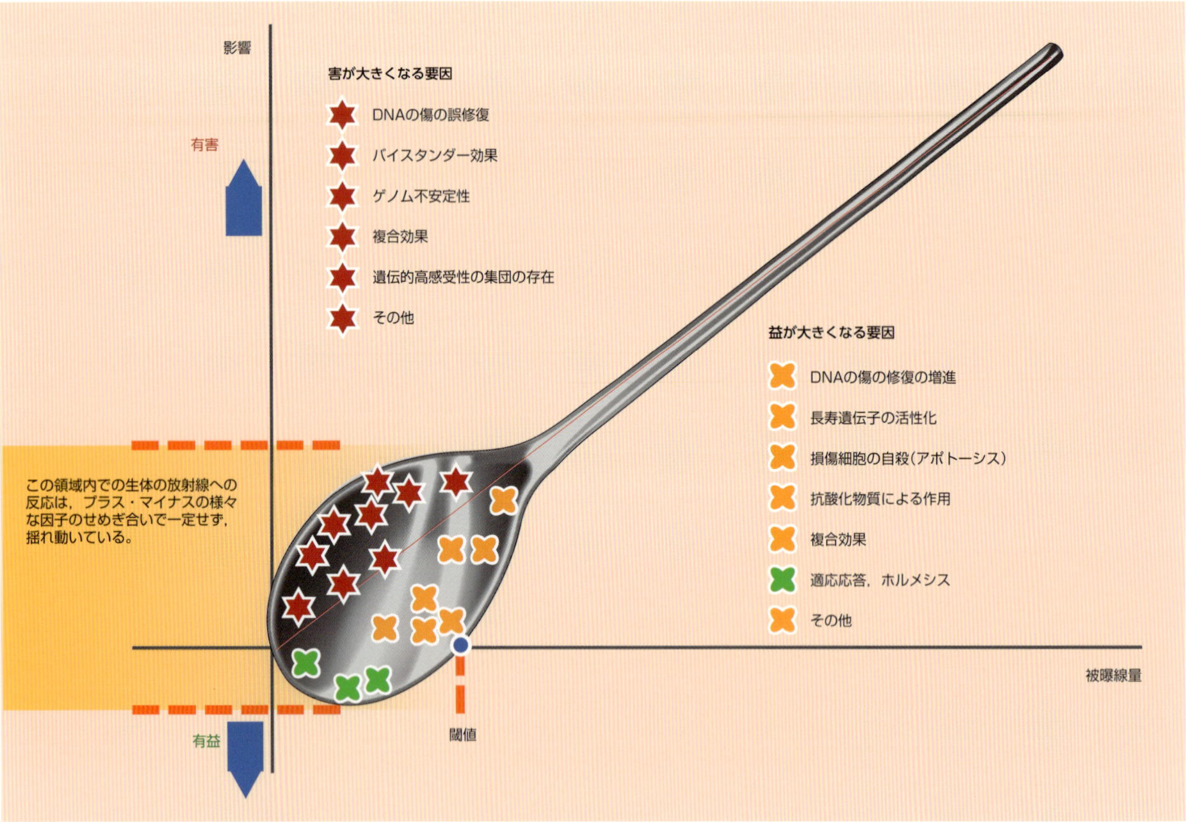

図2B　放射線の影響を増幅したり，軽減したりする要因

　放射線の影響の大きさは，下記のような放射線を受ける人の状況（増幅〈＋〉，あるいは低減〈－〉要因）によって変動し，一律ではない．仮に，「＋，－」の要因をそれぞれ赤色と黄色の粒で表し，これらが混在しているスープを皿からスプーンで掬い上げるとする．その時に，1回ごとに，たまたまスプーンの中に入ってくる「＋，－」の粒の割合如何で影響の出方（結果）が変わってくる．個人個人での影響はスプーン掬い1回の結果に相当し，1回ごとの「＋，－」の粒の割合はかなり偏ったものとなる．これに類似して，低線量放射線の健康影響の発現は個人ごとに偏りが生じる．スプーン掬いを何千回，何万回と繰り返すと「＋，－」の粒の割合は実在の粒の割合に近づいていくが，これは人の大集団での平均値に相当す

る.

I. 低線量放射線の影響を大きくする要因の例

1. 誤修復:生体には放射線で傷ついた細胞(DNA)を修復する酵素が備わっているが,間違えて不完全な修復をする現象.この「間違い修復」が「がん」の誘発につながると考えられている.
2. バイスタンダー効果:放射線を受けた細胞の隣にある「放射線を受けていない細胞」に影響が現れる現象.結果として単位線量当たりの放射線の影響が大きくなる.
3. ゲノムの不安定性:ゲノム(生物の生活機能に必要・最小限の遺伝子〈DNA〉を含む染色体の1組)が外部の影響を受けやすい不安定な状態になる現象.
4. 複合効果:放射線とそれ以外の外部因子,例えばタバコの影響とが重なり合って,単なる足し算よりも一層大きな影響を引き起こす現象.高温,高酸素状態などの物理・化学的因子や,ストレスなどの生理的因子も放射線影響を増幅することが考えられる.
5. 遺伝的に感受性の高いグループの存在:人の集団の中にはDNAの傷を治す遺伝子が生まれつき欠損しているなど,遺伝的に放射線の影響を受けやすい人(遺伝病,例えばダウン症)がある割合で存在する,等.

II. 低線量放射線の影響を小さくする要因の例

1. 修復の増進:長寿遺伝子の活性化によりDNA修復がさかんになる(下記4,5項,カロリー制限などの生活習慣や特殊な物質の摂取により誘発される).
2. 損傷細胞の自殺(アポトーシス):放射線で傷ついた細胞が傷ついた状態で生き続けることなく「自殺」的に死亡してなくなり,細胞の集団(組織,器官,個体)としての健全性が保たれる現象.
3. 適応応答・ホルメシス:微量な放射線に対して自然に抵抗力ができたり(適応応答),薬物の場合に大量では有毒であっても,ごく微量では治療効果,あるいは健康増進効果がある(ホルメシスという)ように,放射線でも低線量では有益な影響があるという現象.ラドン温泉はその1例として挙げられている.
4. 複合効果:生体内に本来存在する,あるいは食品などに含まれていて体内に取り込まれる様々な抗酸化物質,ならびに,がん抑制遺伝子(p53遺伝子など)や長寿遺伝子を活性化させる要因などによる複合的防護効果.
5. 遺伝的に感受性の低いグループの存在:長寿遺伝子や修復遺伝子が活発な人が存在する,等.

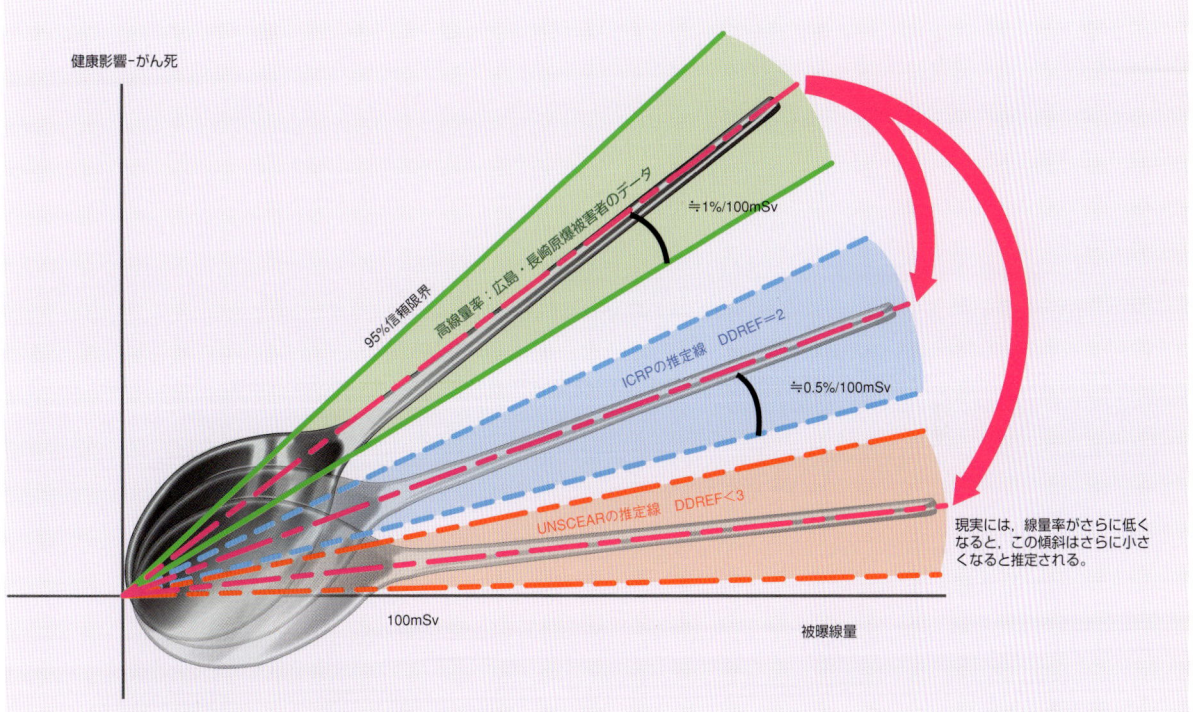

図2C 線量率による線量効果関係の変動

　放射線被曝時の線量率如何によって線量効果関係を示す直線の傾きが変わる様子を示す.放射線防護の実務上の便宜のために線量・線量率効果比(DDREF)は一つの値に固定して決められているが,本来は線量率の値次第で変動する性質のものである.いくつかの高自然放射線地域住民についての疫学調査の結果によると,自然放射線の健康影響のリスクは検出できない程度に小さいことがわかっているので,自然放射線レベルの大きさの線量・線量率では線量効果関係を示す直線の傾きは極めて小さい(DDREFの値が大きい)と考えられる.UNSCEARは様々な実験データや疫学調査の結果をレビューした上で,がんリスクを評価するためのDDREF値としては安全側に立っての用心した控えめな値として「3より低い値(Less than 3)」を推奨している(1998, 2000, 2006年報告書).一方で,ロシアのマヤック(Myak)核施設の爆発事故による被曝者や世界の15ヵ国の核施設作業者についての疫学調査など,DDREFを1とする最近の報告もあり,DDREFの数値については,なお実験的,理論解析的な検討が必要とされている.

福島原発事故による健康影響は典型的な「長期・低線量被曝の影響」であり，その一般住民への健康影響の大きさ（厳しさ）の程度は，事故後1年半を過ぎた現在も被曝線量の総合的評価と精神的負担の両面から，簡単には片付けられない，複雑な難問となっています．チェルノブイリの経験に学び，福島でもまず第一に幼若年者の放射性ヨウ素の吸入による甲状腺被曝の影響如何が注目されています．日本人は一般的に天然の（放射性でない）ヨウ素の摂取量が多いので，事故により放出された放射性ヨウ素はすでに体内にある天然のヨウ素でブロックされ，器官・組織（甲状腺）に入りにくい傾向があり，そのため，天然のヨウ素が不足しているチェルノブイリに比べると甲状腺への影響の出方も異なってくるであろうことが予想されます．しかし，事故当初の数週間の放射性ヨウ素の環境への放出量は相当に多量であったことが環境モニタリングのデータなどから推測されるので予断は許されず，特に乳幼児・学童などの年少者の健康診断を計画的に継続して行うなどの慎重な対応が必要になります．がん以外の健康影響としては，チェルノブイリの作業者などでの循環器系の疾患（脳，心臓血管系）と白内障の増加が注目されており，これらの疾患への対策として特に蓄積被曝線量が高くなる可能性のある福島原発の復旧作業者の線量・健康管理が極めて重要です．また，チェルノブイリやカザフスタン（旧ソ連邦時代に原水爆実験場があり，多数の核実験が行われた）の前例から考察すると，一般住民，原発作業者共にストレス起因の健康障害（これには様々な症状がある）への対応が急を要する，重要な問題であろうと思われます．

4．我が国の原子力発電所の運転再開に向けて——チェルノブイリに学び，そして福島に学ぶ

　1985年のある日，以前IAEAで私の上司（副事務総長）であったドイツ人のH. Glubrecht博士から，日本における太陽光発電の研究状況を知りたいとの便りがありました．太陽光発電は当時まだ萌芽的研究開発の段階であり，原子力発電推進のメッカであるIAEAの幹部であった人がなぜそのような課題に関心を持つのか甚だ疑問に思いながら，私は情報を集め，やがて来日した博士のお相手をいたしました．当時ドイツは，北西部のニーダーザクセン州アッセ（Asse）やゴアレーベン（Gorleben）の岩塩坑を，使用済み核燃料などの高レベル放射性廃棄物の保管貯蔵場所として開発していましたが，核物質の輸送・搬入を巡って地元住民の反対運動などが起こっていました．今日，ドイツは原子力発電から撤退することを決め，着々とその方針を進めていますが，今にして思うと20数年以前からすでにその検討準備を始めていたのだと納得できます．仮に日本が原発からの撤退を決めるとすると，撤退の過程それ自体が相当な長年月を要することになります．チェルノブイリの後始末同様に，50〜100年を見なければならぬことでありましょう．いずれにせよ，後始末対策についての長期の展望の下での決断が必要です．

　さて，定期検査などで停止中の原子力発電所の運用再開に関して，福島の教訓が生かされないのはなぜでしょうか？　再開の条件として，電源確保などの，専ら工学的安全性の強化が取り上げられていますが，福島で明らかになったように，発電所外（オフサイト）の対策の欠陥の是正・整備も必須の条件として検討すべきです．

　福島での一般市民の死亡は，避難の過程で起こっています．「放射線による死」ではなく，政府の命令によって行われた「避難という行為による死」です．政府事故調最終報告書では福島第1原発から約5 kmの地点にあった双葉病院と介護老人保健施設の入院患者約440名中約50名が避難中に死亡したとして，国や県などの避難支援システムの不備を指摘しています．しか

し，これは国，県，市町村がいくら対応改善を試みたところで容易に解決できるような事柄ではありません．天候の如何，昼夜の何時(なんどき)を問わずに起こりうる事故と混乱の中で通信連絡や交通手段の適切な提供を円滑に行うことは，どう準備していたところで所詮無理なことでしょう．ましてや慢性的に人手不足の病院などでは避難行動そのものによる不慮の事故は避け得ません．福島では原子力発電所から 20 km 圏内に 7 つの病院・介護老人保健施設があり，その入院患者約 860 名のうち，避難に伴って起こった様々な悪条件により，3 月末までに約 60 名が死亡，と国会事故調査報告書は記載しています．おそらくこの数は氷山の一角で，実際にはもっと多い可能性があります．このことから明らかなように，そもそも，避難が必要となるような圏内にこの種の施設があること自体が問題なのです．

原子力発電所運開を認める地方自治体は自治体自身の責任として病院・介護老人保健施設，幼稚園・保育所，小中学校を，最低でも 30 km 圏外（IAEA のガイドによる UPZ*放射能雲防護区域 30〜50 km 外）に移設する覚悟を持ち，実行すべきではないでしょうか．

なお，避難などの防護対策区域の設定に関しては，今までのような一律の同心円型ではなく，例えば IAEA が提唱するキーホール（鍵穴）型など，現実に即した対応が望まれます．キーホール型とは，その地域の地形やそれによって生まれる風向き，季節や時々の典型的な気象条件などから放射性物質の拡散予測を立てた上で，人口分布や交通網等の社会的条件も考慮に入れて避難区域などの設定をしておく方法であり（図 3），必ずこの方法にする，というのではなく，現実的で柔軟な「用心原則」に基づいての対策区域設定方法を象徴するものです．画一的な同心円状の避難区域の設定がいかに無意味，あるいは無力・有害であるかはチェルノブイリや福島での放射性物質の拡散状況（図 1）をみても明らかでしょう．

放射性物質の拡散予測に関しては（旧）日本原子力研究所（現・日本原子力研究開発機構）が開発し，国の防災対策の一環として，原子力安全技術センターが運営している「緊急時迅速放射能影響予測ネットワークシステム（SPEEDI：スピーディ）」が事故当初，避難地域の設定や安定ヨウ素剤の服用などに関して活用されず，政府や地方自治体の対応ぶりが多くの人々から非難されました．SPEEDI の役割や有効性に関しては異論もありますが，もし適切に活用されていれば，福島で，無用の被曝や避難時の混乱を避け得たことは確かです．

世界的には SPEEDI と同様な機能を果たしうる，そして「より包括的な」予測システムとして，米国の MACCS-2，EU の COSYMA，RODOS 等のシステムがあり，IAEA 等の国際機関や米軍，国内でもシンクタンク，電力事業者，大学，研究所などが，公表されてはいませんが，それぞれ予測計算を行っていたと思われます．原子力発電所所在地の各自治体も国の SPEEDI 頼み一辺倒でなく，SPEEDI を補完し，あるいは独自に，自由，迅速に予測計算や確認計算を行えるようなシステムを大学や研究所との協力の下に整備することは一考に値するのではないでしょうか．

また，これは政府報告書も指摘していることですが，事故に対応する司令塔となるべき「オフサイトセンター」が，避難を要する圏内に，放射能出入り自由の，無防備の状態で建てられており，そのまま放置されていることも理解し難いことです．

つまるところ，一般住民防護の最終段階の砦が，実は名目だけで，実質的に機能し得ない状態であったことが，一般公衆の初期防護に失敗した福島の教訓であることを，関連の地方自治体は国のせいにせず，自己の責任として銘記すべきです．この点で，例えば福島県の富岡町，双葉町およびいわき市，三春町（と三春町に避難した大熊町住民）の安定ヨウ素剤の配布・服

訳者まえがき

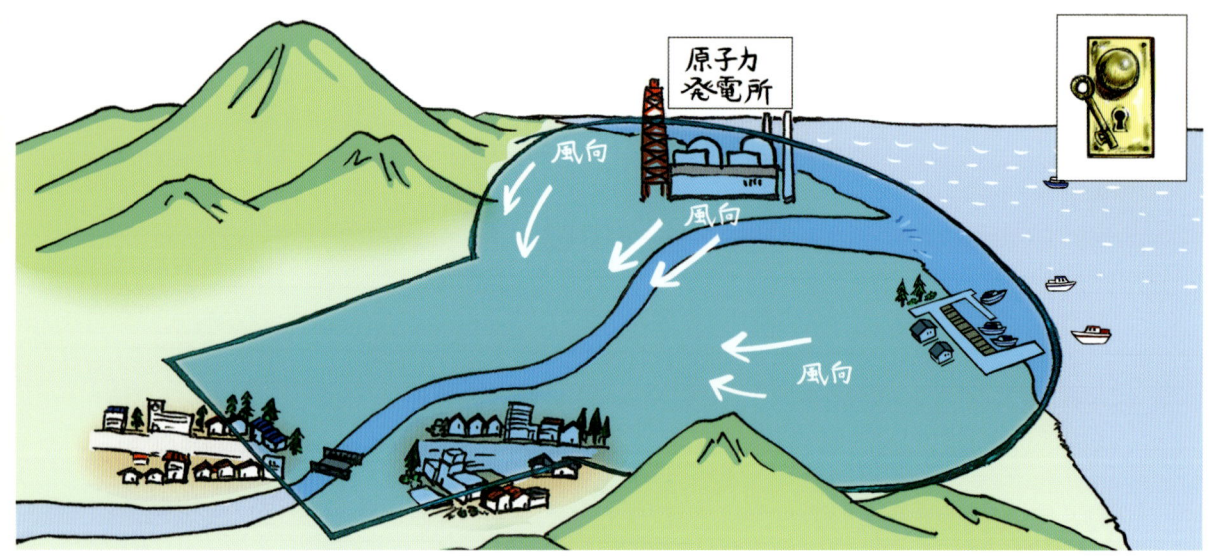

図3 キーホール（鍵穴）型の防護対策区域設定

用に関する事故当初における決断と対応ぶりは，国や県の失態を末端の町が想像を絶する困難の中で自己の責任感と能力とで補った，リーダー，担当者，住民の普段からの心構えがうかがえる見事なものでした．同様に，伊達市の自主的な放射能除染活動の推進ぶりにも感服せざるを得ません．

　原子炉は「多重防護（あるいは深層防護，Defense in Depth）で守られている」と言います．原子炉は何重かの工学的防護装置・システムで守られ，その外側に社会的・環境的防護システムがあります．それぞれの防護システムは，その前段階の防護システムが破れることを前提として用意され，次の段階（外側）に行くほどより一層強固なものになる，というのが Defense in Depth の本来の考え方です．社会的・環境的防護システムは工学的防護システムが破れるものとして用意されるものです．しかしながら工学者はややもすると，工学的安全性を絶対視し，そこでの安全性が想定の範囲で守れればそれですべてよし，と考えがちであり，残念ながら施政者もそれに同調して，それ以上のことには思考停止に陥ってしまっているように思われます．いわゆる「ストレステスト（Stress Test）」が工学的安全性に限られているのもその表れで，少なくとも原子力発電所所在地の自治体は「社会的・環境的防護システムのストレステスト合格」を原子力発電所の再開や新設容認に対する自らの責任条件とするべきであり，これが福島に学ぶべき，今，最も重要な教訓でありましょう．

*IAEA の「安全ガイド」（GS-G-2.1，2007年）では防災対策を重点的に充実すべき地域を以下の3つの区域に分けている（区域の日本語訳は仮訳，原子力安全委員会等の訳語とは異なる）．
(1) Precautionary Action Zone (PAZ)：即時防護行動を準備する区域，およそ半径5 km内．放射性物質の環境への放出が始まる前，あるいは放出開始直後に，高線量被曝による重篤な確定的影響（急性身体障害）のリスクを実質的に減少させるべく，施設の状態に基づいて（施設に重大な事故が起こったら），放射能の放出の確認を待たずに，直ちに，用心を期しての防護行動（避難）が開始できるよう準備する区域
(2) Urgent Protective Action Planning Zone (UPZ)：緊急防護行動を迅速に取れるように計画する区域，およそ半径30 km内．環境モニタリングを実施し，その結果を踏まえて，確率的影響（がんなど）をできる限り防ぐために，国際基準に従ってサイトからの線量を避けるべく，放射能放出から数時間以内に，防護行動（避難，屋内退避，安定ヨウ素剤の服用など）が迅速に取れるよう準備する区域

(3) Plume Protection Planning Area（PPA）：プルーム（放射能雲）に対する防護行動を計画する区域，およそ半径50 km内．プルームによる被曝を避けるために屋内（自宅など）退避などの防護行動を計画する区域

終わりに

　本書原著者のモールド博士は，その後もチェルノブイリの資料を綿密に検討して『チェルノブイリの記録──チェルノブイリ大惨事の歴史 決定版（Chernobyl Record—The Definitive History of the Chernobyl Catastrophe）』を出版されています．放射線物理学，放射線生物学・疫学の基礎知識に始まり，チェルノブイリ事故の発端から収束に至る，工学，医学，生物学・環境科学に係わる情報が極めて詳細かつ簡明にまとめられており，本書の再版に際して，チェルノブイリ事故を振り返って考察する良き指南書として利用させていただきました．また，新装版に際し，チェルノブイリと福島の事故について訳者に私見を記す機会を与えてくださった西村書店に感謝申し上げます．

小林 定喜

2013年1月

参考文献

1. R. F. Mould　チェルノブイリの記録──チェルノブイリ大惨事の歴史 決定版（原文英語, Institute of Physics Publishing, Bristol and Philadelphia, 2000）
2. 原子放射線の影響に関する国連科学委員会（UNSCEAR）2006年報告書「電離放射線の影響」第I巻総会への報告書IVB「チェルノブイリ事故」（英語版：New York, United Nations, 2006, 日本語版：放射線医学総合研究所，2011年）
3. UNSCEAR 2008年報告書「電離放射線の線源と影響」第II巻，付属書D「チェルノブイリ事故による放射線の健康影響」（英語版：New York, United Nations, 2008）
4. 国際チェルノブイリプロジェクト国際助言委員会報告：放射線医学的結果と防護対策の評価（原文英語, Vienna, IAEA, 1991）
5. UNSCEAR 2010年報告書 科学報告第III章「低線量放射線の健康影響の要約」（原文英語, New York, United Nations, 2012）
6. 福島原発事故独立検証委員会：調査・検証報告書，一般財団法人日本再建イニシアティブ，2012年3月11日［略称：民間報告書］
7. 東京電力株式会社：福島原子力事故調査報告書平成24年6月20日［略称：東電報告書］
8. 東京電力福島原子力発電所における事故調査・検証委員会最終報告書（2012年7月23日公表，メディアランド2012年10月10日刊）［略称：政府報告書］
9. 東京電力福島原子力発電所事故調査委員会：国会事故調報告書（2012年7月24日公表，徳間書店2012年9月30日刊）［略称：国会報告書］
10. 国立国会図書館経済産業調査室・課：福島第一原発事故と4つの事故調査委員会，調査と情報─Issue Brief─，756号（2012年8月23日）

註記：文献2, 3, 5はUNSCEAR（http://www.unscear.org），4はIAEA（http://www.iaea.org）からインターネットで閲覧，ダウンロード可能（いずれも英文）．文献7は東京電力（http://www.tepco.co.jp），8は内閣府（http://www.icanps.go.jp），9は国会図書館内の資料保存ウェブサイト（国会事故調 http://warp.da.ndl.go.jp/info:ndljp/pid/3856371/naiic.go.jp/index.html），10は国立国会図書館調査と情報（http://www.ndl.go.jp/jp/data/publication/issue/2012/index.html）からインターネットで閲覧，ダウンロード可能．（2013年1月現在）

原著者より
日本語新装版に寄せて

　1986年4月にチェルノブイリ大惨事が起こってから，すでに4半世紀を超える年月が過ぎている．本書はその大事故のすぐ後に，事故の様々な局面を知らせる写真を最も早く，また最も数多く掲載して出版された．そして2011年までには，チェルノブイリ事故は広島・長崎の原爆投下や米国のスリーマイル原子力発電所事故と同様に，ある意味で，歴史の一幕になってしまっていた．忘れ去られてしまった，というわけでは決してないのだが，時の流れに従って，チェルノブイリ事故による人々や環境への影響に関する研究はもはや最先端の関心事ではなくなってしまったのである．そこに不意を突いて2011年3月，福島の事故が起きて，原子力への関心がまた沸き上がることとなった．

　21世紀の現在，チェルノブイリ関連の研究としての重点の一つは「過去に遡っての線量評価 (retrospective dosimetry)」（2動原体染色体解析などの細胞遺伝学的技術，遺伝学的手法，血液学的技術，タンパク質バイオマーカー，核磁気共鳴法〈EMR〉などの物理学的技術，数値計算手法による線量再構築などのコンピュータ技術，などを用いて過去の被曝線量を推定・評価する手法）である．これらの技術が今また，福島にも関係してくるであろう．チェルノブイリ後 (Post-Chernobyl) の環境研究もまた重要であり，福島周辺環境との関連が今後研究されるであろう．

　1986年以後の最初の数年間においては，特にウクライナ，ベラルーシ，ロシアにおける「リスクのある人の集団」で甲状腺がんと白血病が発生する可能性に関して多くの研究が開始された．時間の経過と共にこれらの研究のいくつかが完結し，2012年現在，相反するような結果が多少はあるものの，事態は明らかになってきている．米国とベラルーシの研究者による2011年の興味深い論文において，ベラルーシでチェルノブイリ事故中に被曝した子供と成人とでの甲状腺がんに関しての研究結果について，「子供あるいは成人としてチェルノブイリ事故起因のフォールアウト（放射性降下物）に被曝した人々での『事故後の10～15年の間の甲状腺がんのリスク』は有意に増加したが，そのリスクは他のチェルノブイリ研究や幼児期外部照射の研究で得られたリスクよりは低いようである」と結論されている．

　白血病が誘発される期間（被曝後の12年間に最も多く発症する）は，広島・長崎原爆被爆生残者のデータで示されているように，甲状腺がんの場合よりも長いが，明らかに1986年以降に

十分な年月が過ぎてしまっているにもかかわらず，チェルノブイリ起因の白血病の症例を明確に示すような証拠はいまだ得られていない．しかし，例えばリヨンにある国際がん研究センター（IARC）の研究者達は，2007年の報告の中で「甲状腺がん以外のがんのリスクについて結論を出すのはいまだ時期尚早である」と結論している．放射線健康影響研究国際連合（The International Consortium for Research on the Health Effects of Radiation）もまた，2006年にベラルーシ，ウクライナ，ロシアの子供達について「チェルノブイリの放射線に被曝した結果としての白血病のリスク増加を明確に示すような証拠はない」と述べている．しかしながら彼らは「ベラルーシとロシアにおいて有意な線量-反応関係が観察されていないからといって，低線量での白血病リスクの増加の可能性を除外することはできない」としている．

原子放射線の影響に関する国連科学委員会（UNSCEAR）は2011年にチェルノブイリ事故報告書を公表し，主要な知見として以下に述べる5項目を挙げている．
[1] 発電所従業員および緊急事対応作業者で，高線量放射線による急性放射線症（Acute Radiation Syndrome，ARS）になった者は134人であった．
[2] 急性放射線症になった者の内，28人が事故後の最初の数ヶ月の間に死亡した．
[3] 急性放射線症から生きのびた人々の内，2006年までに19人が死亡したが，これらの死者の死因は，通常は放射線被曝とは関係のない様々な原因によるものであった．
[4] 急性放射線症から生きのびた人の中で最も頻繁に起きた疾病は，皮膚障害と白内障であった．
[5] 数十万人の人々および緊急事対応作業者が復旧作業に従事したが，比較的に高い線量を受けた人々での白血病と白内障の発症増加の徴候を除いては，放射線被曝を原因とすることができるような健康影響を一貫して示す証拠はない．

結論として，2011年4月に開催された「チェルノブイリ25年：未来に向かっての安全」と題した国際チェルノブイリ会議において，IAEA事務総長が述べた「4項目の統計」をここに引用して私の小文を終りとする．
[1] 急性放射線症による死亡者数は，事故直後の緊急事対応作業者と復旧作業者（リクイデーター）の約50人．
[2] 約60万人が高線量に被曝し，内4000人の寿命が被曝が原因で短縮されるであろう．
[3] 事故直後に10万人以上の人々が自宅から避難し，さらにその後の汚染のひどい地域からの避難者の総数は最終的に35万人に達した．
[4] 1986年以後，環境中の放射線レベルは自然の減衰過程と除染対策とによって数100分の1に低下した．放射能によって汚染した土地の大部分は安全となり，経済活動が可能となった．

リチャード・F・モールド

2012年10月　カートメル，カンブリア州，英国にて

はじめに

「さて，私が望むのは事実だ」
トーマス・グラジリンド，『困難な時世』
（チャールズ・ディケンズ，1812-70）

　本書執筆の目的は，事故の前後に起こった事柄を歴史的に記述することであって，環境問題におけるチェルノブイリの意味を論じて政治的な分野にあれこれと口を出すようなことではない．この壊滅的な事故がいかなる影響を生ずるかについては，民生用原子力計画のために何冊もの本が書かれることになろう．しかし私はチェルノブイリ事故の詳細な記録はそのこと自体，重要であると信ずる．私は自分の関心から事故のさまざまな出来事を調べ，特に写真記録をできるかぎり集めることに努めた．写真によってこそ，たとえ間接的であるとはいえ，読者はこの悲劇とその影響の真実の姿をその目で認識することができるからである．

　全部で9章あるがこれを論理的に構成し，まず原子力発電所について述べ，次章でキエフ市をとり上げた．このキエフの章を入れたのは，この災害の当初の犠牲（損失）が非常に恐ろしいものであったうえに，その規模にとどまらずその影響がソ連の3番目の大都市キエフにまで及ぶさらに大きな惨事に容易になりえたからである．

　事故とその原因については第3章に述べた．事故最初の4カ月間の直接の犠牲者，主として，身に及ぶ大きな危険を冒して燃えさかる炎と戦った消防士たちについては，第4章でとり上げている．この章に掲げた写真のいくつかは気分の悪くなるような状況のものであるが，チェルノブイリの真実をおおい隠すわけにはいかない．

　第5章と第6章では，ソ連当局者が驚くべきスピードで実施した大作戦についての詳細を述べた．避難民を収容する新しい町の建設，発電所の周辺のみならず，13万5000人の人々と約1000頭の牛の避難，避難圏内の農地や森林をも含めての環境の放射能除染についてである．

　第7章では，放射能汚染の食物連鎖への影響，とりわけミルクと葉菜のヨウ素-131とセシウム-137による汚染について考察し，ソ連のみならずほかの34カ国についても取り扱った．第8章では，事故炉の埋没処理について述べた．この埋没処理の完成は1986年11月15日付の「プラウダ」に報じられた．第9章は事故の追跡調査にあて，国際原子力機関による勧告についても触れている．また癌死亡増加の見積り（付録3も参照のこと）についても，さまざまな文献に基づいて，この章で記述した．用語の解説と詳しい参考文献一覧も付けてある．

　写真は表題をつけて年代順に載せてあり，これが本書の中心部になっている．年代順にしたた

めに，1987年11月11日の出版最終締切の期限前に手に入った最新の写真を次々に付け加えていくことが容易にできた．これらの写真頁は事故後の18カ月を綴るユニークな「目でみる歴史的記録」となっている．

　この種の書籍にはつきもののことであるが，本書も多数の人々や機関の援助によってできあがった．とりわけウィーンの国際原子力機関とジュネーブの世界保健機関にいる私の友人たち，大勢の写真通信社の司書諸氏，特に「プラウダ」と「イズベスチヤ」の関連記事のすべての切抜きや，イラストのもととなった講演用のカラースライドを提供してくださったタス通信ロンドン支局のリュドミラ・パホモーバ（L. Pakhomova）夫人，そして通信社の司書諸氏，またモスクワから送られてくるチェルノブイリ関連のプレス・レリーズをすべて提供してくださったノーボスチ通信ロンドン支局のラルフ・ギブソン（R. Gibson）氏に負うところが大きい．

　国際的な意見を詳しく調査し，有用な材料を入手するために私はオーストリア，チェコ，エジプト，フランス，西独，ギリシャ，ハンガリー，インド，オランダ，ポーランド，ルーマニア，スウェーデン，英国，米国，およびソ連の国民である友人たちと話し，あるいは文通した．これら友人たちの貢献——チェルノブイリにおける出来事の分析にかかわる公表あるいは材料を送ってくれるということが多かったのだが——に心から感謝したい．ジュネーブのソ連代表部，英国の放射線防護庁（NRPB），米国の食品医薬品庁とベセスダの国立衛生院（NIH），といった機関の職員の方にもまた大いに助けていただいた．

　ウィーンのIAEA（国際原子力機関）で1986年8月25〜29日に開催された事故後検討委員会にソ連代表団が提出した作業文書（付録1参照）と，この会議に私はたまたま英国代表団の一員として出席しており，そこで私が半ば公然と録音した13時間のテープとによるところもまた大きい．しかしながら，本書は英国の"公式"見解を示すものでは決してないこと，これは1980年に出版された私の前著である『X線とラジウムの歴史』という多数の図解入りの科学史書に続くものとして，私個人の意見ではなく，事実を強調した客観的記述の試みにすぎないことを強調しておきたい．

　ソ連代表団報告のほかに私がよりどころとした文献のおもなものは，世界保健機関の主催により1986年5月にコペンハーゲン，1986年6月にビルトホーベンで開催されたチェルノブイリに関する2つの会議の論文，「ネイチャー」などの科学雑誌や，それよりも少し大衆的な「ニュー・サイエンティスト」，「タイム」や「ニューズ・ウィーク」といった主として英国の，またほかの国のものも含めての雑誌や新聞，英国テレビによる事故調査番組のビデオテープ，「プラウダ」，「イズベスチヤ」，「モスクワ・ニュース」などのソ連の出版物，タス通信とノーボスチ通信からの記事，英国の中央電力庁および放射線防護庁（NRPB）の出版物などである．第9章のデータはIAEA事務総長ハンス・ブリックス（H. Blix）博士（1986年5月，1987年1月），英国政府エネルギー大臣のピーター・ウォーカー（P. Walker）氏（1986年12月），一般・都市・ボイラー製造業および連合商業ユニオン代表団（1986年12月），西側ジャーナリストの小グループ（1986年12月，1987年10月）のチェルノブイリ訪問により得られたものである．

　ここで私は特に4人の人物をとり上げねばならない．英国中央電力庁（CEGB）の長官であるマーシャル（Marshall）卿には，私が本書の企画を思いついたときに激励してくださり，またCEGB出版物の使用の許可を与えてくださったことに対して感謝したい．1986年5月25〜29日の会議のあいだに寛大にも時間をさいて本書について討論してくださったアカデミー会員，レオニード・イリイン（L. Ilyin）教授には，彼のいう"ポピュラーサイエンスの本"を書くという

私の草案について暗黙の同意をいただいたことに対して感謝する．イリイン教授はソ連医学アカデミーの副総裁であり，事故後の医療対応体制に関して全般的な責任を負っておられた．エナール（Ennals）卿には，私を支援し，ウェストミンスターの上院においてのプレス発表を司会することをおひき受けくださったことに対して感謝する．最後に，私を励まし，ウィーンでの事故後検討会議の13時間の録音テープを聞き書きして実務面で献身的に助けてくれた歴史家のわが娘，フィオナ（Fiona）に感謝する．

リチャード・F・モールド

1987年11月11日　ロンドンにて

もくじ

訳者まえがき『チェルノブイリの真実』新装版に寄せて………iii
原著者より　日本語新装版に寄せて………xvi
はじめに………xix
訪問記　チェルノブイリへ48時間………xxiv
謝辞………xxviii

第1章　チェルノブイリ原子力発電所………1
第2章　キエフ………5
第3章　事　故………7
第4章　犠牲者………63
第5章　避　難………73
第6章　環境の放射能汚染除去………113
第7章　食物連鎖………121
第8章　原子炉の密閉埋没………131
第9章　事故後の調査………177
　付録1　ソ連邦原子力利用国家委員会「チェルノブイリ原子力発電所事故とその影響」
　　　　………193
　付録2　1986年5月14日モスクワにおけるゴルバチョフ大統領のテレビ演説………195
　付録3　東ヨーロッパとスカンジナビアにおける癌の発生率………201
　付録4　ソ連の放射線犠牲者医療処置マニュアル………209
　付録5　チェルノブイリ犠牲者基金………211

用　語　集………213
参考文献………229
追加文献一覧………236
著者について………241
訳者あとがき………242

訪問記
チェルノブイリへ48時間

　11月30日午前11時のことである．ノーボスチ通信ロンドン支局から私に問い合わせがあった．「明日キエフ行きの夜行列車に乗れますか？」．およそ48時間後きっかりに私は，時速100kmで走るマイクロバスに乗ってチェルノブイリの30km圏の境界を通り抜けていた．ロンドンからアエロフロートソ連航空でモスクワへ飛び，モスクワから第1号夜行列車で858kmを走ってウクライナに着き，それから……というわけである．私のこの旅行はチェルノブイリへの第183番目の公的代表の訪問で，この旅行の編成と日程の決め方は非常に印象的なものであった．私は30km圏内で6時間過ごすことになっており，その計画は私が『チェルノブイリ——真実の物語』を執筆し調査しているあいだにわかった事柄に基づいてあれこれと依頼していた特別な注文にぴったり合わせて立てられていた．そのうえ，事故とその後の処置についての私の質問にはなんの問題もなしに解答が得られ，またどこでも写真が禁止されることもなく，"チェルノブイリ—グラスノスチ（情報公開）"がはっきりと現れていた．また私は"たった一人の公的代表団"として，発電所所長ミハイル・ウマニェーツ（M. Umanets）氏に会見し，1号炉の制御室とタービン室にも案内される，という特典を与えられた．さらにうれしいことに，私が制御室を訪れているときにウクライナテレビ局に対して，事故によって生じたいろいろな問題を解決するために行われた途方もない規模の作業が成功したことについて私の意見を述べることができた．この途方もない規模の作業とは，10万人を越える人々の避難と新居への収容，石棺の建設，複雑な放射能除染作業（プリピャチ市では20年を要すると思われた作業を1年で成し遂げた），そして私が訪問したまさにその当日，12月2日に3号炉が運転を再開し第5号タービンが動きだしたこと，などである．広大な発電所の建物群，そしてさらにいっそう広大な発電所周辺の環境をみてまわりながら，そして特に屋上を雪におおわれた石棺を目のあたりにしながらも，相対的表現であるけれど"ごく短時間に"調達せねばならなかったコンクリートと金属などの建材，その運搬，そして経済的資源（少なくとも英貨で20億ポンドにのぼる）を費やして，人力と技術の粋が成し遂げたこの大仕事の意味を完全に理解することは私にはむずかしかった．
　たとえば，ロバート・ゲイル（R. Gale）博士の「チェルノブイリ事故による癌死亡は7万5000人」という推定など，放射線影響のさまざまな推測についても論議した．しかしながら，最もおもしろかったのはウオッカが放射線に対して防護作用があるという考えが驚くほど広く流

布していることであった．もちろんこれは酒飲みたちに希望を与えるものではあるけれど，根も葉もない主張である．この"薬"の投与量の処方は冗談まじりに次のように書かれていた．

「赤ワインを1本持ってきてウオッカグラス一杯に対して7滴落として飲む．ワインが1本空になるまでこれを繰り返す．

これで放射線症は治るが，肝硬変で死ぬことになる」

発電所のほかに，私はチェルノブイリの町〔そこではボリス・シチェルビナ（B. Scherbina）副首相の率いる事故影響除去国家委員会が居を構えている建物でアレクサンドル・コバレンコ（A. Kovalenko）氏*にあたたかく迎えられた〕とゴーストタウンになっているプリピャチ市を訪れた．プリピャチでは，地面の表層が20 cmの深さまで取り除かれており，何軒かのアパートの窓には洗濯物がかかったままになっていて，19カ月前に4万5000人の人々が急いで離れねばならなかった状況がうかがわれた．またそこで私は，避難者が鉄道で逃げることができなかったのは駅のプラットフォームがひどく放射能で汚染されていたからであるという話を聞いた．

最後に私はゼリョーヌ・ムィス（Zelony Mys，緑の岬）を訪れた．これは1986年6月に建設された新しい町で，そこに約6000人の発電所職員が住んでいた．ここに到着したのは午後5時で，そこで初めて食事にありつけたのだ．私を迎えてくれた人たちは私の見学，写真撮影そして情報収集の要請に協力的であるあまりに，私の事実収集作業以外のことに割く時間がそのときまでなかったのだ．

キエフからはまたモスクワ経由でロンドンに帰った．ソ連における記念すべき6日間はノーボスチ通信社モスクワ本社のチェルノブイリを専門にしているユーリー・カニン（Y. Kanin）氏**との話合いと，ニコライとルディミーラ・パホモフ（N. & L. Pakhomov）***夫妻との再会，クレムリン宮殿でのバレー「ジゼル」，ボリショイ劇場でのオペラ「イワン・スサニン」とバレー「白鳥の湖」の観劇で終わりを告げた．

いくつかの補足統計

- 1986年4月27日の深夜過ぎにプリピャチへの130 kmの旅に向けてキエフを出発した避難の車両縦隊は1216台の大型バスと300台のトラックで構成され，15 kmの長さに達した．
- キエフから向かったバスでは3万4500人が避難し，9000人はプリピャチ町の車と自家用車で避難した．
- 10 km圏内からの住民の避難は5月2日までに，30 km圏内からは5月5日までに終了した．避難したのは約11万6000人の住民と8万6000頭の牛である．
- 避難者に対して現金で支払われた国からの補償金は，単身者で4000ルーブル，2人家族で7000ルーブル，それ以上は1人につき1500ルーブルであった．
- 原子力発電所周辺の約1000 km²の土地がなんらかの程度，汚染された．
- キエフ市の通りは大小を問わず1986年の夏中を通じ，そして悪天候のためにできなくなるまでずっと絶え間なく水で洗われた．1986年の10月と11月に埋められたキエフ市の木の葉は30万トンに達する．
- ソ連政府当局はE・イグナテンコ，A・コバレンコ，S・トイツキー（E. Ignatenko, A.

---

* チェルノブイリ「コンビナート」公団の情報・国際関係部長．
** モスクワのノーボスチ通信社科学技術部の編集長．
*** 1987年9月まで，タス通信ロンドン支局主任特派員兼写真司書．

Kovalenko, S. Toitsky) らによる『チェルノブイリ・悲劇の教訓』(政治出版社, モスクワ) と題するロシア語の書物を 1988 年 3 月に出版する計画である. これは約 200 頁の長さで写真約 60 枚が入っており, 事故とその影響に関してのおよそ 120 の主要な質問に対する解答が載っている.
- 石棺の内部の温度は現在 82 ℃で,「1, 2, 3 号炉の上に雪が積もっていますね. でも石棺の上の雪も解けていませんね. ですから石棺が『熱い』という話は嘘であることがわかるでしょう」とコバレンコ氏は指摘した.

リチャード・F・モールド

1987 年 12 月 6 日　モスクワにて

著者とチェルノブイリ発電所長ミハイル・ウマニェーツ氏. 1987 年 12 月 2 日.

1 号炉の制御室. 後方左端が著者. ウマニェーツ氏は左から 3 番目
(モスクワのノーボスチ通信社, D. Chukseyev 氏撮影)

コバレンコ氏の提供による放射線測定器で石棺の外側で放射線線量率を測っているところ．測定器の読みは 4 ミリレム/時であった．

この地点で測定した放射線線量率は 16.3 ミリレム/時であった．しかしこれは石棺からくる放射線ではなく，発電所をとりかこむ壁の向こうにある道路の路肩部にある破片くずの山からくる放射線によるものである．プリピャチ市の，図 155 に示された地点の近くでの測定値は 0.2 ミリレム/時であった．プリピャチの樹林は切り倒され運び去られてしまっていたが，プリピャチから少し離れた森林地帯では線量率は 80 ミリレム/時とのことであった．
（モスクワのノーボスチ通信社，D. Chukseyev 氏撮影）

訪問記　xxvii

謝　　辞

　私の妻のモーリン（Maureen）と子どもたち，ティモシィ（Timothy），フィオナ（Fiona），とジェイン（Jane）の貴重な助力なしには本書を書こうと試みることさえもできなかった．この助力とはテレビのニュースやドキュメンタリーの必要な場面を見つけてビデオに撮ること，新聞から必要な材料を探し出すこと，1986年8月25～29日のIAEAウィーン会議の録音テープから記録を書きおこすこと，フランス語の翻訳そして建設的な批評である．

　また本書の最終稿はほかの大勢の人々の援助なしには完成しなかった．論文，報告，参考文献，図表および有益なコメントの提供など，本書作成のさまざまな局面に貢献してくださった下記の方々に特に私は感謝申しあげたい．

　Mr U. Altemark, Prof. A. Baranov, Dr H. Bergmann, Prof. R. J. Berry, Mr A. Bose, Mr R. J. Chase, Mr S. Chasnikov, Prof. D. Chassagne, Mrs Angela Christie, Mr D. Chukseyev, Prof. L. Cionini, Dr R. H. Clarke, Mr A. Collings, Mr T. Copestake, Mr F. Cottam, Mr V. I. Dergun, Mrs Flora Dermentzoglov, Prof. Andrée Dutreix, Mr J. Dunster, Prof. S. Eckhardt, Lord Ennals, Dr A. E. J. Eggleton, Miss Janet Fookes MP, Miss Frances Fry, Mr T. Garrett, Mr R. Gibson, Dr J. H. Gittus, Prof. Angelina Guskova, Dr I. W. F. Hanham, Dr J. Hopewell, Mr R. Hurry, Prof. M. H. Husein, Prof. L. A. Ilyin, Mr M. Jones, Dr W. Jasinski, Mr Y. Kanin, Mr A. P. Kovalenko, Mr G. Lean, Mrs Alla Levchenko, Mr Y. Levchenko, Mr B. McSweeney, Lord Marshall of Goring, Miss Diana Makgill, Mr H-F. Meyer, Mr L. Meyer, Miss Rosemary Nicholson, Dr M. Nofal, Mr E. Oksyukevich, Mr V. Orlik, Mrs Lyudmila Pakhomova, Mr N. Pakhomov, Dr P. Paras, Mr E. Protsenko, Dr N. T. Racoveanu, Dr I. Riaboukhine, Dr H. Roedler, Mr G. Shabannikov, Mr Y. D. Shevelev, Mr J. Stenning, Prof. H. Svensson, Dr Y. Skoropad, Miss Gillian Smithies, Dr G. N. Souchkevitch, Dr L. Touratier, Dr N. G. Trott, Mr M. P. Umanets, Dr G. van Herk, Mr E. van't Hooft, Dr P. J. Waight, Dr W. S. Watson, Mr G. Webb.

　最も大きな援助をくださった機関は以下のごとくである．
　タス通信社ロンドン支局
　ノーボスチ通信社ロンドン支局
　ノーボスチ通信社モスクワ本社
　チェルノブイリ「コンビナート」情報・国際関係部
　AP通信社ロンドン支局

世界保健機関（ジュネーブ）
国際原子力機関（ウィーン）
在モスクワ英国大使館
在ロンドンソ連大使館
英国放射線防護庁（NRPB）
英国中央電力庁（CEGB）
西独エゲンシュタイン・レオポルドシャーヘン市 核技術援助サービス社
インツーリストロンドン支局
ロンドン市外国連邦局
ロンドン市エネルギー庁
ソビエトテレビ
英国放送（BBC）

私のソ連入国査証の取得と1987年12月2日のチェルノブイリ発電所への訪問が成功するよう尽力してくださった下記の方々に，特に感謝する．

Mr. Victor Orlik

Mr. Dmitri Chukseyev

Mr. Alexander Kovalenko

Mr. Mikhail Umanets (the Director of the power station)

本書出版の期限（1987年11月11日）は私のチェルノブイリ訪問前に過ぎてしまったのだが，訪問記といくつかの追加の図，およびいくつかの章の注記を付け加えることができたのは，バリー・マーテル（B. Martell）氏のご厚意によるものである．最後にパーガモン社の編集部，販売部および製作部のマイルス・アーキバルド（M. Archibald），グレンダ・ケルショウ（G. Kershaw），ブリギッド・コルダイヒ（B. Kaldeich），クララ・グリスト（C. Grist），そしてバリー・マーテル（B. Martell）の諸氏に，熱心で有益な激励をくださり，また著者に融通性のある締切日を許してくださったことに対して感謝を申しあげる．

第1章

チェルノブイリ原子力発電所

「ロシアは共産主義と電化の国である」
（V・I・レーニン，1870-1924）

　タービンをまわして国内に配電する電力を生産する原子炉として，世界にはいくつかの異なる設計のものがある．チェルノブイリの原子炉は1986年4月の時点で4基，さらに建設予定のものが2基あり，RBMK 1000型として知られ，ソ連邦のみに存在するものである．これは，1950年代に設計されオブニンスクにおいて1954年6月に運用開始された最初の原子力発電炉——これは英国のハーウェルのものに相当するものであるが——から発展した型である．旧型の原子炉の電気出力が5メガワット（MW）であったのに対し，RBMK 1000型の出力は1000 MWである．RBMK 1000型を用いたプラントの最初の2基はレニングラードに1973年と1975年に建設され，1973年から1982年のあいだにソ連で10基が運用開始されている．1986年には14基が運転中で8基が建設中であった．

　RBMK 1000型の発電所は，ちょうど縦分割型2所帯住宅のように2基の原子炉を対にした設計となっていて，2つの独立した原子炉系にいくつかの相互に交換可能な補助系が付いている．チェルノブイリで事故が起こったのは4号炉で，それと対になっている3号炉も燃えさかる破片の飛散によって，ある時期危ない状況になった．10月3日付の「イズベスチヤ」によると1号炉は9月26日に運転を再開し，10月1日には「タービンがまわって電力を供給しはじめた」．しかし1986年11月の状況は，1号炉は運転を再び停止させて「改善修理中」となり，2号炉，3号炉は「修理中」で，これはオブニンスクの元職員で現在IAEAに出向中の人からの情報である．5号，6号炉は事故の時点では地面に掘られた大きな穴と一連の建築設計図にすぎなかった*．このため，5号炉の敷地が汚染物用の貯蔵ピットとしてただちに使えることになって幸いであった．短期の問題はこれで解決したが長期的な問題が残ることになった．

　この事故によってソ連の電力供給能力は著しく低下した．これは単に4号炉と，そして，おそらく3号炉の恒久的な喪失によるのみならず，既存のRBMK 1000型炉すべてに安全上の改善変更を実施し，かつRBMR 1000型のデザインを発電能力1500 MWのRBMK 1500型に発展させるというソ連の計画をさらに評価しなおす，という必要性が現在差し迫ってきたためである．

---

* 1987年12月2日に筆者はチェルノブイリを訪れたが，そのおりには第5，6号炉の建物はまだまわりにクレーンが立ってはいたが，外壁はほぼ完成しているようすであった．

この厳然たる事実は1983年のIAEA紀要（Bulletin）に載った「ソ連における原子力」と題する論文の中の統計でも強調されている．論文は次のように述べている．「1980年にRBMK型炉はソ連の原子力発電所による電力生産量の64.5％，全発電量730 kW/時のうちの43 kW/時を発電した」．この同じ論文に，レニングラード，クルスクおよびチェルノブイリのRBMK 1000型発電所の平均運転負荷係数は75％であると述べられている．これだけの量の原子力発電所が一時的にせよ喪失するのにたえることはソ連としてもかなり困難なことである．

RBMK 1000型炉*には「沸騰水型黒鉛-ウラン-高出力炉」（IAEA紀要，1983年），「熱中性子チャンネル型（圧力管）原子炉」（ソ連代表団，1986年8月25～29日）など種々の呼称がある．このRBMK 1000型炉にはおもなデザイン上の特徴が4つあり，これによって原子炉と原子力発電所の主要な特徴が定まっている．すなわち，

(1) 燃料と冷却材を含む垂直のチャンネル．この構造により炉の運転中に燃料棒の取り換えが可能になっている．
(2) 燃料は，ジルコニウム管型の被膜に詰めた二酸化ウランからなる円筒の燃料要素を束ねた形態になっている．
(3) チャンネル間に黒鉛減速材がある．
(4) 複数の強制循環回路を沸騰軽水冷却材が流れ，タービンに直接，蒸気を供給する．

事故前においてチェルノブイリ4号炉の建物は炉心，原子炉室，および燃料の再充填に用いる巨大なクレーンから上へ，最大71.3 mの高さにそびえている．4号炉の幅は最大191.3 mである．原子炉を最終的に強化コンクリートでおおってしまったあとには記念塔ともいえるような60 mの高さの構造になっている．もっとも，かつての背の高い燃料再充填用クレーンはねじまげられ破断された無用の金属となって，破壊された原子炉の底に埋もれているのだが．RBMK 1000型原子炉の炉心は直径11.8 m，高さ7 mで，燃料チャンネルは正方形の格子状構造の1661個のセルの中に納まっている．1つのチャンネルごとに2本のウラン燃料集合体が入っており，1本の燃料集合体は2％濃縮二酸化ウランペレットをジルコニウム合金で被覆した18本の燃料エレメントを束ねてできている．圧力管もジルコニウムの合金でできている．

放射性のジルコニウム-95は半減期が64日で，事故後の早い時期にソ連国境を越えて発見された放射性アイソトープの1つであった．たとえば英国では，7月1日に2人の米国人女性旅行者がグラスゴーにやって来た．この2人は，リビアのカダフィー大佐がロンドンのあちこちで爆弾騒ぎを起こそうとしているという米国で広まっている懸念から，ロンドンを訪問することを止めることにしていたのである．この人たちはその代わりに4月29日から5月2日にかけてキエフを訪れた．2人の靴からごく微量のジルコニウム-95が見つかった．この靴は大あわてで捨てられてしまった．しかし，この"キエフの靴"と5月2日と5日に英国人旅行者がワルシャワで着ていた"ワルシャワのTシャツ"とに付着していた種々の放射性アイソトープの相対量について，おもしろい比較をすることができた．この比較からわかったのはジルコニウム-95の粒子が主として降ったのはソ連のキエフであって，それより遠く離れたところには届かなかったということである．

上述の燃料チャンネルに加えて，原子炉の制御系および安全系用に221本のチャンネルがある．

---

* 日本での呼称も「黒鉛減速・軽水冷却・沸騰水型炉」，「黒鉛減速・軽水沸騰冷却・圧力管型炉」などいろいろである．〔訳注〕

燃料棒と制御棒が入っている黒鉛減速材スタックは"原子炉スペース"と呼ばれる漏れのない密閉空間の中にあり，この空間には黒鉛の酸化を防止するためにヘリウムと窒素の混合ガスがいっぱいに詰められている．制御・安全系はいうまでもなく決定的に重要であり，221本のボロン・カーバイドアルミ焼結合金被覆中性子吸収棒の移動によって制御しているこれらの中性子吸収棒は，自律循環回路の水で冷却されている特別に分離されているチャンネル内に納まっている．炉内に挿入されている制御棒の数が15本以下であると，文書になっている安全規定によれば，運転員は原子炉をトリップ（停止）させなければならない．このような方法はRBMK 1000型原子炉の設計上の誤り（デザインエラー）であることが認められている（1986年8月25〜29日，ソ連代表団）．事実チェルノブイリでは，運転員は緊急時に原子炉をトリップさせることに失敗したのだ．もし自動的にトリップするような機構になっていれば事故の発生は防げたであろう．

　RBMK 1000型炉では黒鉛減速材にかこまれたチャンネルに納められたウラン燃料は沸騰水で冷却され，この過程でタービンをまわして発電するのに必要な蒸気が発生する．主循環ポンプは4基あって，水をチャンネルの低部に送り込む．水はチャンネル上部へ向かって移動するにしたがって沸騰し，チャンネル頂部で水と水蒸気の混合物となる．この混合物がパイプを通って，蒸気ドラムとも別称される気水分離器に達し，そこで水の上側の蒸気のみが集められ，またパイプを通ってタービンに送られる．水は蒸気ドラムの下部から抜かれ，ポンプで再びチャンネルに送られ沸騰する．タービンをまわした蒸気は復水器で凝縮されて水となり，これも蒸気ドラムからの水と一緒に再びチャンネルにポンプで送られ，これで全過程のサイクルが完了する．

第2章

キエフ

「ウクライナで農事を営み，小麦の王国の中で暮らす者たちはなん
と幸運であろう」
（オノレ・ド・バルザック，1799-1850）

　プリピャチとチェルノブイリの町，そして原子力発電所の周囲30 kmの避難地区内にあるこれらの町の周辺地域から避難した13万5000の人々はバルザックの意見に賛同しなかったであろうが，事故の損害はもっとずっと大きくなりえたであろうこと，そしてこの意味において特にキエフは幸運だったことについては，人々にはわかっていないようである．たとえば，おもな風向きは，北東ポーランドやワルシャワのほうに向いていて，おかげで，放射能雲は最初にキエフ上空を通らずにすみ，さらに数日間雨も降らなかったので放射能は雨水と一緒に地表に落ちてくることもなく大部分が大気中に残った．それに最も重要なことには，380万の人々が暮らしているドニエプル渓谷を流れている広大なドニエプル川が，一時は汚染されるかもしれないと思われたのに汚染されずにすんだのである．

　キエフは，ウクライナ共和国の首都であり，歴史的に重要な都市であって，人口250万人のソ連第3の大都市である．キエフはロシアのいにしえの聖都であり，紀元1世紀にモスクワがまだ村にしかすぎないころ，キエフ公国の首都だった．同じく1世紀にキエフにおいて，ギリシャ正教がロシアに伝わり，有名な，今日もその偉容を見せている聖ソフィア大聖堂が築かれ，さらにキリル文字が考案された．現代のキエフのようすはいくつかのさし絵からうかがえよう．もしキエフからの大規模な避難が必要となっていたとすると，食料品や諸器材の輸送とか人間的などのような問題がそれに伴って生じたであろうか，想像もつかない．30 km避難圏から13万5000人の人々をあのような短時間に避難させ移住させたのは，ソビエト連邦当局による最も感銘的な業績であった．しかし，もしキエフも巻き込まれていたとしたら，それによって起こる大混乱は途方もないものになったであろう．

　キエフにとって当初の恐れの1つはハリウッド映画のチャイナシンドローム様のことが起こり，炉心が溶けて，原子炉建物の土台を通り抜け地面の中に潜り込んでいき，その結果として4号炉下の地下水層が汚染される可能性であった．次にあげるように，新聞雑誌がいろいろと大見出しをあげてこのようなことを報道したにもかかわらず，これは実際には起こらなかったのである．

「ニューズ・ウィーク」誌，1986年5月12日号

「チェルノブイリ溶解」という見出しの下に次のように書かれている．「これこそまさしく恐怖を呼び起こす言葉，原子炉の炎は金属をどろどろに溶かし，黒鉛を燃えさかる炭にしてしまうほど（これは実際に黒鉛の4分の1に起こった）熱い．そしてかつて制御されていた燃料棒から死のアイソトープを吐き出し漂わせている」．もう1つの見出しは「20世紀の疫病」といっている．

英国「ガーディアン」紙，1986年5月1日付

　大見出しは「ロシアは二度目の溶解を否認」，そして小見出しは「米国は衛星*からの情報により犠牲者は3000人に達するだろうと見積もっている」というものだった．

英国「サンデー・タイムズ」紙，1986年5月11日付

　当紙の「ニュースの焦点」欄は「キエフ上空の雲」という見出しで，「1人の旅行者がこの原子力の雲の写真を撮ったのは晴れた日の午後3時だった．その雲の影響がキエフ住民を恐怖に陥れている」という説明文のついた大きな白黒写真を載せていた．説明文の下の写真は退屈そうな5人の学生が壁を背にベンチに座っているものであった．地平線はその写真がキエフにちがいないことを示しているが，130 km（チェルノブイリとキエフの距離）離れた大災害が発する煤や煙の黒い雲がこの写真のように見えるものかどうかは考えるとはなはだ疑わしい．その旅行者の写真は1986年5月12日号の「タイム」誌にも載っていたが，このときにはカラー写真で印象的なオレンジ色に輝いていた．たぶん，本当のところはいくらかこれとちがっていると私は思う．私がその写真の独占権を持っているフランスの写真社シグマのロンドン代理店でそのカラースライドを探り当てたところ，驚いたことにカラースライドにはオレンジ色の輝きはまったくなく，むしろ味気のない色彩だけであった．シグマの説明文は次のようなものであった．「1986年4月26日土曜日，チェルノブイリ原子力発電所における事故の始まりから24時間後，そしてスウェーデン人によって大異変が報じられる48時間前，発電所から130 km南へ離れているキエフの上空を黒い雲がおおった．ドニエプル川に浮かぶボートからドイツ人の旅行者が非常に印象的な現象を写真に撮った．これは，見る者をしてウクライナの首都がおそらく民生用原子力エネルギー史上最も劇的な事故の影響をこうむっていることを想像させる記録である」．

　事故直後のおもな心配の1つは，キエフの水源の汚染であった．ウクライナ科学アカデミー副会長V・I・トレフィルコフ（Trefilkov）教授は，1986年8月25～29日にIAEA会議において議題予定外の報告をし，事故直後の数日間，代用の水供給対策がとられ，キエフではふだんのドニエプル川からの取水に代えて，400個の井戸が掘られたと述べた．また水浄化技術も導入され，その1つとして放射能があればそれを100分の1に下げるような吸着剤の使用も実行された．

　人口の多い地域や飲料水供給につながる川や貯水池が事故の影響を受ける範囲にあるような地点に原子力発電所を設置することに関して，キエフに何が起こりえたかということが教訓として将来役立つにちがいない．

---

* 1987年12月2日にチェルノブイリを訪れたとき，このことについてひやかしぎみの発言があり，「米国の人工衛星はロシア人が考えていたほど優れた性能のものではなかったですね」といわれてしまった．

第3章

事　故

読書して混乱すべからず，また信じ当然のことと思いこむべからず，
さらにまた，わき道にそれるべからず．ただ判断し考察すべきなり．
（フランシス・ベーコン，1561-1626）

　原子力発電所はドニエプル川の支流である川幅200〜300 mのプリピャチ川に沿ってひろがる平地にある．このあたりは白ロシア―ウクライナ森林地帯として知られている．ウクライナ共和国領ではあるが，白ロシア共和国との国境のすぐそばにあるためにこう呼ばれている．白ロシアの首都ミンスクは発電所から320 kmの距離にあり，人口130万人である．この地域の中心はチェルノブイリ町で，人口12万5000人，発電所の南東15 kmのところにある．さらに発電所に近いところ，ほんの3 kmの地点にプリピャチ衛星都市があり，ここに4万5000人が住んでいる．この町は歴史が浅く，住民は発電所の技師，建築工，薬物取扱者，渡船作業者などの若者たちとその妻や子どもたちである．この人々の大部分はチェルノブイリの4基の原子炉の存在を日常生活の中の当然のものとして受け入れていたと考えられる．人々は原子炉に慣れっこになっていたし，それに結局のところ，発電所が多くの人々の生活の糧を提供していたのだ．
　新しい原子力発電所の建設場所が一般公衆のあいだで論じられる場合，その立場の地域住民の意見はまずは必ず「自分の家のそばは絶対にだめ」，である．このような反対はもちろんのことながらひっくり返されることが多いのだが．フランスのある大臣が自国の原子力発電所建設場所の選定について質問されたときの，今や有名になってしまった返答は，「沼地を干すときに蛙に意見を聞くのかね？」というものであった．しかしこれは理想的な方法ではない．しかしながら原子力発電所の運転がいったん始まってしまうと，セラフィールド地域（1957年に事故が起きたときはウィンズケールと呼ばれていた）の場合のように，地域住民は新しい生き方を守ろうとするようになる．彼らは外からの批判に強く反発する．1986年4月25日に，第4号炉が年一度の保守点検のための計画どおりの運転停止に入るのに先立って実験が開始されるときまでは，プリピャチでも同じような状況であったと思われる．
　4月25〜26日の夜には，原子力発電所構内には運転要員とさまざまな部局や保守サービス担当の作業者が176人，当直していた．この人数に加えて，第5，6号炉建設の夜勤当直で268人の建築工や組立工が働いていた．1，2号炉は第1期計画として1970〜1977年に建設され，3，4号炉は第2期計画として1983年12月に完成しており，5，6号炉の建設は第3期計画であった．

致命的な事故の発端は，発電所の管理者と専門家たちがある終夜実験を行うと決定したことからである．この実験は発電タービンへの蒸気供給が止まった後にタービンの慣性回転によって冷却ポンプに必要な電力を供給することができるかどうかをテストする，というものであった．この実験の目的は4号炉が極短時間の停電時に必要とされている電力供給能力を保ちうるか否かの検証であった．この実験が適切に計画されておらず，必要な承諾も得ておらず，またさらには，安全対策にかかわる規則文書には単に以下のことが書かれていたにすぎないことが認められている（ソ連代表団，1986年8月25～29日）．すなわち，「スイッチ入・切の操作はすべて発電所夜間当直長の許可を得るべきこと，緊急時には職員は発電所規則にしたがって行動すべきこと，実験開始に先だって担当責任者（たまたまこのときは電気技師で，原子炉の専門家ではなかった）は当直保安職員にその旨を通告すべきこと」，また，実験計画のなかに追加すべき安全対策については本質的になんらの規定もないことはともかくとして，緊急炉心冷却系（ECCS）を切り離すことが定められていた．これは実験の全期間を通じて（約4時間）原子炉の安全性が著しく低下することを意味している．さらに加えて，この実験における「安全の問題に対して必要な注意がなんら払われておらず，関与している職員は試験に対して適切な準備をしておらず，危険が発生する可能性があるとはまったく知らずにいた」のである．この実験を実施した原子力発電所職員も，信じられないことのように思われるであろうが，そもそもお粗末な実験プログラムから承知のうえで逸脱したのである．このような状況から緊急事態が生ずるような条件がそろい，ついにはだれもが起こるとは思わなかったような事故に発展したのである．

以下に述べるのは，定期点検のために出力低下を開始した1986年4月25日0100時（午前1時）に始まり，1986年4月26日0124時（午前1時24分），燃えさかる物体のかたまりと放射能とを大気圏に放出した，3～4秒の間隔をおいて生じた2つの爆発に至るまでのあいだに起こった出来事の経時記録である．この24時間を少し超えるだけの短い時間は，約90年前の1896年3月1日のアンリ・ベクレルによる放射能の発見，1898年のキュリー夫妻によるラジウムの発見，そして1945年の広島・長崎の出来事と原子力の歴史において肩を並べることになる．そしてこれを機に一般大衆も科学者も含めて，世界の人々の原子力の可能性に対する感じ方が根底から変わることになるのである．

4月25日

0100

実験と，予定されていた4号炉点検停止とに向かって原子炉出力減少を開始．

1305

原子炉出力は熱出力1600 MWに減少．これはこの炉の最大熱出力*の50％に当たる．4号炉には2基の発電タービン，第7, 8号基があり，第7発電タービンはトリップ（「停止」を意味する技術用語）して配電系統から切り離され，4基の主循環ポンプへの送電も含めてすべての送電負荷は第8発電タービンに移された．

---

* 原子力発電所の定格には原子炉の熱出力と発生可能電力とがあり，いずれもメガワット（MW）で示される．RBMK 1000型原子炉の最大熱出力は3200 MW，最大発電力は1000 MWである．

1400

実験計画の一部として，原子炉緊急冷却系（ECCS）は切り離された．しかしちょうどこの時点で実験は，予期しなかったことであるが，キエフ市の配電網管理者から2310時まで送電を続けるようにとの要請があったために遅延させられることになった．この要請にチェルノブイリ発電所職員は同意したが，原子炉のECCSは復帰しないままで，以後9時間以上にわたって運転規則書違反の状態が続く（第1番目の主要原因）．

2310

原子炉熱出力低減を再開．これは実験手順によると試験を熱出力700～1000MWのあいだで実施することになっていたからである．

4月26日

0028

出力を低下させていくのにあたって，局部自動制御棒（LAC）と呼ばれている高出力時の制御に使われる一連の制御棒が取り除かれ，代わって自動制御棒（AC）と呼ばれる一連の制御棒が投入された．しかしこのとき，運転員はACの設定点をリセットすることを怠り（第2番目の主要原因），そのために運転員は，炉の熱出力が実験予定の700～1000MWを大きく下回る30MWにまで落ちてしまうのを防ぐことができなかった．

0100

運転員は，炉のキセノン毒*のために困難であったが，どうにか熱出力200MWで炉を安定させることに成功した．この200MWに出力を上げることは原子炉の炉心から制御棒を引き抜くことによってようやく達成されたのである．しかしながら200MWは要求されていた出力レベルよりもまだずっと低く，実験は進めてはならなかったはずであった．——しかし，進めたのである．

0103 および 0107

左右の冷却回路ループにつながる2基の予備用の主循環ポンプのスイッチが入れられた．この結果，全部で8基の主循環ポンプが作動状態となった．実験では第8発電タービンに4基のポンプがつながっているので，実験終了時において，残りの4台のポンプが引き続き確実に炉心を冷却していることになるように，このような手順がとられたのである．しかし炉出力が200MWと低いため，また8基のポンプがすべて作動していたために，炉心を流れる冷却水の流速が非常に高くなってしまい（通常の115～120％），ポンプのいくつかは定格をはずれた運転となっていた（第3番目の主要原因）．その結果として，蒸気発生量が減少し，蒸気ドラムの圧力低下が生じた．

---

* Xenon Poisoning，キセノン毒．核分裂生成物であるヨウ素-135が崩壊してキセノン-135ができる．キセノンは熱中性子吸収断面積が大きいため，これが存在すると炉内反応度を低下させるのでこう呼ばれる．〔訳注〕

01 19

　　運転員は給水ポンプを作動させて蒸気圧と水位を上昇させることを試みた．蒸気ドラムの中の水位が低下していたので，原子炉はトリップさせるべきであった．しかし，運転員はトリップ信号を無視して炉の運転を続行した（第4番目の主要原因）．冷却回路中の水は今やほとんど沸騰点に達しようとしていた．

01 19. 30

　　蒸気ドラムの水位は必要なレベルに達したが，運転者はドラムへ水を供給し続けた．冷水が炉心に入り，蒸気発生はさらに低下して，蒸気圧はいくらか減少することになった．これを補償すべく12本すべての自動制御棒（AC）が炉心から完全に引き抜かれた．熱出力200 MWを維持するために，運転員はさらに手動の制御棒も何本か炉心から引き抜いた．

01 19. 58

　　蒸気圧が低下していくスピードを抑えるために，発電タービンをバイパスする1つのバルブが閉じられた．復水器への蒸気流入は止まり，蒸気圧はさらに低下しつづけた．

01 21. 50

　　運転員は給水の流量率を下げて水位がさらに上がるのを止めた．このため，炉心へ送られる水の温度が上昇した．

01 22. 10

　　蒸気の増加を補償すべく自動制御棒（AC）が炉心に戻されはじめた．

01 22. 30

　　運転員はコンピュータが打ち出した原子炉システムの諸パラメータの値に目を向けた．これらの数値は規則書で運転員がただちに（手動で）炉を停止しなければならないとされている状況になっていることを示していた．この禁止されている状態に自動停止機構が連結していないので，運転員が止めなければならないのである．しかし運転員は実験をまだ続行した（第5番目の主要原因．これが最大の原因）．コンピュータによるモデル検討によると，このとき炉心に挿入されている制御棒の本数は，6，7，あるいは8本にすぎず，設計上の最低安全規準15本の半分以下，運転員の運転マニュアルに規定されている最小本数30本の4分の1以下になっていた．

01 23. 04

　　実験は炉出力200 MWで始まり，第8発電タービンへの主蒸気管のバルブが閉じられた．2基のタービンの両方がトリップしたときに原子炉をトリップさせる自動安全防護系は運転員によって意図的に解除されていた（第6番目の主要原因，これが最も決定的なものであった）．ただし，そうしてはならないという指示は実験手順には入っていなかった．結局のところ実験が開始してからは原子炉の運転は不要であったわけである．運転員の心中をおしはかってみると，もし実験が第1回目に失敗となった場合に原子炉が停止されていなければ，すぐに第2回目にとりかかれる，ということであったのではないだろうか．チェルノブイリ4号炉運転員の実験中の大き

な優先事項は，1986年の定期保守点検の期間内に実験を完了させてしまい，次回の1987年の計画保守点検のときまでさらに12カ月待たないですむようにすることであった，と結論せざるをえない．重要な安全手順をいくつも無視してでもテストを完了させたいと思わせるほど，実験員たちが受けていた圧力とストレスは大きく，そのような厳しい状況を想像するのはむずかしいことであるが，実際に起こったのはまさにそういうことであった．

0123.05
炉の出力は200 MWから徐々に上昇しはじめた．

0123.10
自動制御棒（AC）が引き抜かれた．

0123.31
主冷却水と給水の流量が減少し，そのために炉に入る水の温度が上昇し，また，蒸気発生量が増加した．

0123.40
炉の出力が急激に上昇し（「急速臨界」prompt critical excursionと呼ばれることがある），4号炉直長は全速緊急停止を命じた．不幸なことにこの命令は遅すぎた．自動制御棒のいくつかはその炉心最低深度に到達せず，1人の運転員はそれらが重力（自重）によって規定の深さまで落ちるようにラッチ（止め具）をはずした．しかしながら制御棒はほとんど完全に引き抜かれた状態になっていたので，炉出力が減少しはじめるまでには20秒の遅れが必要であった．すなわち炉出力低下の始まりは，もし可能であったとして，0124.00になったであろう．

0123.43
緊急事態警報が作動した．しかし緊急防護システムは不十分で，原子炉の暴走を止めることができなかった．燃料棒温度が急激に上昇したために熱伝達の面で危機が生じた．炉出力は3秒で530 MWに達し，さらに指数関数的に上昇しつづけた．

0123.46
強烈な蒸気発生．

0123.47
燃料棒チャンネル破壊の開始．

0123.48
熱爆発．チェルノブイリ4号炉の外にいてみていた人によると，0124時頃に2回の爆発が連続して起こった．燃えている破片や閃光が炉上空に吹き上がり，破片のいくつかは機械室の屋根に落ちて火災をひき起こした（ソ連代表団，1986年8月25～29日）．

3．事　故　　11

事故についての類推の要約

「高空を飛んでいる飛行機の操縦士を想像してください．彼らが飛びながら飛行機のテスト，ドアの開放，種々のシステムの停止を始めるのです．このような状況が起こることを設計者たちは予測しているべきであった，とチェルノブイリ事故の事実が示しています」
（ワレリー・レガソフ　V・Legasovソ連代表団団長，1986年8月25～29日，ウィーン，IAEA）

　全部ではないとしても多くの新聞，ラジオ，テレビのレポーターたちは災害の報道にさいして，ときには嘘も真もとりまぜて，できるかぎり詳細に脚色したがるものであり，チェルノブイリ事故についての当初の取り組みも例外ではなかった．

英国「デーリー・メール」紙，1986年4月30日付
　大見出しは「アトムの恐怖により2000人死亡」，小見出しは「ロシアの危険地域の報告によると病院という病院はすべて放射線事故の犠牲者でいっぱい」というものであった．2000人死亡という統計の根拠はおそらくオランダで傍受されたキエフからのアマチュア無線による通信と思われる．事故後当初はこの死者2000人という数が繰り返し報道された．

英国「デーリー・ミラー」紙，1986年4月30日付
　大見出しは「お母さん，私を助け出して！」，小見出しは「2000人が核の惨事で恐怖のうちに死亡するなかで，脅えている身動きのできぬ英国人」であった．

米国とイタリアのテレビネットワーク，1986年5月
　燃えさかるチェルノブイリ原子力発電所であると思わせたテレビ映像は，イタリア，トリエステ市のセメント工場の火災であったことがわかった．1986年5月15日ローマ発のタス通信が，これに関連する事実を報じている．米国のNBCとABCテレビネットワークとイタリア国営テレビで放映されたこのでっちあげビデオテープの製作者であるトーマス・ガリノ氏はイタリア警察に逮捕された．イタリアの視聴者やテレビジャーナリストたちには，この煙にまかれている建物がトリエステの工場であることがわかってしまった．このフィルムは工場火災の折にトリエステの工業地域で撮られたものと，そのときに負傷者が収容された町の病院で撮られたもの（これはオスペダーレ・ディ・ガティナラ病院で，その写真は地方紙の「メリディアノ」にも掲載された．ガリノ氏はフランス人であるが，ソ連に旅行して帰ってきた東欧人のふりをし，チェルノブ

　新聞雑誌に掲載された漫画のほとんどが，反ソ，反米，反商用原子力発電，反核戦争のいずれかであった．しかしごくわずかだが特異的な国民性の表れと思われる点を強調したものもあった．この例の一つは1986年5月8日付のアテネの日刊紙に載ったもので，この漫画から読者はギリシャ人はペシミスティックな悲劇役者であると思いこまされる．つまり，チェルノブイリ事故はギリシャではいつも起こる国内大混乱事の一つとみなされ，アテネの商店で缶詰食品を買いあさるパニックが途方もない規模になって，買物客たちはルール無視のフットボールをしている群衆のようにふるまったのである．この漫画ではタクシーのトランクに粉ミルクの缶があふれるほど積み込まれていて，乗客が「いくら払ったらいいの？」と聞くと運転手は「粉ミルク3缶」と答えているのだ．漫画の下の見出しは「信じられないほど多量の貯蔵食品が買い込まれ，アテネ市民は全員，市場へ出かけた！」と述べている．

Η ΚΑΘΗΜΕΡΙΝΗ

ΑΘΗΝΑ ΠΕΜΠΤΗ 8 ΜΑΪΟΥ 1986

(Σκίτσο τοῦ Κ.—)

ΑΠΙΣΤΕΥΤΕΣ ΠΟΣΟΤΗΤΕΣ ΣΥΝΤΗΡΗΜΕΝΩΝ ΠΡΟΪΟΝΤΩΝ ΚΑΤΑΝΑΛΩΘΗΚΑΝ

Μαζική ἔφοδος τῶν Ἀθηναίων χθές στά "σούπερ - μάρκετ"

ΑΓΟΡΑΖΑΝ Ο,ΤΙ ΕΥΡΙΣΚΑΝ ΜΠΡΟΣΤΑ ΤΟΥΣ, «ΜΗ ΕΠΙΚΙΝΔΥΝΟ»...

(左頁の説明参照)

イリ原子力発電所の従業員からビデオテープを入手してきたと嘘をついていたのであった．ガリノ氏は罰金２万米ドルを課せられた．ABC テレビのニュースキャスターは後にテレビで視聴者に「このようなまちがいは二度と繰り返しません」と語っている．

「ニューヨーク・ポスト」紙，1986年5月
　これには数あるなかでも最も奇妙な見出しが載っている．「大墓地で１万 5000 人が死亡」．

「デトロイト医事ニュース」紙，1986 年 5 月 12 日付
　社説は次のように述べている．「つまりロシア人は自滅の道を歩みはじめたのだ．これはよいニュースだ．悪いニュースは彼らが海を越えてわれわれにフォールアウト（放射性降下物）を輸出していることだ」．

「ニュー・サイエンティスト」誌，1986 年 9 月 4 日号
　次のような記述が続いている．「ウィーンの技術者たちはチェルノブイリの原子炉が原子爆弾のように爆発する寸前のところまでいったことを先週知って驚き，ショックを受けた」と続けられている．「ニュー・サイエンティスト」誌は 1986 年 8 月 25〜29 日のウィーンにおける IAEA 会議のことを述べているのだが，実際のところこの会議の記者会見では原子力発電所は原子爆弾のように爆発しないこと，そしてチェルノブイリの爆発は核物質が入っている蒸気爆発であって核爆発ではないことがだれにでも理解できるように明確に説明されたのだった．ジャーナリストの多くはこの情報を無視することにしたのだ．しかし必ずしもすべての記者や編集者が裏付けのない煽情的な記事を掲載したわけではないことに留意されたい．

「エコノミスト」誌，1986 年 8 月 30 日〜9 月 5 日号
　これは「ウクライナからの物語――原子力推進つまずく．しかし破滅にあらず」という見出しに続いて次のように述べている．「原子炉は優秀な技師たちによって設計されているが，それを運転しているのは手順を省略するのに慣れ，原子炉がどう働くのかをほとんど理解していない，それほど優秀でない技術者であることを忘れてはいけない．スリーマイル島でも運転員は理解できなかった安全システムをはたらかないように解除してしまったのだ」．「エコノミスト」誌はまた「しかし，人間のエラーだけがすべてではない」ことも述べている．

「ワシントン・ポスト」紙，1986 年 4 月 25 日付
　一面の見出しは次のようである．「ソ連の原子力事故によりヨーロッパ上空に放射能雲ひろがる」，「タス通信によればキエフ近傍の事故によって詳細不明の被害」，「炉心の一部溶融の恐れ」．

「USA トゥデー」紙，1986 年 5 月 1 日付
　要約の図に「ソ連の穀倉に脅威迫る」という見出しがあり，次のように述べている．「ウクライナはソ連邦の３％の面積にすぎないが食料生産は 23％を占める．チェルノブイリの災害によって，この最大の農業地帯から生産される食料の安全が脅かされている」．次いでさらに詳細な統計が述べられている．「ショ糖用ビートは全ソ生産量 8530 万トン中の 58％，穀類は全ソ生産量１億 5800 万トン中の 23％，ミルクは全ソ生産量 9790 万トン中の 23％，じゃがいもは全ソ生

産量 8550 万トン中の 23 ％がウクライナで生産されている」．

「ザ・タイムズ」紙，ロンドン，1986 年 4 月 30 日付
　一面の見出しは次のようである．「原子災害により多大の死亡の恐れ」，「ポーランドは危機管理チームを結成」，「ロシアは報道管制を停止」，「警報を出さなかったことが批判さる」，「今後の発電所は再び石炭火力に戻ることになりそう」．

「ザ・タイムズ」紙，ロンドン，1986 年 5 月 1 日付
　一面の見出しに「チェルノブイリの第 2 号原子炉に危険迫る」とあり，その小見出しは「米国の情報活動*による報告にモスクワは反論」となっている．

英国「デーリー・テレグラフ」紙，1986 年 4 月 29 日付
　一面の見出しは「ソ連のアトム漏洩警報」，これに「フォールアウト（放射性降下物）はヨーロッパ 1000 マイルへひろがる」「世界最悪の原子炉事故」「英国には危険なし」「米国の事故の再来」という小見出しがついている．

　事故は運転員の理解力を欠いた行動と RBMK 1000 型炉の設計欠陥とによって引き金を引かれたのであるが，そこで実際に起こったことは原子爆弾の爆発ではなく，ちりぢりに破砕された燃料が水に触れたことによって生じた**蒸気**爆発であった．エネルギーが高速度で燃料内に蓄積されてそこから外へでることができず，おそらくそのために燃料が溶解し，あるいは破砕分散した．打ち出された燃料は圧力管に当たってこれを破断し，水蒸気が黒鉛減速材の空げきに入りこんだ．次いで水が燃料チャンネルに流れこみ「燃料―冷却材」間の反応が起こって，これが最初の爆発となった．第 2 の爆発は（ジルコニウムの酸化によって生じた）高温水素と（水と高熱黒鉛との反応によって生じた）一酸化炭素とが，炉の蓋が吹き飛んだときに空気と混合したことによって生じたのであろうと思われる．
　事故後に初めて公表された写真のいくつかは本書の写真集の部分に載せてある．これらの写真のうちの少なくともいくつかは，軍のヘリコプターから撮影されたものと思われる．1986 年 8 月 25 日，ウィーンで開かれた IAEA の事故後検討会議の初日，ソ連代表団発表が始まって早々に団長のワレリー・レガソフ（V. Legasov）科学アカデミー会員が事故の全容を報告した．このとき 500 人の各国代表団の多くの人々は，それまで知られていなかった豊富な情報がそこで発表されるとは期待していなかった．レガソフ氏はカラービデオの映像を示しながら説明した．このなかのいくつかの画面は今まで私が科学会議で見たなかで最も劇的なものであった．このビデオが完成したのは，ソ連代表団がモスクワからウィーンに向けて出発する直前であったようだ．このビデオはじつによくできていたが，ヘリコプターのパイロットと撮影者が当然のことながら早く仕事を終わらせてチェルノブイリ発電所から離れたいと思っていたからであろうか**，ところどころで画面が揺れていた．
　しかし，ビデオの画面が破壊された原子炉の内部深くを上空から撮影した映像（図 18 参照）

---
　* 　第 2 章の注（16 頁）を参照．
　** 　事故 1 カ月後にタス通信の写真家が現場上空を飛んだときにかぶっていた帽子が風で吹き飛んでしまったので，着陸してから安全対策として（放射能汚染を恐れて）頭を剃ってしまった，という話がある．

を映しはじめたとき，500人の聴衆は予期せざるショックに息をのんだ．このような撮影テープが存在し，また実際に撮影することができたとはだれもが思っていなかったのである．破壊された4号炉の残骸の内部を上空からズームして映し出した画面は，まず暗褐色のレンガとねじまげられ圧しつぶされた金属構造物の残骸を見せてから，画面の片隅に真紅に輝く物体を示す映像で止まった．それは残存する炉心の燃えつつある黒鉛だった．これはあたかも小さな噴火山の火口を覗きみているような感じであった．ビデオカメラはそれからしだいに横に向いていき，暗褐色の背景のなかに，一見ほとんど完全な形の，4台の黄色の循環ポンプを映し出した．

今や有名になったこのビデオテープによって，事故後検討委員会の雰囲気がそれ以前とはまったく変わってしまったのはたしかであるといってよいと思う．もっとも皮肉屋たちは，このことこそがソ連側が意図したことであって，ソ連の発表全体が，情報隠蔽の大作戦にすぎなかった，と主張するかもしれない．少なくとも東欧生まれのある人はその皮肉屋の1人であった．しかし，ソ連代表団は事故について非常にていねいで率直な報告をしようとしていた，というのが会場全体が受けた感じであった．事実そのとおりに進行し（二，三例外はあったが），代表団全員に500頁以上にもなる文書（付録1参照）と，スライド説明のコピーが配られた．ただしグシコーバ教授が示したチェルノブイリ消防士の犠牲者の医学的写真（第4章と図59，60，61）は別であった．ビデオテープは評判がよく要望が多かったので1986年8月29日の会議の終わりに再度上映され，そのテープがレガソフ科学アカデミー会員からIAEA事務総長ハンス・ブリックス博士に贈呈された．しかし，ビデオテープのコピーや個々の静止画面の写真をIAEAが配布してはいけないという但書きが付いていたために，これらの劇的な写真を見た人は比較的少数に限られてしまった．しかしこれらの写真のいくつかは後になって，1987年2月18日にソビエトテレビで放映された『警告』という題のドキュメンタリーフィルムのなかに出てきている．

ソ連国内の放射能汚染とその影響の軽減に関してソ連邦が実施した事故対応は必要であったし，また印象的なものであった．しかしその状況を知った私たちは，もし同じような規模の事故が特に国の面積が小さいほかの国で起こったとしたら，（もちろん，RBMK 1000型原子炉があるのはソ連だけであることは承知しているが），その国々は問題に対処すること，とりわけ，13万5000人を避難させ，移住させるといったことができたであろうか，という疑問にかられるのである．

緊急時対応の経時的活動は次のとおりである．

4月26日

0123.48

高温の原子炉炉心の破片が原子炉建屋に隣接する建物の屋根の上に落下し，そのために30カ所を超える場所で熱爆発と火災が発生．ジーゼル機関の燃料と水素の貯蔵庫に危険が迫り，放射線防護よりも消火作業が優先して進められた．これは，もし火災が手に負えなくなるともっと大きな災害がひき起こされることになりそうだったからである．

0130

チェルノブイリ現地の医療センターの当直であった3人の職員が警報を受けた．また，モスクワの緊急時センターも「核，放射能，火災」というコード信号で通報を受けた．この後に続いて

起こった出来事は 1986 年 8 月 25～29 日にソ連代表団によって次のように述べられている．「オイルパイプの破損，電線のショート，原子炉から発生する強烈な熱のために第 7 タービン発電機の上部機械室，原子炉室，そして部分的に破壊された隣接する建物に燃えさかる火の塊が発生した．0130 時にチェルノブイリ発電所を担当する消防団分団の当直の消防士はプリピャチとチェルノブイリの町から事故現場へ向けて出発した．炎がどんどん勢いを増し，機械室の屋根を伝って隣接する 3 号炉が延焼する危険が差し迫っていたので，消防団の最初の作業はまずこの問題区域の消火に向けられた．このような状況のもとで建物内部の火災はそこに備えつけられている消火器と消火栓で消し止める方針が決められた」．

0145
特殊医療チーム 2 組（後にはさらに増援チームが加わった）がプリピャチを出発し，プリピャチ，チェルノブイリなどの地域病院に病床が 115 人分用意された．

0210
発電タービン，機械室の屋根のおもな火災は消し止められた．29 人の最初の負傷者群が病院に運ばれた．

0230
原子炉建屋屋上の火災が消し止められた．

0300
チェルノブイリ原子力発電所従業員と患者全員とにヨードカリの錠剤が配布された*．

0500
局所的な火災はすべて消火されたが，炉心の黒鉛火災はまだ続いていた．火災の起こった場所場所によって消火方法は異なっており，ケーブル室は水，制御室はガス，油のあるところは発泡剤が使われた．1986 年 8 月 25～29 日には 2 つのビデオフィルムが映写された．そのうちの 1 つについてはすでに述べたが，もう 1 つのフィルムは，主会議場の外の展示ホールで上映された．このビデオはソビエトテレビで放映されたニュースから抜粋して作ったものであると私は考えるが（私は許可を得てこのサウンドトラックを全部録音した），このなかには次のようなナレーションがあった．

---

* これは事故後 1 時間半のことであり，アカデミー会員イリイン教授は 1986 年 8 月 26 日に，米国ハリスバーグのスリーマイル島の場合にはヨード錠剤の配布は事故発生 6 時間後に行われたことと比較して述べた．しかし，8 月 25～29 日の期間にソ連代表団は核戦争やスリーマイルに言及することはほとんどなく（おそらくは言及すると自分にははね返ってくると考えたのであろう），1957 年のウィンズケール事故にはじめて言及したのは英国ハーウェルの放射線防護庁（NRPB）長官であるジョン・ダンスター氏であった．

事故後検討会議が始まったときに次のようなスキャンダル的な逸話が各国代表団のあいだでささやかれていた．「アメリカ人は宇宙戦争（スターウォーズ）のせいでソ連人に話しかけない．フランス人は自国の電力が原子力に大いに依存しているためチェルノブイリという言葉の存在を認めたくないので，ソ連人に話しかけない．ドイツ人は緑の党のことがあるのでソ連人に話しかけない．○○人は（明白な理由により名前はあげない！）何事につけても決断することができないのでソ連人に話しかけない．したがって，残っている英国人がロシア人に話しかけることになる」．

この話は会議当初の各国代表団の態度をよく要約している．ソ連側がスリーマイル島やスターウォーズに繰り返し言及することを避けたおかげで，このような態度が変わることになったのである．

「消防士たちがまず最初に惨事の矢面に立って戦った．隣の原子炉に向かって炎が吹き出しており，発電所のケーブル導管のネットワークにも影響しそうであった．28人の消防士が火災と戦ったが，そのうちの何人かはすでにこの世にいない．ここに消防士たちが入院先で綴った報告の抜粋を述べる．このような状況のもとにあってだれ1人として怠慢な者はいなかった．全員が確固とした規律正しい態度で自主的でときには危険な決断――その状況で唯一の正しい決断を下す能力を発揮した．全員が，なにが待ちかまえているかをよく認識していた．危機的な状況のうちに炎は5時には消し止められた．発電所とその周辺は隔離された．人々は汚染地域への立ち入りを禁止された」．

すべての消防士たちはこのような危険で不安な状況において自分たちの任務を堅持していたが，ごく少数ではあるがチームに協力するよりも自分の利益をまず考えた者もいたという報告がある．たとえばある女性従業員は任務を棄てて両親のもとへ逃げ帰った．1986年7月16日付「ザ・タイムズ」紙が「プラウダ」からの引用として報じているように，上級職員が何人かくびになり，懲戒処分を受けたという話もある．このなかには「無責任とリーダーシップの欠如」のために馘首されたチェルノブイリ原子力発電所のブリュハーノフ（Bryukhanov）所長*とN・フォーミン（Fomin）技師長も入っている．さらに「ザ・タイムズ」紙は「最も困難な時期に任務を放擲した副所長を含めて，その他に3人の発電所幹部が名前を挙げて厳しく批判された」と報じている．1986年8月25～29日の会議において目についたことは，ソ連代表団にチェルノブイリ原子力発電所の職員は1人も入っていないことであった．これは幹部管理者と上級科学者・技師が全員免職されてしまったためであろうか？

後になってソ連のある大臣の馘首についての詳報が出ている．1986年7月20日付「ザ・タイムズ」紙は，人数不明の従業員に対する刑事訴追の手続きが始められたことを報じている．ソ連政治局も事故に関連した4人の上級局員を馘首した．その4人は国家原子力検査庁議長Y・キュロフ（Kulov）氏，電力技術電化庁副長官G・A・シャシャーリン（Shasharin）氏，中規模機械建物庁第一副長官A・メシコフ（Meshkov）氏，調査設計研究所副所長V・S・エメリャノフ（Yemelyanov）氏である．電力技術電化庁長官**のA・マイオーレツ（Mayorets）氏は着任早々であったという理由で譴責を受けただけであった．

4月26日

0600

モスクワ緊急時センターに送られたメッセージが混乱していた．爆発が起こった0124時以後に送られた報告は原子炉は制御されていたと述べていた．0600時にはすでに108人が入院し，1人が重度の火傷により死亡している．最終的な解析によると，重い火傷を受けたのは5人にとどまった．生命の危険があるような火傷はほとんどがベータ放射線によるもので，このことはチェルノブイリ事故以前には認識されていなかった．

0640

モスクワの内科医，皮膚科医，放射線科医および臨床医の特別緊急医療チームに緊急通報が入

---

* 新所長M・P・ウマニェーツ氏は1987年2月に任命された．
** 原子力発電省のN・ルコーニン（N. Lukonin）大臣が現在（1987年12月2日）チェルノブイリ発電所を所管している．

った．

1100
緊急医療チームがモスクワからキエフに飛んだ．

2000
モスクワでは中央会議が指導的科学者，専門家および官吏からなる政府委員会を設立し，これに事故対処と原因究明に当たらせることにした．この委員会は2000時に到着し，任務を開始した．

2100
チェルノブイリの党地区委員会の建物に中央司令部が設置されこれが緊急対応作業を調整した．2100時には（ソ連代表団，1986年8月25～29日）「緊急用補助給水ポンプで炉心空げきに水を送りこむことによって原子炉の温度を下げて黒鉛が着火するのを防ぐ試みが実行された．この試みは効果がないことが判明した．そこで次の2つのうちのいずれかの方法をただちに決定しなければならなかった．(1)熱を吸収し，フィルター効果のある材料で，原子炉シャフトをおおうことで事故を発生源に閉じ込める．または，(2)原子炉シャフト内の燃焼をそのまま進行するのに任せて自然に燃えつきるのを待つ．(2)の方法は相当広範囲な放射能汚染が起こり，いくつもの大都市の住民の健康が脅かされることになる危険があるので，(1)の方法を採用することに決めた」．
プリピャチ市の避難実施が決められた．原子炉建屋から大気中へ噴き出した最初の放射能雲はプリピャチを通らなかった．したがってここで当初の計画どおりに避難を実行すると，避難民はプリピャチよりも放射能汚染が高い場所へ行くことにもなりうる．避難計画は再検討された．

4月27日

0113
チェルノブイリ1号炉が運転停止された．

0213
チェルノブイリの4基の原子炉のうちで最後まで運転していた2号炉が停止された．「1，2，3号炉および発電所諸設備が当直員によって点検された．1，2，3号炉の建屋と諸設備は著しく放射能で汚染されていたが，これは事故後もある期間運転しつづけていた換気システムを通じて生じたものであった．機械室は3号炉の破損した屋根を通じて汚染されており，諸々にかなりの量の放射線が出ていた．政府委員会は1，2，3号炉をいずれ再開することになるのに備えて放射能除染等の作業を実施するよう命令した」（ソ連代表団，1986年8月25～29日）

1400
プリピャチの町を避難させることが公表され，4万人が2時間45分で町を離れた*．

---
* 4万人という数字はソビエトテレビのビデオのなかで述べられたものだが，8月25～29日に発表された数字ではプリピャチから避難したのは4万9000人となっている．

5月14日

　M・S・ゴルバチョフ書記長がソビエトテレビで演説した（この演説の全文は5月16日に世界保健機関（WHO）評議会にも提出された．付録2に再録してある）．ソ連ではこれに先だって「プラウダ」と「イズベスチヤ」に次のようなさまざまな報道が載せられた．

5月7日

　チェルノブイリのヘリコプターパイロットと医療検査の写真，およびボロジャンスキー地域の村に送られた5000人の避難者の報告．

5月11日

　チェルノブイリ町の無人となった建物と「空気浄化」に使われる装置を積んだバスの写真．

5月7日

　チェルノブイリについての短信，写真なし．

5月8日

　「チェルノブイリ原子力発電所での事件」と題するやや長い記事．写真なし．

5月9日

　「困難な時間」と題する記事．写真なし．

5月10日

　「義務遂行中」と題する消防隊についての記事とレオニード・テリャトニコフ（L. Telyatnikov）少佐の写真（第4章参照）．

5月11日
「原子炉に変更」と題する記事．作業休憩時の，クヴァという人気のあるミネラルウォータードリンクに行列している人々の写真．
5月13日
　インタビュー記事とタス通信による矢印を付した破壊された原子炉の写真（図19参照）．これはタスが配信した最初の写真であった．

「小百姓は雷に打たれるまでは十字を切ろうとしないものだ」（「モスクワ・ニュース」紙政治論説記者ドミトリ・カズチン（D. Kazutin）氏がチェルノブイリ事故についての記事を書くにあたって引用した言葉．カズチン氏によると，この格言はピョートル大帝（1672-1725）の時代よりも昔につくられたものである）

写真と図

1986年5月まで
図1～62

1986年8月まで
図63～115

1987年12月まで
図116～160

図1 キエフ市のクレチャティク大通り．1982年．商店，カフェ，映画館，役所，コンサートホールが建ち並ぶ． (タス通信提供)

図2 クレチャティク大通り．1943年．これは原子力にかかわりのある風景ではなく，ソ連愛国大戦と呼ばれている第2次世界大戦中のドイツ軍のウクライナ侵略によるもの． (タス通信提供)

3．事　故

図 3　キエフ市の新郎新婦．1986年5月．　　　　　　　　　　（タス通信提供）

図 4　ウクライナのチェルニゴフ地方ボブロビッツ村での1986年メーデーの祭り．
　　　　　　　　　　　　　　　　　　　　　　　（AP通信提供）

図5 1986年5月19日付の「イズベスチヤ」紙面に掲載された写真. チェルノブイリ原子力発電所から数 km の地点にある多色塗りの道路標示. 1987年12月2日現在まだそこに立っている. 事故後30 km 圏内の道路の路肩はすべてアスファルト舗装され, 最も安全なルートを示し, 高放射能汚染地域への立入りを禁止する2500の道路標識が各所に置かれた.

図6 事故前のチェルノブイリ原子力発電所. 「ソビエト・ライフ」誌1986年2月号に掲載された写真. (AP通信提供)

3. 事 故　25

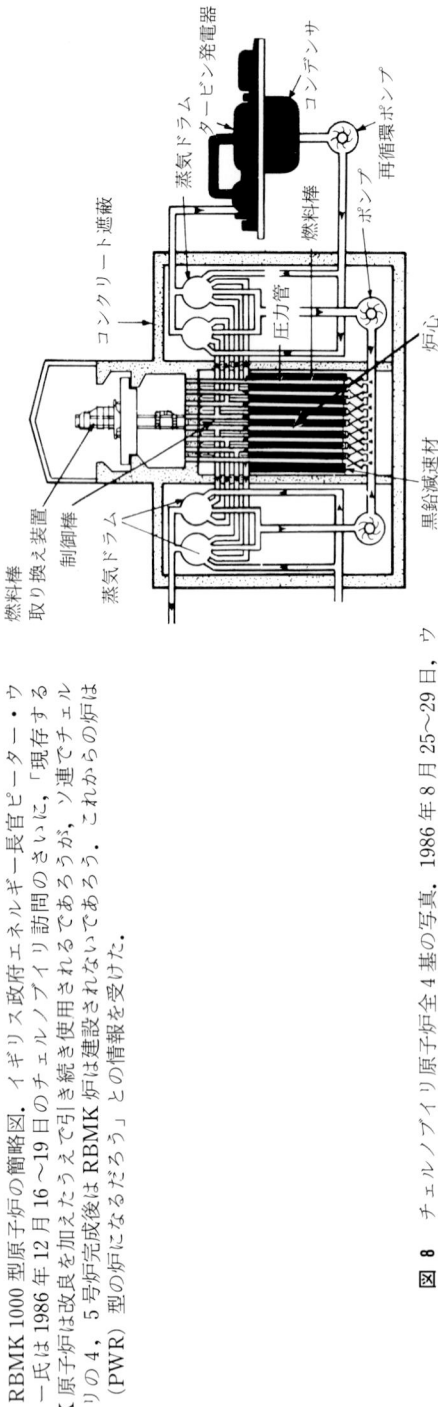

図7 RBMK 1000 型原子炉の簡略図。イギリス政府エネルギー長官ピーター・ウォーカー氏は 1986 年 12 月 16〜19 日のチェルノブイリ訪問のさいに、「現存する RBMK 原子炉は改良を加えたうえで引き続き使用されるであろうが、ソ連でチェルノブイリの 4, 5 号炉完成後は RBMK 炉は建設されないであろう。これからの炉は加圧水 (PWR) 型の炉になるだろう」との情報を受けた。

図8 チェルノブイリ原子炉全 4 基の写真。1986 年 8 月 25〜29 日、ウィーンの IAEA での事故後の検討会議でソ連代表が示したもの。
(タス通信提供)

図 9　チェルノブイリ発電所の制御盤.
　　　　（The John Hillelson Agency Limited 提供）

図10 「ソビエト・ライフ」誌1986年2月号に掲載された写真．チェルノブイリ原子力発電所の作業者たち．上に書かれている英語の文章はロシア語の雑誌にはなかったもので，後から加えられたものにちがいない．ドアの上のキリル文字の標語は翻訳すると「自分の仕事を通じて平和を強めよう」となる．　　　（Popperphoto誌提供）

図11 チェルノブイリ1号炉の直長が原子炉燃料棒ヘッド部の放射能レベルをチェックしているところ．1986年6月． (タス通信提供)

図12 チェルノブイリ1号炉中央ホール．1986年6月． (タス通信提供)

3．事　故

図13 チェルノブイリ原子力発電所の原子炉炉心冷却装置内にいる技術者. この写真は「ソビエト・ライフ」誌に掲載されたもの. (AP通信提供)

図14 チェルノブイリのタービン室．1982年． (タス通信提供)

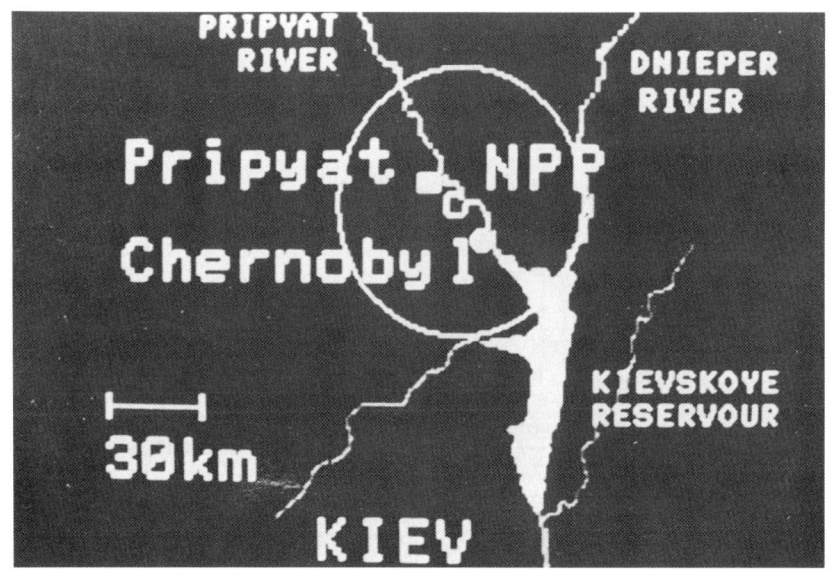

図15 1986年8月25〜29日にウィーンで開催されたIAEA会議でソ連が示したチェルノブイリ発電所周辺の地図． (IAEA提供)

3. 事 故 31

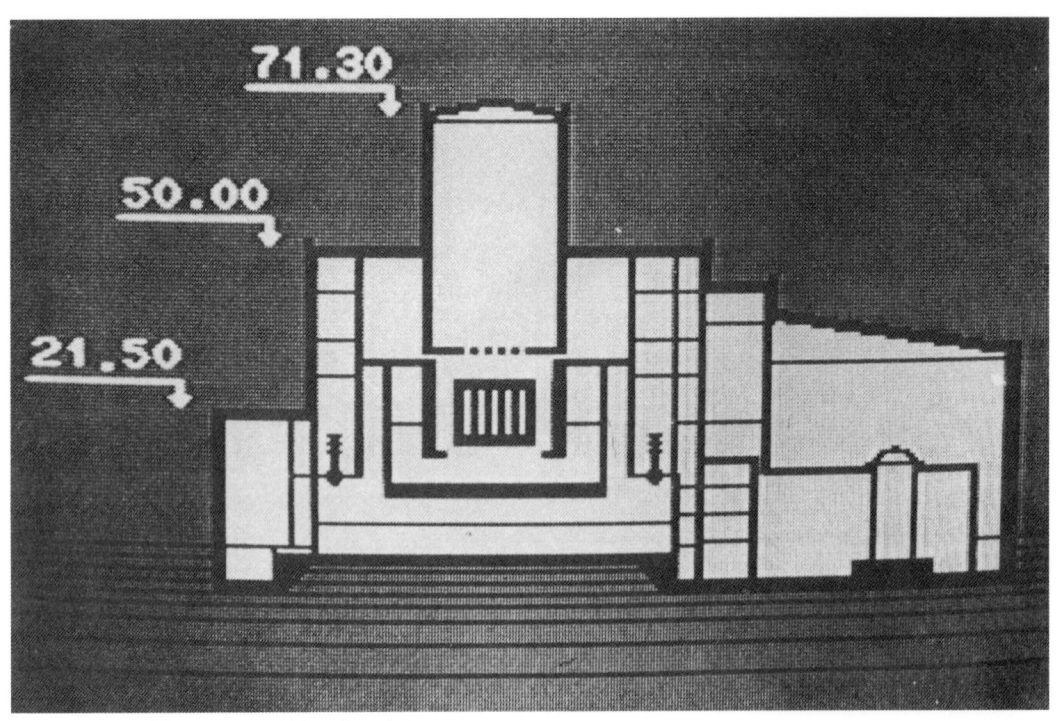

図 16, 17　4号炉の事故前後の断面図. 点線は強化コンクリートの石棺で密閉する計画を示している. 　　　　　　　　　　　　　　　　　　　　　　　　　　　　（IAEA 提供）

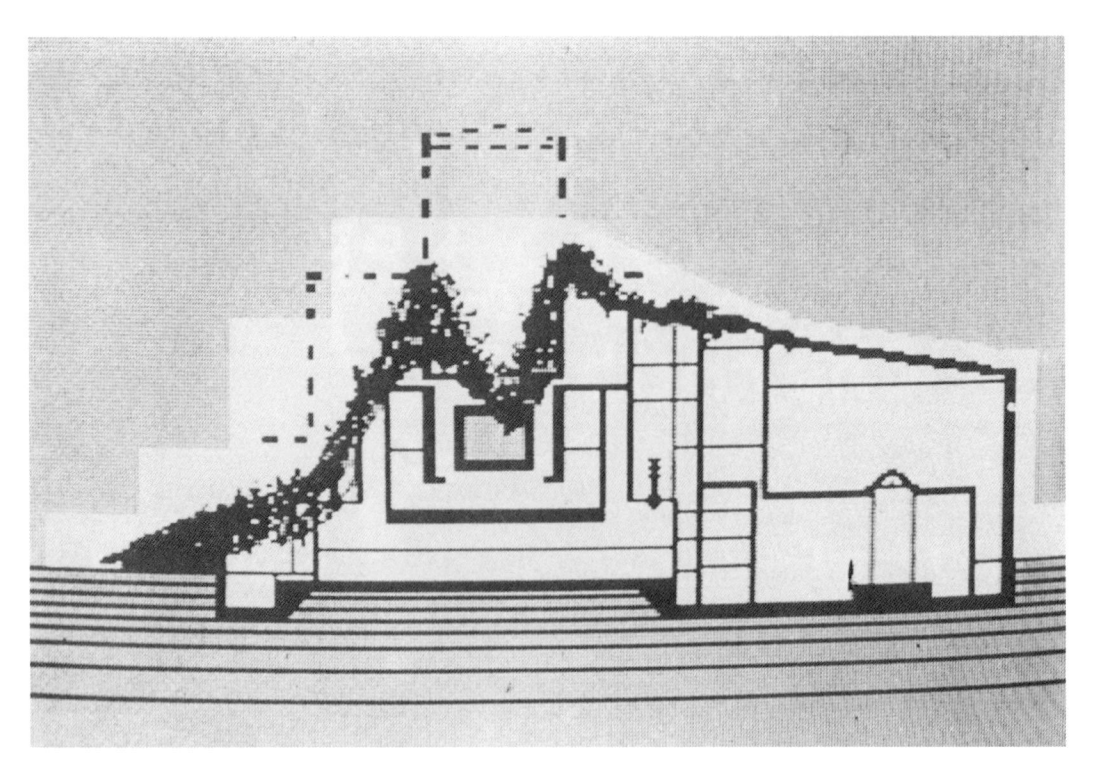

図 18 紅白の煙突を見おろした光景．火災の煙がまだ出ている．
(ソビエトテレビ提供，番組『警告』から)

図 19 破壊された原子炉の俯瞰図．5月9日に撮影され，タス通信により西側諸国写真報道機関にながされた最初の写真． (タス通信提供)

3．事　故

図 20 遠隔操作ロボットが後片づけ作業に使われていたが，原子炉建屋のゆがんだ屋根の上など，ロボットがまったく役に立たなかった場合もあった．このようなところの片づけは人間の手に頼らざるを得なかった．　　　　　　（ノーボスチ通信提供）

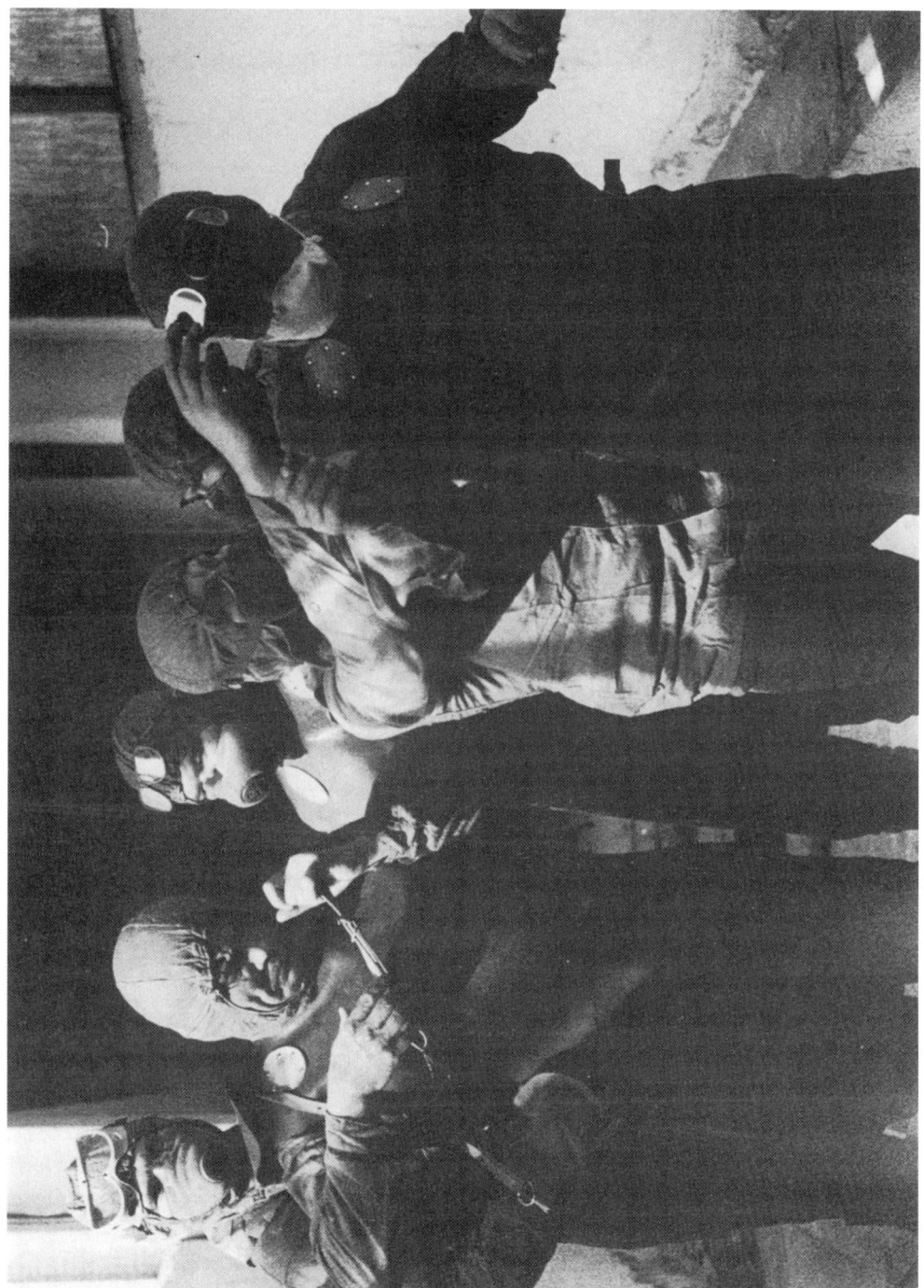

図 21 破壊された原子炉建屋の屋上に向かう作業者たち。そこは作業者の立入りが許された極限の放射線区域であった。防護服は鉛とゴムでできている。(ノーボスチ通信提供)

図22 破損した原子炉に"落とす作業"のために用意されたヘリコプターとケイ酸塩, ドロマイト, 鉛を入れた袋. （ソビエトテレビ提供, 番組『警告』から）

図23, 24 左：チェルニゴフ基地からチェルノブイリに飛ぶ前に指示を受けているヘリコプターのパイロットたち. 1986年5月. 右：破損した原子炉の上に落とす荷袋をヘリコプターの窓からみたところ. 1986年5月. （「プラウダ」提供）

図 25 放射性粉塵を中和するのに役立つ非活性化溶液を汚染現場に散布しているヘリコプター．1986年5月．(タス通信提供)

3. 事 故　37

図26 ヘリコプターの搭乗口からみた4号炉の光景．低層の屋根上に破損物の塊がはっきりとみえる．1986年9月． (タス通信提供)

図 27　空軍のアントシキン将軍（図 129 も参照）と部下のヘリコプターパイロットたち．1986 年 12 月
（「イズベスチヤ」提供）

図 28　ヘリコプター MI-8 の指揮官，カシミール・ブリン大尉．1986 年 5 月 27 日．
（ソビエトテレビ提供，番組『警告』から）

3. 事　故

図 29　原子力発電所の下の地下水が汚染しないように，冷却用のパイプを通した厚いコンクリート床を敷くため，破損した4号炉の下にトンネルを掘っているところ．2人の坑夫がトロッコを押している．　　　（ソビエトテレビ提供，番組『警告』から）

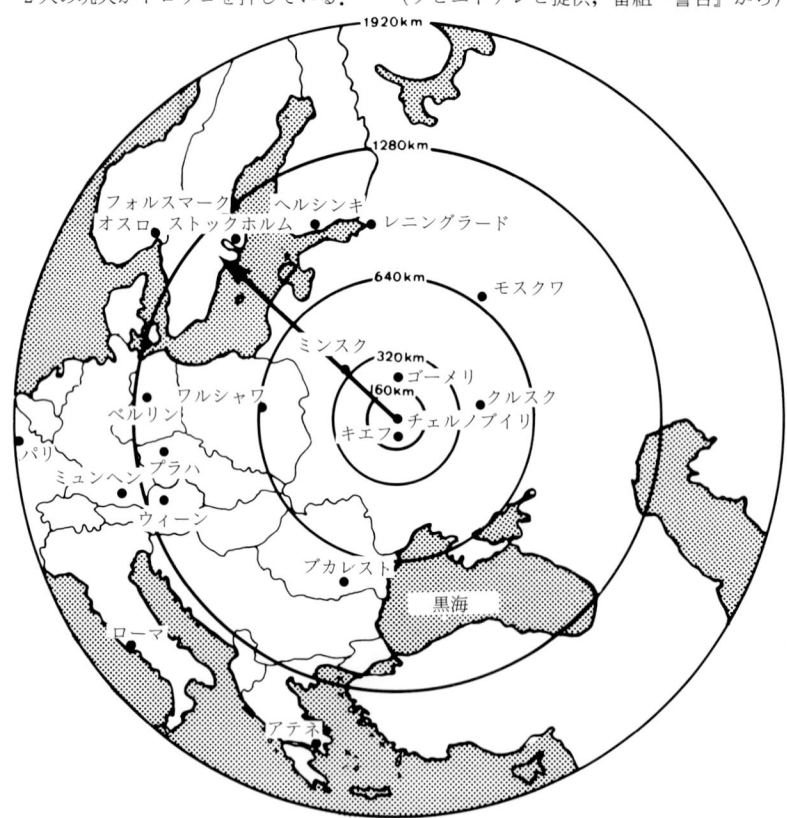

図 30　ソビエト連邦のウクライナ共和国，白ロシア共和国とその周辺の国々．チェルノブイリからの放射性降下物はスウェーデンのフォルスマーク原子力発電所で最初に検知された．矢印は放射能雲が最初に流れた方向を示す．付録3に，地図上に示された東ヨーロッパやスカンジナビアの国々での癌発生統計の詳細を述べてある．

図31 避難後，無人になったプリピャチの町．遠景にチェルノブイリ原子力発電所がみえる． (ソビエトテレビ提供，番組『警告』から)

図32 1986年4月29日に，人工衛星ランドサット5号から撮ったチェルノブイリ原子力発電所の写真．写真中央の湖は冷却用水池． (AP通信提供)

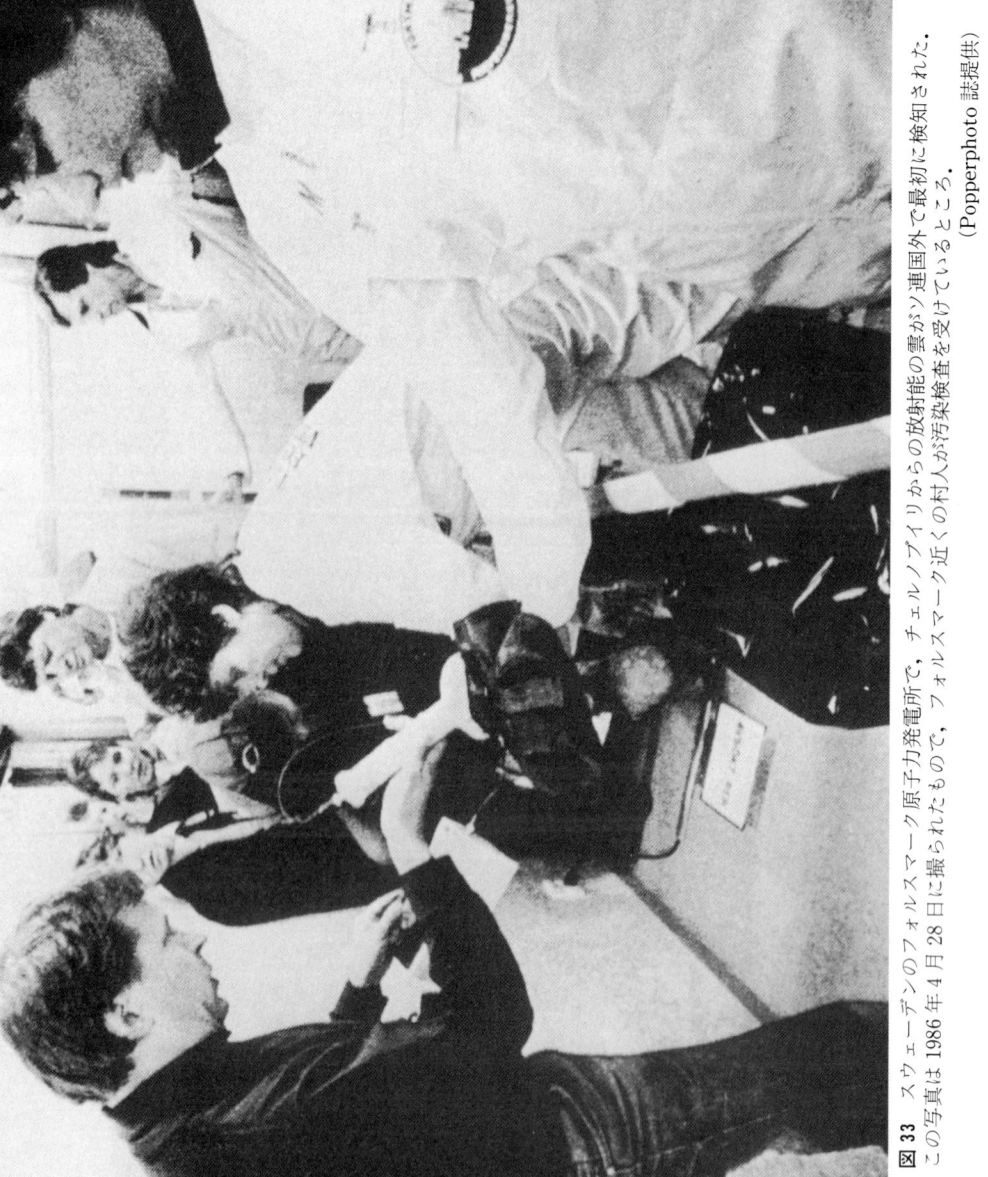

図33 スウェーデンのフォルスマーク原子力発電所で、チェルノブイリからの放射能の雲が入り連国外で最初に検知された。この写真は1986年4月28日に撮られたもので、フォルスマーク近くの村人が汚染検査を受けているところ。(Popperphoto誌提供)

図34 1986年4月27日から5月2日の期間において，各国でチェルノブイリからの放射性降下物が最初に観測された日付． (IAEA提供)

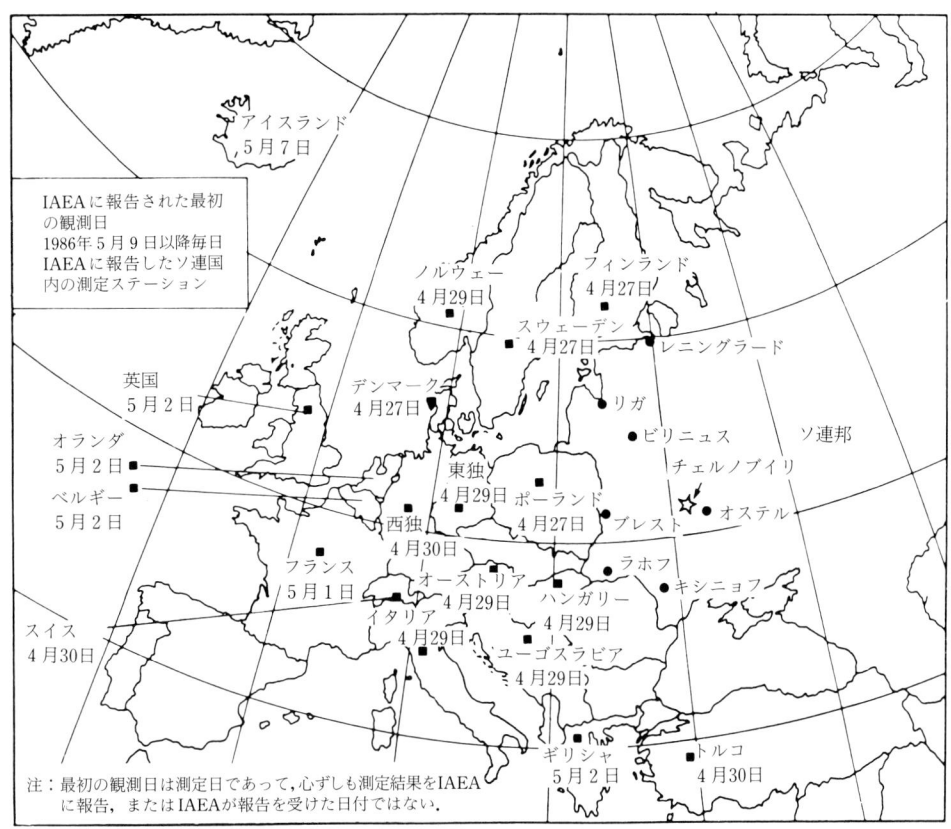

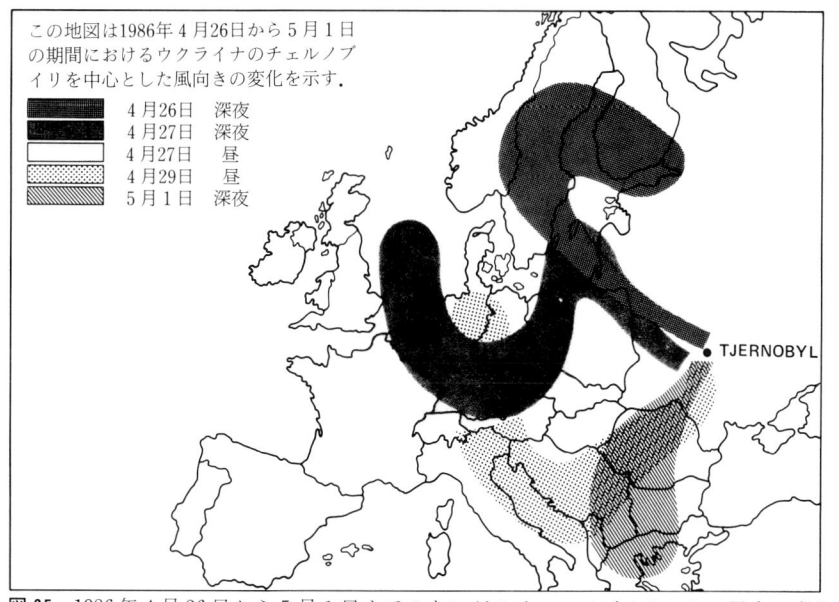

図35 1986年4月26日から5月1日までのあいだのチェルノブイリからの風向きの変化．
(スウェーデン当局が「ニュース・アンド・ビューズ」誌特集号：「移住者への情報」で示した地図による)

3．事　故　　43

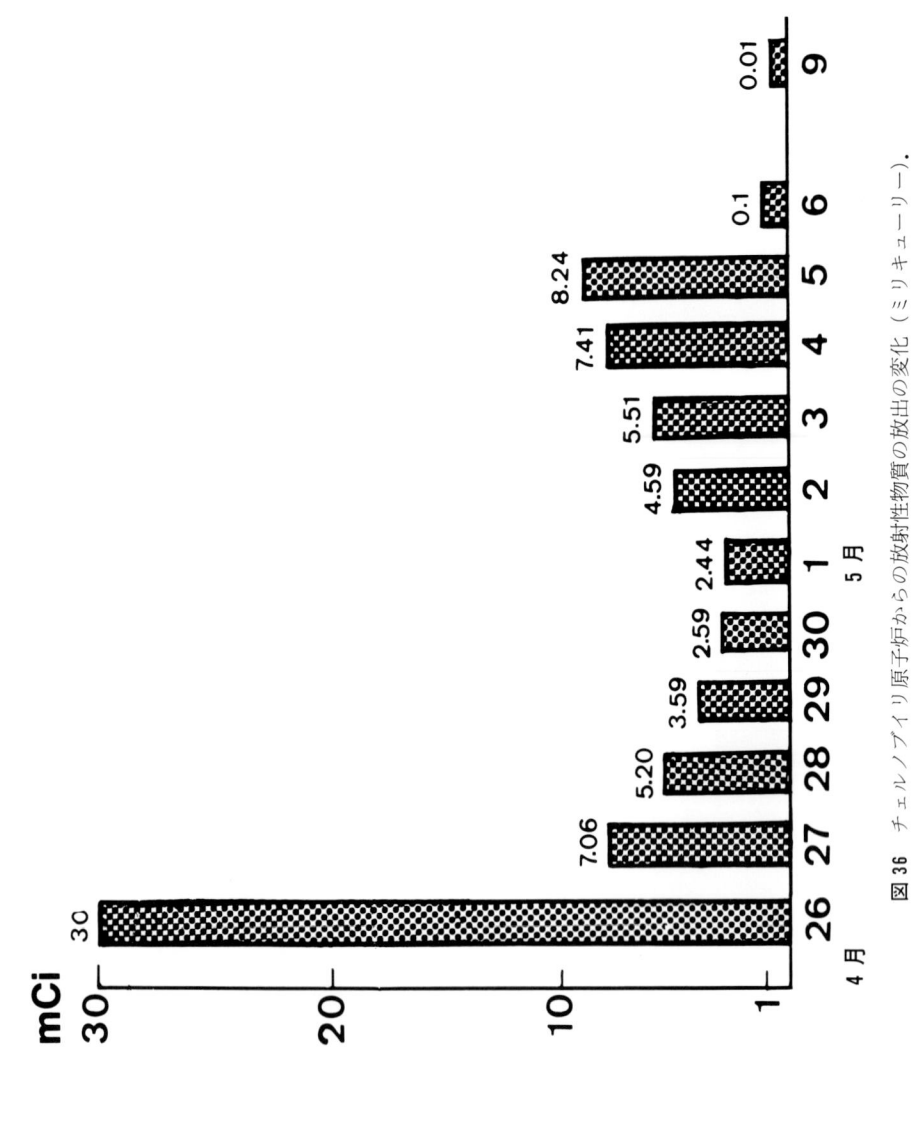

図36 チェルノブイリ原子炉からの放射性物質の放出の変化（ミリキューリー）.

図37 「キエフ上空をおおっているのは放射性雲か?」
「サンデー・タイムズ」と「タイム」誌に載った写真.
(John Hilston Agency 社提供)

図38 「恐れおののくキエフの学生たち?」。この写真は「サンデー・タイムズ」に載せられたものだが,この写真のAP通信による本来の表題は「ひなたでくつろぐキエフ住民」であった。この写真は1986年5月8日に西側の報道機関の代表が政府の案内により旅行したおりに,APのボリス・ユーチェンコ氏が撮影したもの。 (AP通信提供)

図 39　キエフの若者が 1986 年 5 月 8 日付の労働組合新聞「トルード」を読んでいる．
（AP 通信提供）

図 40, 41 Kievskaya Gorilka.

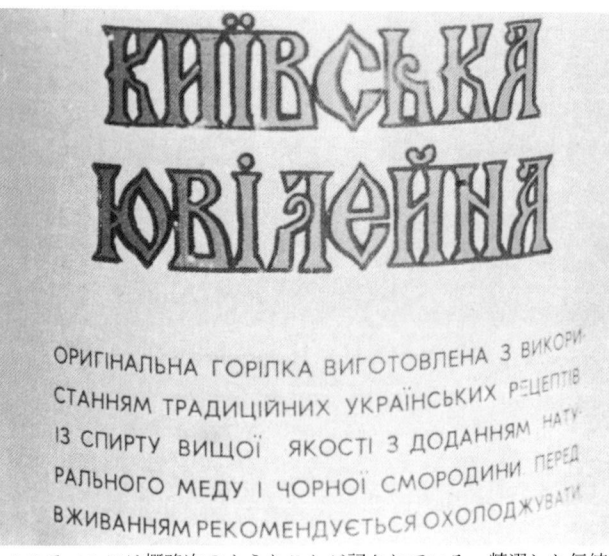

ОРИГІНАЛЬНА ГОРІЛКА ВИГОТОВЛЕНА З ВИКОРИ-
СТАННЯМ ТРАДИЦІЙНИХ УКРАЇНСЬКИХ РЕЦЕПТІВ
ІЗ СПИРТУ ВИЩОЇ ЯКОСТІ З ДОДАННЯМ НАТУ-
РАЛЬНОГО МЕДУ І ЧОРНОЇ СМОРОДИНИ ПЕРЕД
ВЖИВАННЯМ РЕКОМЕНДУЄТЬСЯ ОХОЛОДЖУВАТИ

　　このラベルには概略次のようなことが記されている．精選した伝統の
ウクライナの最高の品質の酒精に天然のハチミツとクロスグリを加えて
作られた独特の火酒．冷やして飲むことをお勧めする．

48

図42 1986年5月19日付の「プラウダ」に載った写真に基づく線画.原子力発電所の中で放射線関係の科学者がモニタリング測定をしているところで,手袋,オーバーシューズ,マスク,つなぎ服などの防護服がはっきりと描かれている.

図43 3号炉と破壊された4号炉とを結ぶ通路は事故後高放射能区域となり，作業者たちはこの区域を走って通り抜けるよう勧告された．これは1986年5月に撮られた写真で，放射線モニタリング班長，アレクサンドル・ユーチェンコ氏（右側白いつなぎ服）と彼の助手バレリー・スタロウドゥモフ氏（左）を示す．

(ノーボスチ通信提供)

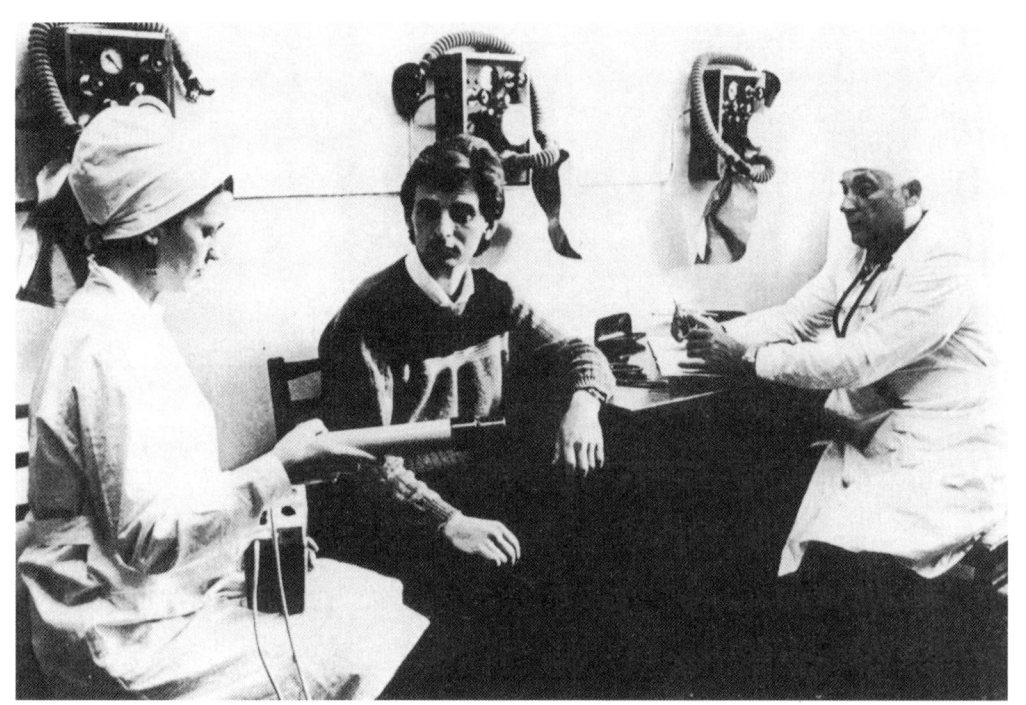

図44 チェルノブイリ発電所の技師が保健物理学者（左）に放射能含有量を調べられており，そばで医師が見守っている．この技師タラノフ氏（V. Taranov）は1986年5月に損傷なしに残っている3つの原子炉で働いている150人の直員のうちの1人だった．事故時における現場での犠牲者はほとんどが若い男性であったが，少なくとも2人の女性が被曝している．1人は58歳の発電所の守衛（79ページ第4章の症例IIIを参照）で，重度の晩発性皮膚傷害が発現し，脳血管障害の発作で亡くなった．もう1人の63歳の女性の職種はわかっていない．この女性は約7〜10 Gyのガンマ線を全身に浴びて，胎児細胞移植を受けたが，事故後30日で死亡した． (タス通信提供)

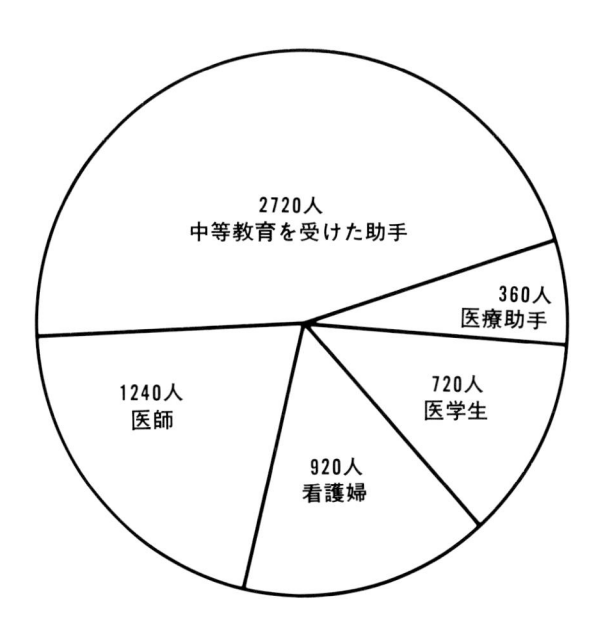

図45 1986年4月26日の事故後数日で組織された450の医療団に属する5960人の内訳．約半数は"中等教育を受けただけの助手"だった．

図46 どこの写真報道機関にもミルクを含む食料や安定ヨウ素の投与に関するソ連からの写真はない．公表されているのは，避難者の放射能モニタリングの状況を示した写真だけである．この写真は医療技師がチェルノブイリからキエフ近くのコペルパ国営農場に避難してきた人たちの"身体放射線レベル"をチェックしているところ．この放射能測定器がどれほど精密なものかはわからないが，この種の装置はたぶん衣類の汚染や甲状腺に入った比較的高い値のヨウ素-131を計るぐらいにしか役立たぬものであろう．内部被曝のガンマ線スペクトロメトリーによる解析のためには，特別の全身測定器が必要であり，1986年5月11日放射線症と診断された203例の患者の何人かについてはそのような全身測定器が使用された． (AP通信提供)

図47 規制地区との境界に設けられた車の検査所に立つ民間の交通警官．1986年6月13日． (Popperphoto誌提供)

図48 1986年5月1日,ミンスクからオーストリア航空特別機で到着した乗客64人のウィーン空港での放射能測定のようす.乗客のほとんどはソ連で働いていたオーストリア人の身内であった. (AP通信提供)

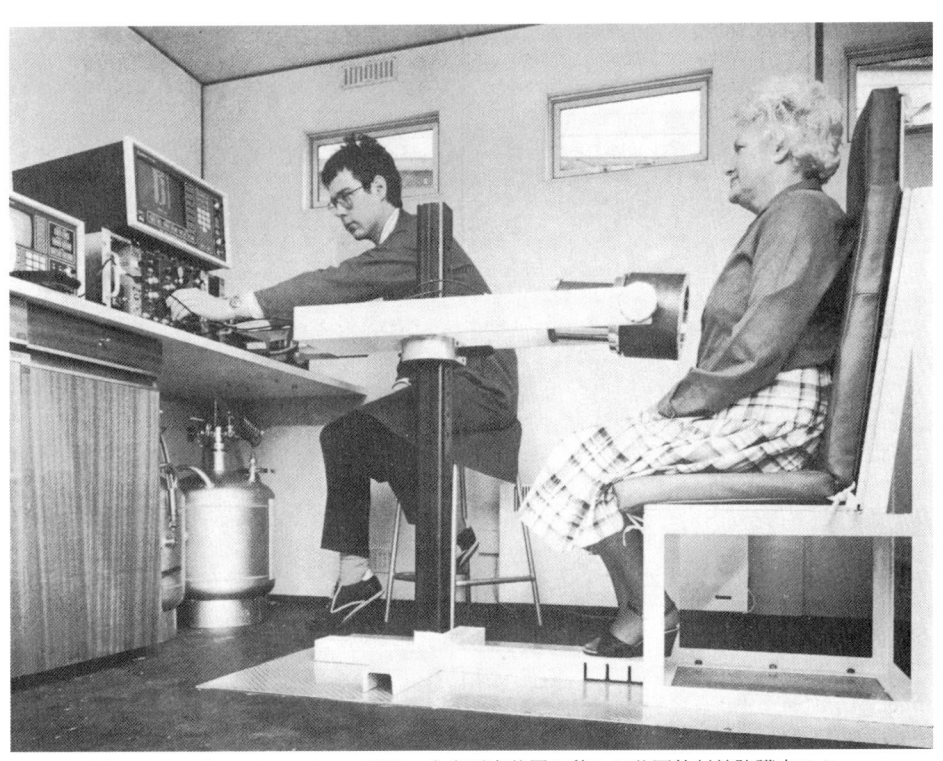

図49 ロンドンのヒースロー空港,全身測定装置を積んだ英国放射線防護庁のキャラバン車. (NRPB「英国放射線防護庁」提供)

3. 事 故

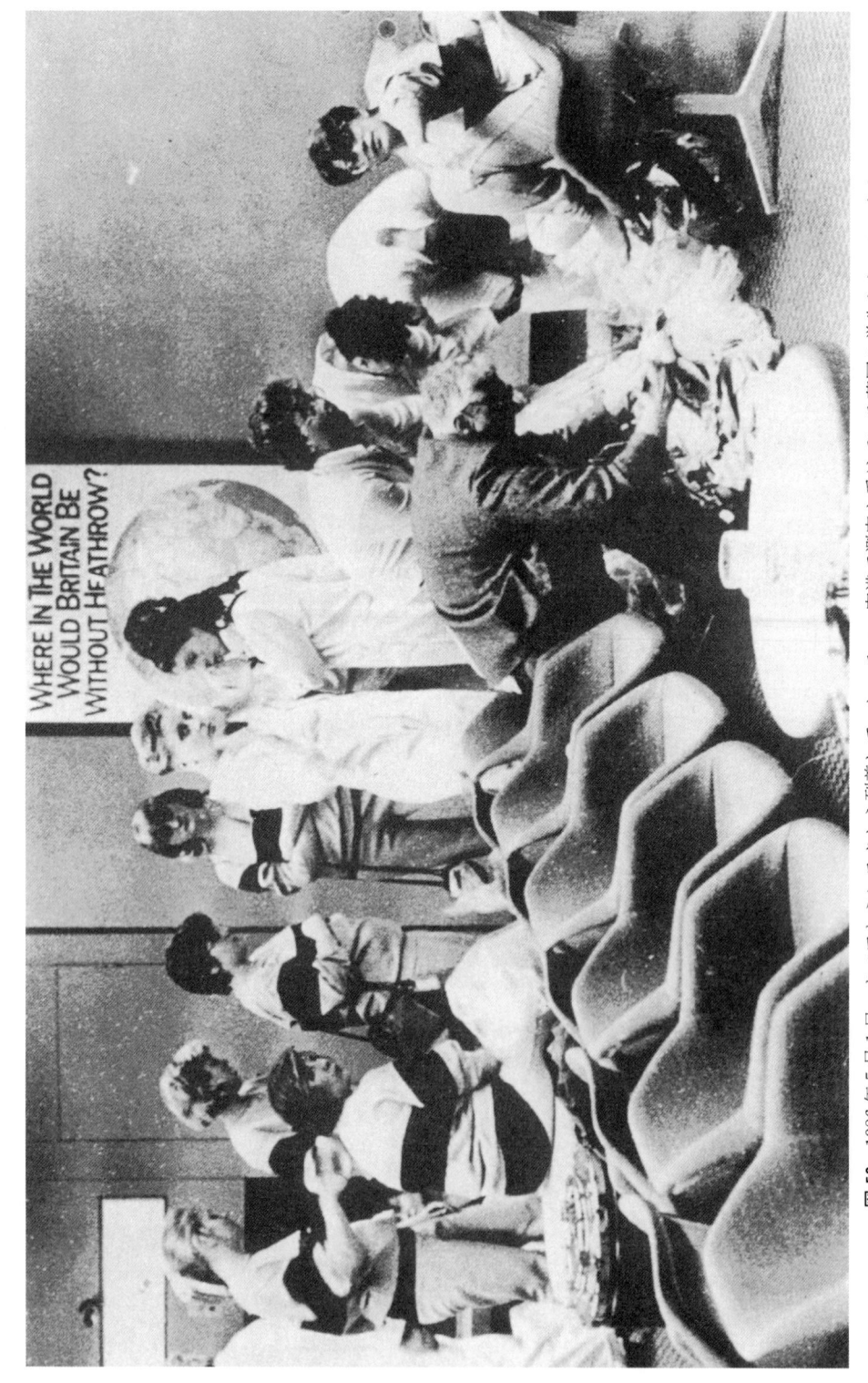

図 50　1986 年 5 月 1 日，キエフとミンスクから到着して，ヒースロー空港で測定を受けている英国の学生たち．このうちの何人かは衣服が汚染したためソ連にソ連でもらった衣服に着替えていた．(Popperphoto 誌提供)

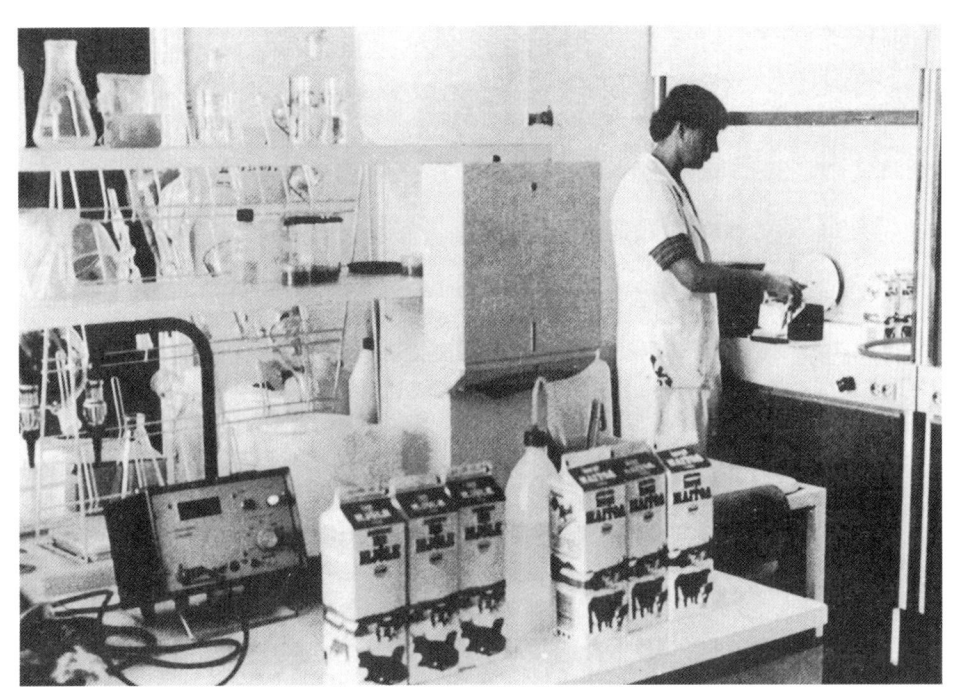

図51 ヘルシンキにあるフィンランド核放射線安全局のミルクモニタリング室.
1986年4月30日. 　　　　　　　　　　　　　　　　　　　　　　（AP通信提供）

図52 セシウム-137による汚染を調べるための生きているトナカイの血液検査.
1986年8月. 　　　　　　　　　　　　　　　　　（Pressenbild「報道写真社」提供）

3. 事　故

図 53　イタリアで最大の市場の 1 つ，ミラノの果物野菜市場の労働者が新鮮な野菜を全部投げ捨てている．1986 年 5 月 9 日．　　　　　　　　　　（AP 通信提供）

図 54 1986年5月12日，スイスのチューリッヒ．殺菌牛乳を飲んでいるところ．およそ150人の親子が原子力の利用に反対して，州議会の外でデモを行った．
(AP通信提供)

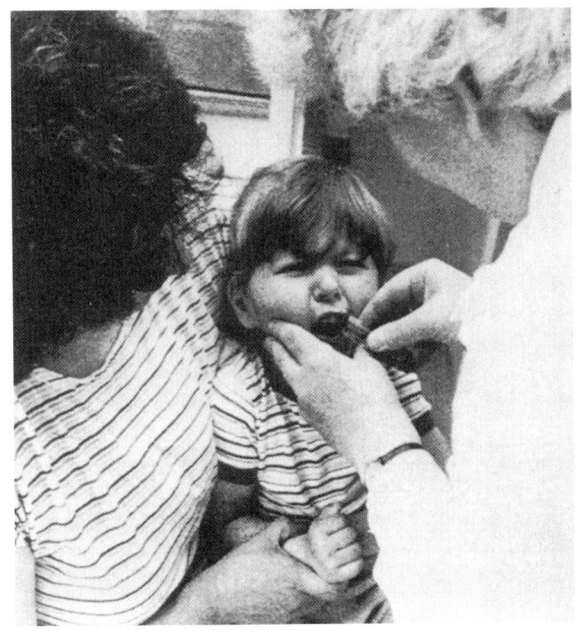

図 55 放射性ヨウ素-131被曝の前に甲状腺を防御するために安定ヨウ素の錠剤や溶液が投与される．母親におさえられてヨウ素剤を与えられている3歳の子ども．1986年4月30日，ワルシャワ． (AP通信提供)

3. 事 故　57

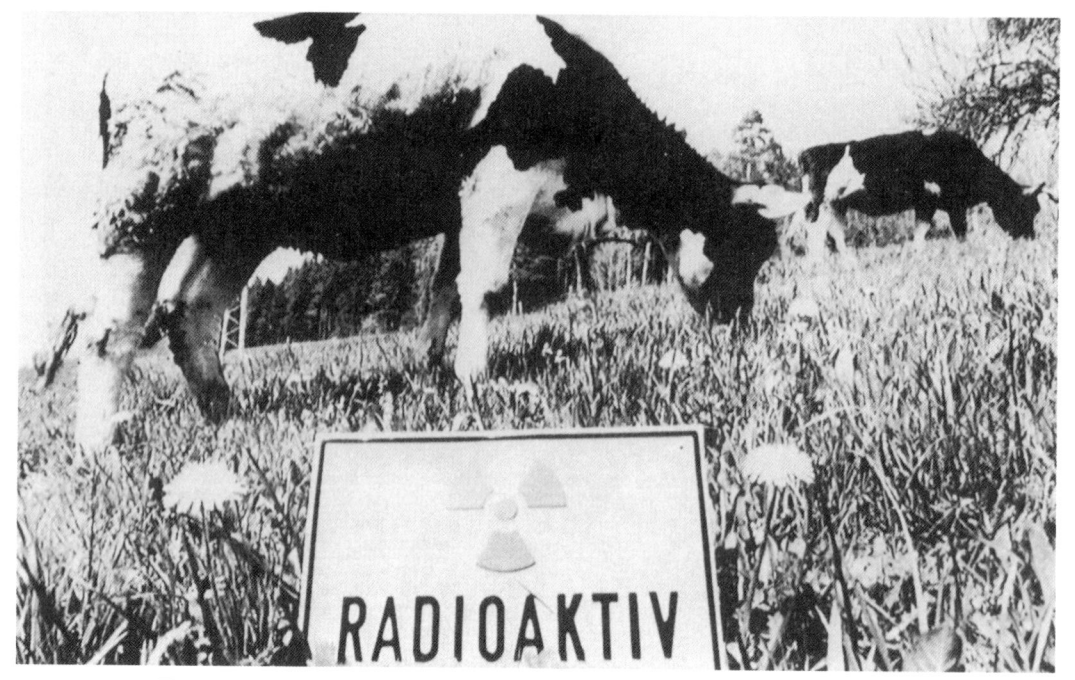

図 56　西独，フランクフルト近くのマイケルシュタットの牧場にある放射能警告の立て札．多くの農民は家畜を小屋に入れておくようにという警告を無視していた．1986年5月5日．　　　　　　　　　　　　　　　　　　　　　　　　　（AP通信提供）

図 57　チェルノブイリ事故当時に行われた反原子力デモをしているギリシャ人．1986年5月13日のアテネでのデモに約1万人が参加した．骸骨衣装のデモ参加者が街路にミルクをぶちまけた．
（AP通信提供）

ШЕРЕНГА
НОМЕР ОДИН

Специальный корреспондент «Известий» Андрей ИЛЛЕШ
передает из района Чернобыльской АЭС

図58 1986年5月19日付の「イズベスチヤ」は死んだ6人の消防士の写真を掲載し，彼らの同僚の目撃証言を報じた．死亡した消防士は（左上から右下へ）ニコライ・ワシーリビッチ・ワシチャック軍曹，ワシーリー・イワノビッチ・イグナテンコ上曹，ビクトル・ニコラビッチ・キベノク大尉，ウラジーミル・パブロビッチ・プラビク大尉，ニコライ・イワノビッチ・チテノク上曹，ウラジーミル・イワノビッチ・ティシチュラ大尉．記事の見出しには，特報「イズベスチヤの特派員，アンドレ・イレシがチェルノブイリ原子力発電所の現地から報じている」と書かれている．

イワン・ミハエロビッチ・シャブレイ氏：
「A・ペトロフスキーと私は機械室の屋根に上がった．その途中で軍消防特殊隊第6部隊の連中に会った．彼らはひどい状態だった．われわれは彼らを非常用梯子に連れていき，また火災の中心に向かった．屋根の火を消すまでがんばった．仕事を終えた後，下まで降りた．そこで救急車に乗せられた．われわれもまたひどい状態だった」

V・A・プリシュチェパ氏：
「私は非常口から機械室の屋根に登った．上に登ってみると，屋根の上部覆いが破壊されているのがわかった．ある部分はすっかり崩れ落ち，ほかの部分もぐらついていた．……朝になって私は気分が悪くなった．われわれは体を洗い，治療センターに行き，それから先は覚えていない」

アンドレイ・ニコラビッチ・ポロビンスキー兵卒：
「われわれは3〜5分で事故現場に着いた．消防ポンプを始動し，消火の用意をした．私は，隊長のどう処置するかの命令を隊に伝えるために2度発電器の屋根に上がった．私個人としてはプラビク大尉を賞賛する言葉を記録に残したい．彼はひどい放射線火傷を受けたことを承知していながら，それでも中に入り，細部にいたるまで状況を調べあげた」

アレクサンダー・ペトロフスキー軍曹：
「イワン・シェフレイと私は外階段を登って屋根の火災を消すよう命令された．われわれは屋上に15〜20分いて，火災を消し止めた．それから下へ降りたのだが，あれ以上はとてもとどまっていられなかった．5〜10分後われわれは救急車に乗せられた．それで全部だ」

I・A・ブトリメンコ小隊指揮官：
「あのような状況では，だれもが尻込みしている余地はなかった」

(「イズベスチヤ」提供)

図59, 60, 61 チェルノブイリで災と戦った消防士たちの放射線障害．これらの写真や，あるいはこれらと類似のものは英国内のタス通信やノーボスチ通信の支局にまだ送られていないし，「プラウダ」や「イズベスチヤ」にも載せられていない．また私の知るかぎり，いかなる医学文献にも報告されていない．事故後3日までは，放射線による皮膚の障害ははっきりと表に出てこない．3日を過ぎると一時的な皮膚の紅斑が現れるが，それは1日足らずで消えてしまう．その患者たちのうち何人かは5〜10日後にそこに皮膚の潰瘍を伴う広い範囲の紅斑が出て，後になるとある者は手術が必要となった．80 Gy以上の不均一な被曝（ある部分は素肌で，ある部分は服でおおわれていた）がその部分の皮膚に生じた結果と考えられる．ほかの犠牲者のグループは事故後21〜24日に中程度から重度の皮膚反応を現した．これらの特殊な皮膚反応は放射線治療法の後にみられるものに類似しており，したがって表皮の受けた線量は20〜80 Gyであろうと思われる．最もひどく影響を受けた患者たちは事故区域に5時間もとどまっていた人たちで，彼らの衣服はひどく汚染され，衣服の下の皮膚も放射線に反応を生ずるくらいに被曝していた．さらに28〜30人の患者には事故後2〜4ヵ月に晩発性の放射線紅斑が現れた．これは急性の皮膚反応がおさまり，骨髄傷害からも快復してから後に起きたものであった．

(1986年8月，ウィーン，IAEAにおいてソ連代表団がスライドとして示したもの)

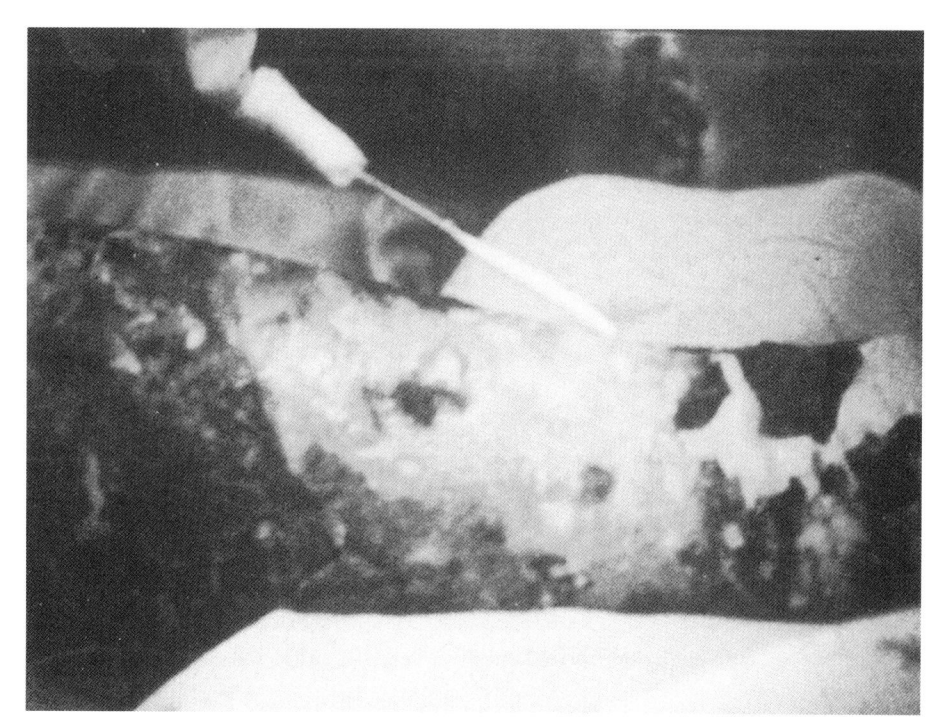

図59 IAEAでソ連代表がスライドとして示したもの．1986年8月，ウィーン．

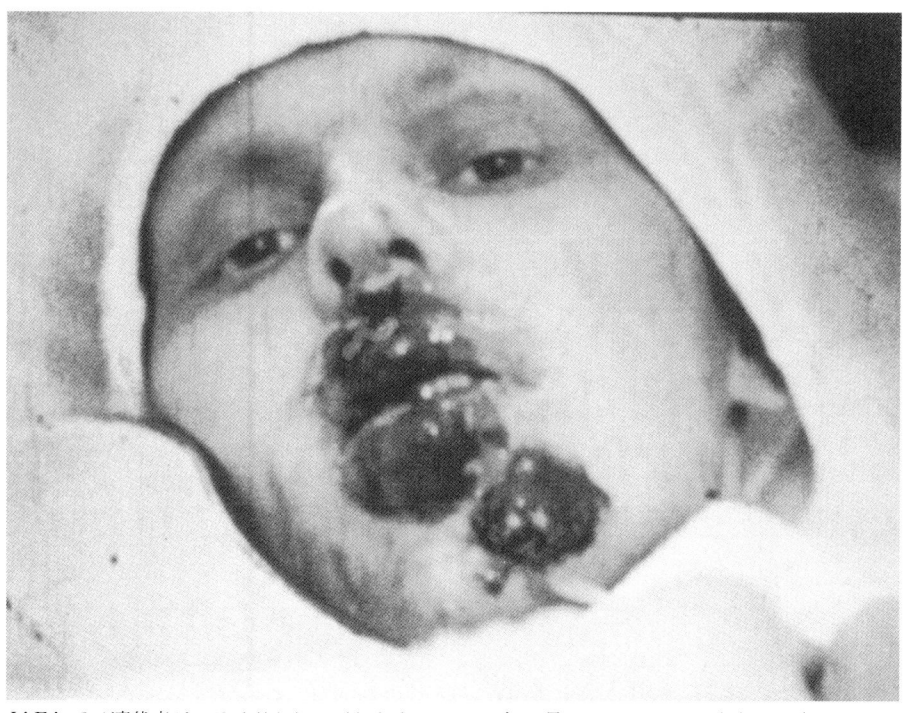

図60 IAEAでソ連代表がスライドとして示したもの．1986年8月，ウィーン．ナデジーナ（Nadezhina）博士はウイルス性感染はヘルペス型で（顔の皮膚，唇，口の粘膜のHerpes simplex）で，アシロヴィル（Acylovir）で治療したと後日述べている．

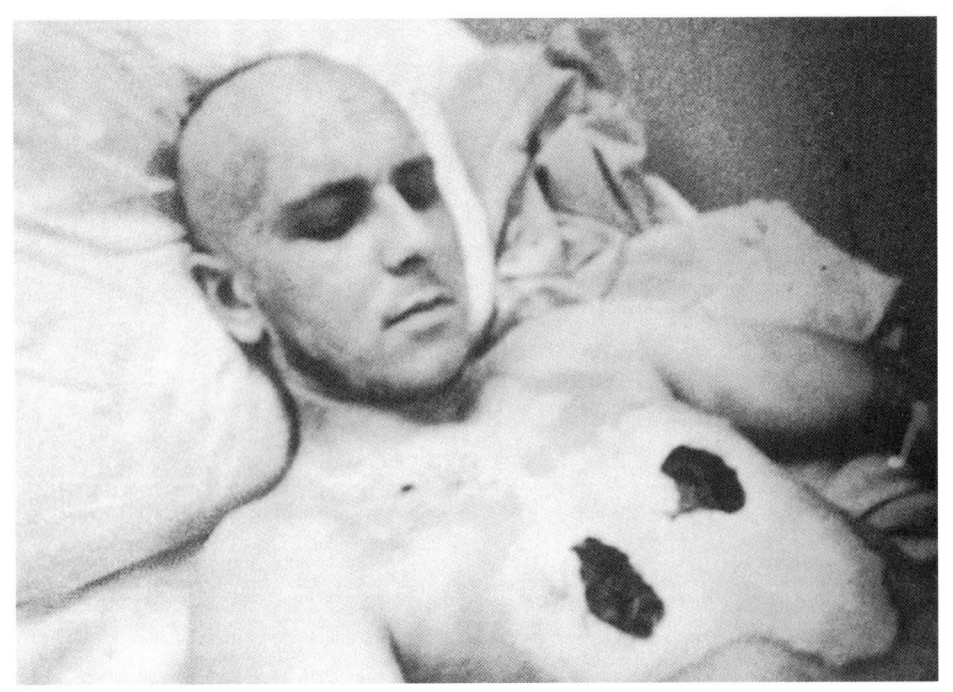

図61　IAEAでソ連代表がスライドとして示したもの．1986年8月，ウィーン．

図62　キエフの西50kmにあるコペロボの国営農場から避難してきた年輩の2人．全部で約1000人の人たちがその農場から避難した．建物にキリル文字で「避難所」という掲示がある．避難に先だって，警戒事項のリストが農場で決められた．そのなかには子どもたちが戸外で遊ぶ時間の制限，木の葉に積もった塵についての注意や，子どもたちを草や木に近づけないことなどがあった．　　　　（AP通信提供）

第4章

犠 牲 者

「生命よ，偶然の空しき贈物よ，われに告げよ——なにゆえにそは
われを強いてかくのごとき苦悩に耐えさしむるや？」
（アレクサンドル・プーシキン，1799-1837）
（1826年5月26日，詩人の29歳の誕生日に）

　1986年11月15日，原子炉は強化コンクリートにより自動装置を用いてついに安全に埋没されたことが報じられたが，同日付の「プラウダ」は31人の死者が唯一のチェルノブイリの犠牲者ではないことを報告している．30 km圏内からの避難者と何年か後に癌死亡統計上で増加するかもしれない死者数のなかに入ってくる人々もこの災害の犠牲者であり，さらに国家によるいくつかの電力供給のための原子力発電プログラムも（この事故のために中止のやむなきに至ったという意味で）犠牲のなかに数えられるのではないかと私は思う．しかし，ほとんどが消防隊隊員であったすでに死亡した人々，また生存していてもなんらかの程度の放射線症状を生じた人々が主要な犠牲者であることには疑いない．

　何人もの消防士とともに発電所の緊急対策要員にも高線量の放射線（100レム以上）を浴び，火傷を受けた者がいる．ひどい熱火傷を受けた者は5人にすぎなかったが，ベータ放射線による火傷を受けた者の数はそれよりもずっと多かった．4月26日0600時までに発電所職員が1人，重度の火傷で死亡し，108人が入院，さらに後になって24人が病院に収容された．発電所職員の1人は行方不明で遺体は見つからぬままに埋没された原子炉の中に埋められた．5月10日までには数十万人が血液検査等の医療検査を受け，299人*が放射線症にかかっていると診断された．しかし放射線症と診断された者はすべて消防士と発電所職員に限られており，一般の民衆は1人もいなかった．この点は特に心にとどめておかねばならない．というのは，チェルノブイリの事件を世界中の新聞が伝えた直後に，単なる胃の不調にすぎないのに放射線症であると自己診断して症状を訴えてきた例がいくつも記録されているからである．3日間ピーナツのみを食べて生きのびた菜食主義者，フォールアウト（放射性降下物）を恐れるあまりに，雨の水たまりを避

---

* 1987年4月22日にモスクワで事故の影響に関して記者会見が行われ，それをタス通信が報じている．その席上でレオニード・イリインアカデミー会員はこの数字を訂正して237人にしている．イリイン教授によると，この237人のうち209人が回復し，196人は仕事に復帰できたが（それ以上被曝することがないように）放射能に触れることについては制限を守る必要があり，13人は病床にあって，そのなかの何人かは手術を受けることになっている．総合的な医療検査を受けなければならなかった人の数は約10万人である．

けて歩くべきかどうかを尋ねてきた婦人，東欧にいるときにそこの婦人が自分に息をひどく吹きかけてきたことがあったので，そのために自分が放射能を帯びてしまっていないかどうか知りたがった東欧からの帰国男性など，もっと奇妙きてれつな話もある．

　この種の話が生まれたのは単にデマを飛ばす新聞報道の罪だけではなく，事故の情報を敏速に一般公衆に知らせることについて政府の準備が欠けていたこと，そして放射線障害とはなにかについて大衆をわかりやすく教育する方法がなかったことが原因である．局所的な高レベル放射線事故に対応する緊急時対策はほとんどの政府が整備しているが，低レベルの放射線のリスクについて大衆がいっせいに恐慌に陥るような事態に対処する方策は準備されていない．放射線のリスクと便益（医療における放射線治療や放射線診断の便益を忘れてはならない）について一般大衆をできるかぎり教育することを，この事故の後に決議すべき事項の1つに入れるべきである．これはなかなかの難事で，このためには正確でわかりやすい言葉を用いなければならない．1986年8月25〜29日のあいだにソ連代表団が"公式に"述べた発言で会場の笑いを誘った場面はただ2回あっただけであるが，この最初の場面が「正確でわかりやすい言葉を使わなければならない」ことを示すよい例である．これはIAEA事務総長ハンス・ブリックス博士がチェルノブイリの現場を訪問する計画に関してのもので，ソ連政府高官はこの訪問に反対であり，「放射線がブリックス博士のオルガニズム（身体の意味）を傷つけるかもしれないことを心配している」ことがその理由であると言っているとソ連代表は述べた．笑い声のどよめきが聞こえた二度目の場面は，毎日行われた記者会見の1つの終了まぎわに原子力技術者であるA・A・アバギャン（Abagyan）教授が「制御室とタービン室に当直していた職員は何人であったか？」と質問したときである．「およそ7人」という答えがあったところで次のようなやりとりが行われた．

　　質問者：その人たちはどうなったのですか？
　　アバギャン教授：医学的に，という意味ですか？
　　質問者：いいえ．
　　　（しばし沈黙の時が流れて）
　　アバギャン教授：彼らは処罰されました．
　　質問者：どのようにですか？
　　　（前よりも長い無言の時が流れて）
　　アバギャン教授：私はその分野の専門家ではありません．
　　　（ここで記者会見は突如として閉会）

　直後の緊急医療援助はチェルノブイリ町の地域病院と発電所に関与している機関が行った．非常に初期の段階から，(1)病状がひどく，ただちに入院を要する者（第1群），(2)病状がそれほどひどくない者（第2群），および，(3)放射線症の症候がない者（第3群），を分別するための大まかな臨床的基準を決めなければならなかった．このグループ分けは症候が出はじめた時間とその症候のひどさとを勘案して行ったもので，これは必要上ごく大まかに決めたグループ分けではあったが，実際に患者を処置するうえで重要なものであることがわかった．ただちに入院させる第1群に患者を分類する基準とした初期症状は，作業を始めてから30分ほどのあいだに始まった嘔吐，下痢，発熱，粘膜の流出そして皮膚，特に露出している皮膚の充血である．約130人がこの群に入ることがわかり，その全員が初日の深更には地域病院に入院し，後日に129人がモス

クワとキエフの専門病院に送られた．この129人（最終的には203人になった）が第2，3，4度（第4度が最も重症）の急性放射線症状を呈した人々の大部分である．この129人にくらべるとごく少数が後になって軽度の障害があると診断されたが，これらの人々は事故後1週間以内に見つけ出されている．

　ある程度正確な予後（今後の症状の経過の予測）を早期のうちに得るためには血液検査によって得なければならない2つの情報が重要であり，血液検査は初めの24〜36時間内に2〜3回繰り返して実施できるとソ連の医師たちは確信していた．第1は全白血球数であり，第2は白血球の種類別構成であった．これによってリンパ球減少症の患者が診断できる．モスクワとキエフの専門病院への優先入院患者は3機の特別専用飛行機で事故後36時間のうちに運び出された．事故後3日以内に放射線症の程度についての最初の診断が行われ，後日さらに検討が加えられたが，当初の患者のグループ分けが変更された例はごくわずかであった．第2群から第3群へ移された者や第3群から第4群へ移された者が何人かあったが，逆の場合（重度から軽度へ）は非常にまれであった．

放射線症状の程度

程　度	受けた放射線の線量 〔100ラド＝1Gy（グレイ）〕
第1度	100ラド以下
第2度	100〜400ラド
第3度	400〜600ラド
第4度	600〜1600ラド

　第4度の特徴はグシコーバ教授（患者の治療に当たったモスクワの病院の医師）によると次のようである．「第4度は最悪の症状で，その期間は6〜7日間である．基本的な反応（徴候）は早期に，被曝後15〜30分間で現れる．リンパ球の数は血液1 μl 当たり100個以下となる．7〜9日後には嘔吐や消化管の障害が現れ，顆粒球（成熟した顆粒白血球）の数は500個/μl 以下になる．栓球（血小板）は8〜9日目に4万個/μl 以下になる*．全般的に中毒症状が明らかに現れ，発熱もある．18例に皮膚の広範囲にわたって重度のベータ放射線による火傷があり，2例に重度の熱火傷があった．死亡が起こりはじめたのは事故後9日目からで，第4度の放射線症である21人の患者はすべて28日までに死亡した」．比較的軽い症状である第1度の放射線症の患者について診断が確認できたのはもっと長い期間が過ぎてからで，およそ1カ月から1カ月半後であった．

　急性放射線症の患者はいったん専門病院に収容されると骨髄と末梢血の血液学的検査を何回も受けた．被曝した放射線量はリンパ球の染色体異常の頻度から算定した．次にあげる2つの表はグシコーバ教授が1986年8月25〜29日に発表したスライドをもとにして作られたものである．このスライドは代表団に配布されたソ連の作業用文書には載せられていなかった**．

---

　*　日本人の成人男子の正常値のおよその値（1 ul＝100万分の1 l 当たり）は，リンパ球2500〜3000，顆粒球3500〜5000，栓球約20万である．〔訳注〕

放射線症候群の程度による 203 人の患者の分類

症候群の程度	キエフとモスクワにおける患者数	死亡者数	放射線線量（グレイ）
第4度	2	20	21	>6～16
第3度	2	21	7	>4～6
第2度	10	43	1	>2～4
第1度	74	31	0	>1～2

死亡時期

このデータは1986年8月のIAEAの事故後検討委員会などに提出され，1987年9月7～12日にイタリアのコモで開催されたICRPの会議に提出されたグシコーバ教授の論文で改訂されたものである．

症候群の程度	死亡までの日数 1986年8月のデータ	1987年9月のデータ
第4度	9～28（範囲のみが公表された）	14, 14, 14, 15, 17, 17, 18, 18, 18, 20, 21, 23, 24, 24, 25, 30, 48, 86, 91 (19例)＋熱と放射線による傷害で10日目にキエフで死亡した1例
第3度	14～49	16, 18, 21, 23, 32, 34, 48（7例）
第2度	公表なし	96（ただ1例）

注1　上の表中の死者総数は28人である（1987年9月のデータによる）．しかしこのほかに発電所で1人が死亡している（原子炉運転員であったワレリー・ホデムチュク V. Khodemchukでこの人の遺体はみつからぬまま放射性の破片とともに石棺に埋められた）．さらにもう1人（発電所従業員のウラジーミル・シャシェノク V.Shashnok）が事故12時間後に熱火傷により，救急処置を受けるために運ばれた発電所に近いプリピャチの病院で死亡した．これで総計は30人となる．1986年8月に発表された数は29人（上表）となっていた．しかし，現在報道で最もよく引用される数は31人で，その"もう1人"は重症度4の犠牲者と思われる．

注2　診察を受けた患者全員が必ずしも放射線症を発現したわけではない．放射線症を示さなかった患者はその半数が染色体異常を生じたにすぎない．この放射線症のなかった人々の最大線量は，0.2～0.8 Gyと推定されている．

注3　全身のガンマ線推定線量が6.0 Gy以上であることを，異質遺伝的骨髄移植（TABM）や胎児肝細胞移植（THELC）を行うかどうかの判断基準とした．TABMは30例，THELCは6例について行われた．THELCを受けた患者は皮膚と腸管の障害により，（被曝後14～18日の）ごく早い時期に1例を除いて死亡した．この例外的な1例は63歳の女性で7～10 Gyを被曝していたが，被曝後30日生きのびた．この患者はTHELCを受けてから17日目に死亡した．7人の患者がTABMを受けてから2～19日のあいだ（被曝後15～25日）に，皮膚，腸管，肺の障害により死亡した．被曝線量が4.3～10.7 Gyと推定され，致命的と思われるような皮膚と腸管の障害がなかった6人の患者のうち，2人（線量5.8と10.7 Gy）がTABM後生きのびた．この2例の骨髄提供者はいずれも患者の姉妹であった．4人の患者がTABM後27～79日にウイルスと細菌の混合感染により死亡した（このうちの2人は線量がそれぞれ5.0～7.9 Gy，5.8～6.0 Gyで，移植骨髄は良好に機能していたにもかかわらず感染によって死亡し，ほかの2人は線量はそれぞれ4.3と10.7 Gyで，早くに拒絶反応が生じてその後に死亡したものである）．

**　1987年4月11日に生物学研究所は「チェルノブイリの教訓」と題するセミナーを開催した．グシコーバ教授の発表に私は出席していたのだが，そこでグシコーバ教授は，死亡はその後生じていないことと，最も大量の線量を受けた患者の眼に生ずる変化を1年間追跡調査したが，発表の時点で白内障はみつかっていないことを発表した．私はそのさいにグシコーバ教授から死亡者の職業を問いただした．消防士の死者は6人のみで，ほかは技師，技術補助員，運転員とその他の発電所要員であった．医療スタッフや一般公衆には死亡者は1人もいなかった．この会議においてロバート・ゲイル博士は生き残った発電所の料理人について言及した．この女性はプリピャチの住人で，1986年4月26日に深い草でおおわれた野原を歩いて通り抜けて仕事場へ行ったのだが，その後で脚の膝から下に放射線火傷を生じたとのことであった．

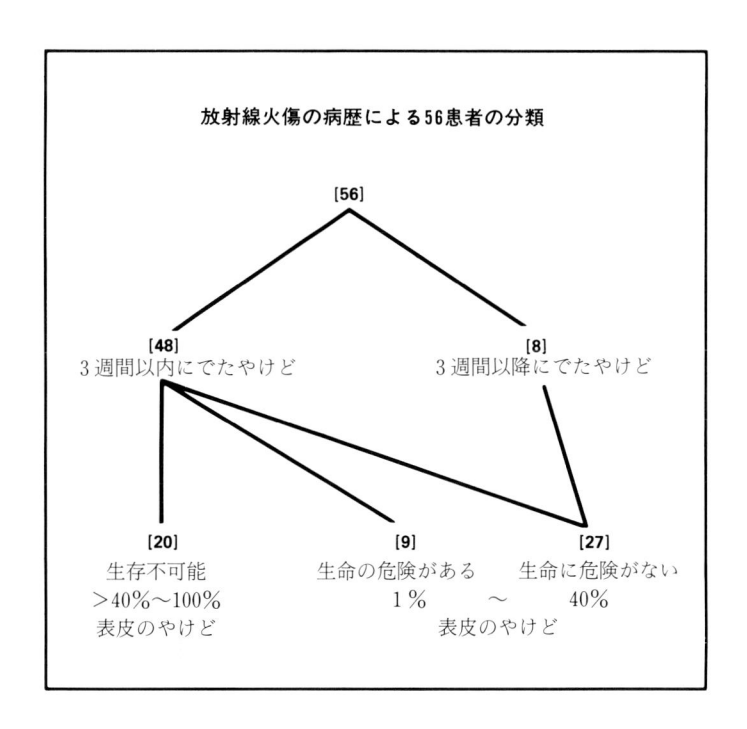

```
放射線火傷の病歴による56患者の分類

                    [56]
                   /    \
                  /      \
              [48]        [8]
      3週間以内にでたやけど   3週間以降にでたやけど
        /     |      \       /
       /      |       \     /
    [20]     [9]      [27]
   生存不可能  生命の危険がある  生命に危険がない
   >40%～100%    1%  ～    40%
   表皮のやけど        表皮のやけど
```

血液学的な測定のほかにも，体外から，あるいは体内のさまざまな測定が，患者の放射能をできるかぎり取り除いてから行われていた．たとえば甲状腺の放射性ヨウ素含有量，全身放射能測定装置（全身カウンター）によるガンマ線スペクトロスコピー，尿中の放射能分析，生化学的検査，および代謝検査である．全身カウンターで測定して判明した主要なガンマ線放出放射性核種はヨウ素-131，ヨウ素-132，セシウム-134，セシウム-137，ニオブ-95，セシウム-144，ルテニウム-103，そしてルテニウム-106であった．プルトニウム核種の全アルファ放射能が尿の測定から推定されており，非常に低いことがわかった．ソ連の医師たちは，この微量のプルトニウムはチェルノブイリ事故によるものではなく，それ以前の職業環境に由来するものと考えていた．また，中性子の照射を受けた患者は1人もいなかった．

　皮膚に重度の火傷を受けた患者が2人いたが，ひどい火傷のほとんどはベータ放射線によるもので，熱による火傷ではなかった．ベータ線による火傷では傷口から汚物と放射性物質の両方が体内に入ることになり，除染が不可能であった．上図は身体の1％以上の範囲に火傷を負った56人の患者のグループについて放射線火傷の経過を分類したものである．この56人はまず，火傷を生じた時期によって2群に分けられる．多いほうの48人の群では火傷は事故後数時間から3週間で，少人数の8人の群では事故後4，5，6週目，あるいはもっと遅れて7週目に入ってから発症している．しかしこの8人の火傷はすべてグシコーバ教授の言うところの「生命に危険のない火傷」であった．

　48人のグループでは悲惨なことに放射線火傷が繰り返して起こる第2の波があり，最初の放射線火傷の範囲を超えて新しい部分の皮膚に火傷が現れた．これはおそらく放射能をすべて取り除くことができなかったためであろうと考えられる．放射能除染を行っているあいだに放射能が組織の内部に入りこみ，火傷の第2の波を生じたのである．火傷が身体表面の40％以上に及んでいた場合は患者の死は避けられないが，40％以下の場合でも生命の危機に至る場合があった．

図に示されるように48人の群のなかの20例プラス9例で併せて29例が死亡となる*.

　原子炉の燃えさかる黒鉛を映し出したカラービデオが劇的であった，というのなら，グシコーバ教授が示した犠牲となった消防士たちのさまざまな臨床的経過を説明した一連のスライドもまた劇的であった．そのときのオリジナルのスライドは8月29日にモスクワに直接返却されてしまったので，その全部はここに再録されていない．本書に載せた写真は，グシコーバ教授のスライドの何枚かを私の同僚が幸いにも入手したものである（図59, 60, 61）．自分たちが安全と考えられるレベルをはるかに超えて被曝するにちがいないことがわかっていながら，雄々しくその場にとどまって災害に終止符を打つことに最善をつくした消防士と発電所の職員たちが経験した苦しみはどんなであったか，それはグシコーバ教授の説明によって非常にはっきりと理解された．しかし，ベータ放射線による火傷が広範囲に起こったことはこの事故のまったく予期されなかった特徴で，思いがけないことであった．示されたスライドから浮かび上がった実際的な問題が1つある．それはこの不運な消防士たちが受けた放射線火傷のうち，少なくともいくつかは避けることができたのではないかという点である．放射性粒子は消防士たちの首の皮膚やシャツ（シャツは防護上は役に立たなかった）と上衣や制服のジャケットの首筋のすき間から入りこんだのである．フランスの外人部隊のケピー帽に似たなんらかの形の防護用の布片が首の後ろ側をおおっているような，よりよいデザインのヘルメットを消防士が着用していれば，これは防ぐことができたのではないだろうか．グシコーバ教授のスライドの説明は，私の録音テープからできるかぎり忠実に再現すると以下のようである．

「頭皮の脱毛，青みを帯びた皮膚（図61），そこは完全な潰瘍になっている」
「これは重傷の火傷である．これは大腿で（図59）深い傷がある．これらは非常に痛む傷である．青く色素沈着した部分があり，かさぶたが形成されつつある」
「これはあまりひどくない変化で，首の裏側の皮膚であまりよく保護されていなかった部分や衣服の布が押しこまれた部分が開口しやすくなっている．これは放射線火傷影響の変形の1つである」
「患者の火傷は多種多様である．これはもう1つの典型的な黒い色素沈着である．これらの（色素沈着の）波がこの患者の頭部，耳の中，目の縁……に移行しているのがわかるでしょう」
「この患者のずっと後の段階の写真である．これは後期の段階の特徴を示すもので，ほぼ胴部全体にわたって広範な色素沈着が起こっている．そしてこれらの出血があった潰瘍の表面の小さい部分に（火傷の）新しい波，新しい突発がある」
「これは感染が併発した皮膚の典型である（図60）．これは鼻の膜にまでひろがっていて患者は非常な苦痛をこうむっている．このようなウイルスによる病状の突然の発現を私たちはおよそ20人の患者で経験している」

---

* IAEAは，事故の追跡調査の一環として1987年9月28日から10月2日にかけてパリにおいて「事故による高レベル放射線照射によって起こる皮膚損傷の医療措置」と題する諮問会議を開催した．この会議の目的はIAEAの述べたところによると以下のとおりであった．「チェルノブイリ事故では，熱火傷と化学火傷，ベータ線火傷と熱および化学火傷，さまざまな線量の外部被曝による皮膚火傷，といったいろいろな組合せの皮膚障害が高頻度に生じており，これは放射線病理学者，皮膚病理学者および放射線防護専門家にとって重大な関心事である．最近は皮膚障害の治療に新しい方法が使われるようになってきている．火傷が身体表面の90％になるような場合にもみごとに成功するような人工の人間皮膚の使用がその一例である（身体表面の90％の火傷は，ごく最近までは臨床上予後が絶望的な状況とされていた）．この諮問会議の主目的は，高レベル放射線の事故被曝によって生ずるさまざまな臨床的条件の皮膚障害に対しての治療計画を検討することである．

1987年9月28日～10月2日にパリで開かれた「高レベル放射線の事故被曝によって生ずる皮膚障害の医療処置」についての会議でソ連の医師は以上の4例の経過報告を行った．これを以下に述べるが*（症例 I～IV），これらは局部の放射線線量の大きさやベータ放射線のエネルギーのちがいを反映して，いかに幅広い問題が生ずるものかを示すよい例として選ばれたものである．

症例 I

男性の発電所職員．推定平均全身線量として9グレイ（Gy）を受けた．この患者は女性の提供者（ドナー）からの骨髄移植を受けた．この骨髄移植は拒絶反応により不成功に終わったが，本人自身の骨髄が回復したことによって血液学的状態は改善した．このことは線量が非常に不均一に全身に分布していたことを示している．患者は照射後5日から皮膚障害を生じ，最終的には身体表面の40％が皮膚火傷となった．頭皮の毛髪と睫毛の脱毛があったが，眉毛は影響されなかった．表面が汚染したところに座っていたために両方の臀部に重い皮膚障害が生じた．この部分の皮膚は火ぶくれの状態になり，あちこちに潰瘍ができたので，事故後2カ月に本人のわき腹から切り出した健全な移植皮膚でおおう必要があった．この健全な移植皮膚は8 mmの厚さで，かなりよく定着し，患者は事故後5カ月で退院した．被曝7カ月後に移植した部分に小さな壊死が生じたが12カ月後には治癒し，この時点で精子減少症は残っていたが，そのほかは全般的に良好な状態であった．

症例 II

男性タービン操作員．2.0～2.5 Gyの推定全身ガンマ線線量を受け，したがって骨髄にかかわる症候はごく軽度から中程度であった．この患者は事故後2週間目に皮膚にひどい紅斑と浮腫を生じ，第3週目の終わりには手首，胴および大腿部に広い壊死を生じた．患者は高熱が長く続いたが，この高熱は皮膚の傷害のひどさに関係しているように思われた．局部的な治療が試みられたが結局，被曝後50日目に手術をすることが必要となった．この手術は両手首皮膚の壊死のあるところから壊死組織を取り除き，そこに患者のわき腹からとった皮膚を移植するものであった．右手首への移植は，深部組織の傷害がひどかったためか（これが最も可能性の高い原因），あるいは移植した皮膚に放射線障害があったために，不成功に終わった．前腹壁からとった切断皮膚片で壊死部位をおおうことは成功し，移植皮膚は3週間で確実に生着した．腱が障害を受けていることを示す証拠はないが，患者は現在両手首の動きが不自由で，手を使うことができない．予期しなかったことであるが，1987年4月に左手の第5指の付け根に環状の潰瘍を生じた．これに伴う痛みがひどいために，患者はこの指の切断手術を望んだ．

症例III

58歳女性の発電所警備員．事故が起こったときに原子炉のある場所から約300～500 m離れたところにある警備所で任務に着いていた．この女性は6～7 km走って現場から離れたのだが，その結果として脚と靴が乾いた放射性物質によって汚染した（泥と塵による汚染）．骨髄が受けた推定線量は3 Gyで，患者は回復した．両方の大腿と下肢に紅斑が3回の波で現れたが，第3の波は事故後ほぼ3カ月後に発現し，浮腫とひどい痛みを伴っていた．このように遅くにな

---

* これら4例の病歴について教えてくださったジョン・ホプウェル（J. Hopewell）博士に感謝する．

って発現した皮膚傷害がひどくなるにしたがって，患者の全般的身体状況は悪化した．患者はその後におそらく放射線によって誘発された一般的な血管傷害の状態に重なって起こったものと思われるのだが，脳血管性の発作を起こして死亡した．

症例Ⅳ

　この患者は事故後18日に胸壁と両手に湿疹を生じた．この患者が被曝した状況がどのようなものであったかははっきりしない．線量は軟ベータ線照射で80 Gyと推定される．この症状は抗生物質軟膏の塗布といった最小限度の薬物治療によって8週までには消滅した．皮膚は脱色素状態を示したが，組織傷害はなかった．被曝6カ月後に晩発性の毛細管拡張症と皮膚萎縮が生じた．これらの晩発性障害の進行は認められなかった．

広島の症例

　原子爆弾によって火傷を受けた犠牲者についての目撃者の証言はあまり多くは公表されていない．したがってグシコーバ教授が述べたチェルノブイリの経験と比較ができるように，以下に広島の症例3つについての報告を収録してある．最初の2つの症例は「ニューヨーカー」誌によって1946年5月（広島に原爆が落とされたのは1945年8月6日）に派遣されたジョン・ハーシー（J. Hersey, 1946）氏が記録したもので，第3の症例はアン・キショルム（A. Chisholm）さんが書いた被爆して生きのびた少女たちについての追跡調査記録として発表したものである．

1.　広島メソジスト教会谷本清牧師が目撃した犠牲者の群：

　「……大きな生々しい焼けた肉体……皮膚は大きな手袋のような切れ切れの断片になってはぎ落ちている……火傷は最初は黄色で次いで赤くなり腫れ上がり，皮膚が脱け落ち，そして最後には化膿し悪臭を発する．……」

　これらの犠牲者は生きのびることができなかった．

2.　ウィルヘルム・クラインゾルゲ（W. Kleinsorge）イエズス会神父，ドイツ人，が目撃した犠牲者の群：

　「……顔は全面が焼け眼窩は空洞になり眼球は溶けて液状になって頬を流れている（おそらく爆発時に顔面が破裂しそうになったのであろう）．……口は膨れ上がり膿にまみれた傷口にすぎず，水を飲ませるために急須の飲み口をそこにさし入れようとしても開けることができない（ストローの代わりに大きめの草を使った）．……」

　これらの犠牲者は生きのびることができなかった．

3.　爆心地から1.6キロの通りにいたシゲコという13歳の少女の記憶：

　「……顔全体が焼けた……眉毛がなくなった……お母さんは私の瞼をひっぱって目を開けねばならなかった……皆が私の燃えた服を脱がせようとしたとき，皮膚も一緒にとれてしまった．……4日後には火傷した顔の皮膚がはげ落ちた．それはまっ黒でその下は膿だらけだった．……」

　シゲコは生きのびたが傷跡は一生残った．

　傷害という点に関してチェルノブイリの犠牲者は，ニュースメディア（新聞，ラジオなど）ではしばしば広島の犠牲者の経験になぞらえて報じられている．犠牲者の数についていえばこれは誤りであり，チェルノブイリが個人がこうむった費用という点でいかにもひどかったとはいえ，

多くの広島の犠牲者の経験はそれよりもはるかにひどかったことは上述のわずかな記録からも明らかである．さらに，広島でみられた多数の火傷は熱によるものであって，ベータ線を出すフォールアウト（放射性降下物）が原因ではないことに留意しなければならない．この熱火傷には2つの種類があって，第1は爆弾の火球から直接くる熱によって瞬間的に起こった火傷で，第2は燃焼した衣服や発火した建物の炎による火傷であった．民生用の原子力発電所の事故による犠牲と核戦争による犠牲のあいだにはたくさんの相違点がある．

米国カリフォルニア大学ロサンゼルス校のロバート・ゲイル博士がソ連の医師ならびにイスラエルのテルアビブに近いレホバット（Rehovat）にあるワイズマン科学研究所のイスラエル人生物物理学者であるヤール・ライスナー（Y. Reisner）博士と共同して行った骨髄移植についてはすでにたくさんの記述がある．新聞等に載った膨大な量の記事からみると骨髄移植は犠牲者の治療上非常に重要な要素であったように思われている．しかし，実はそれは正しくない．前述した火傷者の図解からわかるように，放射線火傷が身体表面の40％以上であれば，そのことのみで骨髄移植は成功しないことになるであろう（骨髄移植にかかわりなく火傷で死ぬので）．死亡者のいずれも骨髄の機能障害のみが原因で死亡したのではない．たとえばグシコーバ教授は次のように結論している．

「放射線事故の場合，異種骨髄移植が有効な治療として絶対的に採用すべき方法となるような割合は非常に少ない」「ガンマ線の6～8 Gyの近辺の線量を全身に受けたことによって生ずる可逆的な骨髄造血障害の場合には，移植骨髄が患者の組織に受け入れられるが，そのこと自体に治療効果上は常にマイナスの影響があり，さらには免疫的拒絶反応による2次疾患が発現するリスクが高くなり，生命の危険につながる恐れがある」またそのような「移植組織の効果はごく少なかった」．

実際には，ゲイル博士がモスクワに到着する以前に骨髄移植が6例，胎児肝細胞移植が3例実施されており，その後にゲイル博士の協力のもとに骨髄移植が7例，胎児肝細胞移植が3例行われた（「ランセット」1986年7月26日，212頁）．人間胎児細胞（胎児の肝臓）は放射線量が特に大きかった患者に使われた．結果は成功しなかった．その他の場合は患者親類のみを提供者（ドナー）として行われた．13人の患者について適切なドナーを選ぶために113人がテストされ，9人の患者については完全に適合するドナーがみつかった．残りの4人については移植用骨髄の特別な処理が必要であった．犠牲者の生存および骨髄移植結果についての最も新しいデータを1987年9月7～12日にコモ（イタリア）で開かれた国際放射線防護委員会（ICRP）の会議でグシコーバ教授が発表した．グシコーバ教授の発表のなかに次の2点が述べられていた．

1． 犠牲者の全数が203人から237人に変更されたことが1986年11月に発表されたが，これは症状の重度が1である急性放射線症の患者の数が変わったためである．このグループに属する患者31人がモスクワの専門病院（本章の初めに述べたモスクワの患者の表参照）に，109人がキエフの病院（以前はこれが74人であった）に入院している．
2． チェルノブイリの事故後のような緊急事態において「骨髄移植が当てはまり，成功するような患者の数はきわめて少数である」．

最後にこの章の内容をやや明るくする記述で締めくくると，被曝した消防士すべてが死亡したのではなく，特にまっ先に業火に取り組んだチェルノブイリ消防隊の隊長であったレオニード・テリャトニコフ少佐（図134参照）はモスクワの第6専門病院で治療を受け，その後モスクワ郊

外のリハビリセンターで回復し，現在も生きている．本書の写真の1つ（図105）に彼がサナトリウムで彼よりも好運であった同僚たちと一緒にいるところが出ている．

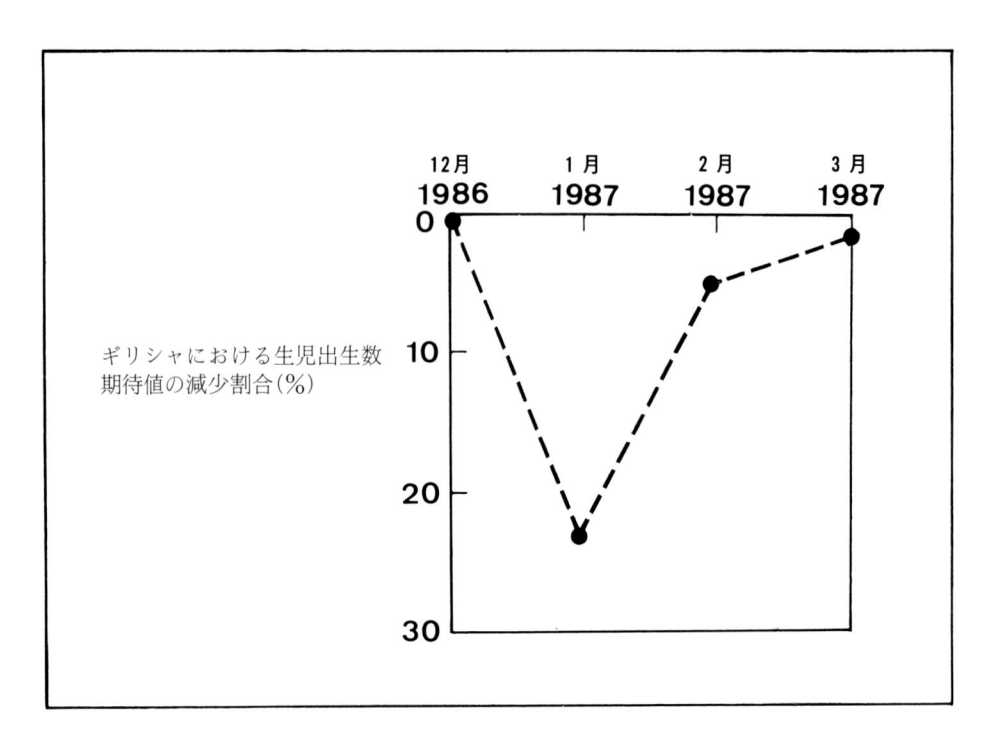

[図：ギリシャにおける生児出生数期待値の減少割合(%)、1986年12月から1987年3月まで。1月1987に約23%の減少を示すV字型のグラフ]

	1月 1987	2月 1987	3月 1987
生児出生数観察値	7032	7255	8350
生児出生数期待値	9103	7645	8453

　1987年10月31日，トリコポロスらによる「ギリシャにおけるチェルノブイリ事故による犠牲者，事故後の人工流産」という論文が出版された．最終月経の第1日目がチェルノブイリ事故の前の月に当たった女性は，1987年1月に出産が見込まれることになる．1986年5月のあいだ，ギリシャでは矛盾するデータとまちがったうわさのためにパニックが起こり，多くの女性は異常児を出産するリスクが高いと思いこんでいた．トリコポロスの公表データによると，リスクがあると思いこまされた初期妊娠の23％は人工的に中絶された．1986年6月までにはパニックはしだいにおさまり，真の放射線のリスクがよりよく理解されるようになった．

第 5 章

避　　難

　　合　計　　　　　13万5000人
　　プリピャチ　　　 4万9000人
　　チェルノブイリ　 1万2000人
（ソ連代表団，1986年8月25〜29日，ウィーン，による）

　1986年8月25〜29日，IAEA会議場の外の展示ホールで上映されたソビエトテレビによるビデオテープのサウンドトラックはプリピャチの避難の実態をまとめて次のように述べていた*．「プリピャチの町の避難は，4月27日1400時（午後2時）に通告された．荷造りにわずかの時間しかなかったが，避難は整然と行われた．人々は，最低限必要なものだけを携えた．4万人の住民が2時間45分のうちに，町を後にした．空気，水，土壌を繰り返し検査した結果，発電所の周囲約1000km四方の地域に破損した原子炉による放射能汚染がひろがっていることがわかった．全体で11万6000人が，このように事故の影響を受けた地区から避難させられた．いうまでもなく，子どもたちが特に心配の種であった．子どもたちは全員，南ウクライナ，クリミア半島および黒海沿岸に送られた．可能なかぎり短時間のうちに，子どもたちがゆっくり休めるような環境が整えられた．避難者全員に物資援助，お金，衣料と住居が供与された．この不運な出来事のおかげで人々はお互いにいっそう緊密な仲になった．私たちは原因も土地も家庭も共有しているのだということが明らかに示された．老人も若者も皆同様に，これに共感した．人々は犠牲者に対して自分の家，衣服，お金，そして血液を提供した．新しい村と居住区がこれらの田舎の人々のために建設されていた．チェルノブイリ事故犠牲者救済基金が庶民の草の根運動によって創設された．ソ連の人々から5億ルーブル以上のお金が銀行口座904に寄せられた（1ルーブルはおよそ1ポンド，約250円）」．

　プリピャチの放射線被曝線量率が1時間当たり1レントゲンに達したときに避難命令が出されたのだが，それに先だって，子どものいる施設，すべての学校や幼稚園などに優先的に安定ヨウ素剤が配布された．これは子どものほうが大人にくらべてたくさんミルクを飲み，また甲状腺の大きさも大人より小さいために（線量は単位質量当たりの吸収エネルギーである），子どものほうが放射性ヨウ素-131から受けるリスクが高いことが理由である．しかし後日になって，ソ連人

---

*　チェルノブイリでは事故後8〜9日に避難が行われた．8月25〜29日のあいだの会議ではソ連代表は理由を述べなかったが，輸送や補給上の問題があったのであろうと思われる．避難地域は当初，発電所から15km圏内であったが，後に30km圏にまでひろげられたと5月7日付の「イズベスチヤ」紙が報じている．

専門家のモニタリングによる測定から，プリピャチ避難者の97％が受けた線量は30レムを越えず，甲状腺癌による死亡率は1％ぐらいの増加であろうと推定された．30 km 圏の避難地域全体で，ソ連の測定に基づく推定によると，最大線量が25レム，ただし30〜40レムを被曝した者が数人ということであった．

　ソビエトテレビのサウンドトラックでは，避難当時のプリピャチの住民のパニックについてはとりたてて触れられていなかったが，当局は4万人の住民をきわめて短時間の予告で移動させる輸送計画を立てたさいに，パニックが起こる可能性を明らかに考慮していたようである．4月26日0215時（2時15分），プリピャチ町内務局で会議が開かれ，そこでの第1の決定事項は，町から出ていく不必要な交通を禁ずることであった．第2の優先事項は「秩序の維持」であり，また「暴動やパニックが起こらぬよう，集合地点を決める方式はとらなかった」と5月7日，「イズベスチヤ」紙の特別通信員は報じた．軍検問所，交通遮断，隔離，管制所などの業務は軍隊が行った．最も危険な検問所は「燃えさかる発電所近くの」検問所であった．プリピャチの町全体は5つの地区に分けられていて，それぞれが1つの集合住宅区をつくっており，それにしたがって5つの避難グループが編成された．避難者の名簿を作るのに26日の夜と次の日の半日が費やされた．そして建物の数とドアの数に応じて避難誘導員が配置された．1100台のバスが準備され，これらのバスは5つの地区ごとに割り当てられ，すでに決められていた避難道路が指定された．なんらかの理由のため（おそらく高レベルの放射能汚染のためか？）プリピャチのなかを通り抜けている鉄道は使われなかった．畜牛は4月26日におよそ数万頭が数百台のトラックに乗せられて運び出された．軍隊と市当局が民間のボランティアとともにこの作業に当たった．

　5月6日付「プラウダ」紙の記事は，無人になった町を次のように伝えている．「放射能モニタリング専用車がときおり巡回しているのがみえるだけである．また，定期的にエンジンの音がプリピャチ川の川岸にある居住区の静けさを破り，いつもどおりに発電所の勤務の交替が行われている．原子力発電所の3基の原子炉は管理を必要とし，専門家たちが運転停止された炉を制御している」「ヘリコプターからは，プリピャチは異様でいつもとちがうようにみえる．雪のように白い高層の住宅，広い通り，公園やスタジアム，幼稚園や保育園のかたわらの運動場，それに店……2，3日前には4万5000人の住民がここに住み，働いていたのだが……今や町には人影はない」．

　30 km 地域の小さな村を避難させることはこれよりもっと大変なことであったにちがいない．プリピャチ川をはさんで対岸に位置し，4号炉からわずか6 km しか離れていない白ロシア共和国ゴーメリ地区にあるチャムコフ村（Chamkov）はその代表的な例であったろう．そこには55軒*しか家がなかった．白ロシアの村々からの避難者の総数は1万3200人であった．そのうちもといた村へ戻ることができたのはごくわずかであり，空からの探察と放射能測定による広範なモニタリングと地面の放射能除染作業とがすんでからのことであった．チェレモシュニャ（Cheremoshnya）とネヴェツカヤ（Nevetskoye）という同様の2つの村が7月17日付のタス通信で報道されたが，前者は「66軒しか家がない小さな村」として紹介された．12月30日までには白ロシアゴーメリ地区のブラジンスキイ区にある12の村に1500人の住民が戻ることを許さ

---

* この家の1つにナターシャ・ティモフェイバ（N. Timofeiyeva）という16歳の女学生が住んでいた．この子は爆発をみた数少ない人のうちの1人であったが，次のように述べている．あたりはまっ暗で，ナターシャと彼女の親戚たちは夜遅くに友達のところから戻ってくるところだった．そのとき彼女は「発電所の4号炉と遠くにある煙突の上方の閃光」をみた．

れ，再び人が居住するようになった．1月16日付のタス通信は，10 km から 30 km までの地域の住民たちも 1987 年のうちにはもとの場所へ戻れるであろうと報じている*．しかし 10 km 圏内では除染問題が解決しないために，この約 300 km² の地域では，まだ復帰のめどが立っていない．したがって，ほとんどの避難民の場合，たぶんずっと後になって除染した家財を取りにくること以外には，もとの家に戻ることはないという可能性が高い．この人々は特別に避難者用に建てられた新しい町や村に疎開し住みつくことになろう．

これらの新しい町や村のいくつかは，白ロシアのゴーメリ地区に建設される予定で，その1つはゴーメリ北部にできる．この町での建設の第1段階として 4000 戸の住宅，第2段階として学校，クリーニング屋，病院，幼稚園，食堂，クラブ，ショッピングセンター，郵便局（多くの郵便配達員がその地域の住民と一緒に避難してきており，新しい居住地でもその職業を引き継いだ），そしてその他の必要とされる施設が 1986 年 10 月までにすべて建設完了の予定である．この町の建設は昼夜の別なく 2 交代制で行われており，3000 人の労働者が従事している．避難者のためのその他の居住地はキエフ**とジトミール（Zhitomir）地域で，そこでは 1986 年 10 月までに 7250 戸の新しい住宅と 200 件の消費者サービスおよび文化プロジェクトが建設予定である．さらに 6000 戸の個人住宅がチェルノブイリ事故の避難者を収容するため修理される予定である．

建設しなければならなかったのは新しい町だけではない．村からの避難者には農業用の土地を用意しなければならなかった．8月6日付「プラウダ」の記事はやや詳しく次のように述べている．「キエフ地区のマカロフ（Makarov）区に移ってきたシェルボン・ポリシャ集団農場の従業員のための 150 軒の家の鍵が公式に手渡された．どの家にも建築者によって 2 台のベッドと簡易ベッド 1 つが備えられ，そして食糧の贈物として 2 袋のジャガイモ，穀物，瓶詰のきゅうりのピクルス，それにトマトが配給された．鶏が 10 羽ずつ各戸に割り当てられ，ある家の近くには鳩小屋もついていた」．同じ地区のことについて 8月15日付タス通信は，500 戸の農家が新築祝パーティを開いたことについて報じ，彼らの新住居や設備を次のように述べている．「家には部屋が 3 つか 4 つあり，家畜用の小屋と菜園や果樹園にできる土地が付いており，家具や台所用品が備わっている．これらすべてが避難者のために買い入れられたものである」（オブニンスクの原子力施設の上級科学研究者にとっての特典の 1 つは，通常 10 m 四方ぐらいの大きさの庭の付いた家のようである．——国際会議においても庭づくりは科学に劣らぬほど彼らの興味の的であるようだ！）．

避難者のなかの妊婦たちにも出産などの配慮が必要であった．5月30日付「イズベスチヤ」の記事ですでに報道されたことであるが，マカロフスキー（Makarovskii）産院では避難者の妊婦から 40 人の赤ん坊が生まれた．まるでロシア人形のように，頭のてっぺんから足の先まですっぽりくるまれて小さな顔をのぞかせている 7 人の赤ん坊の写真が載せられていた．その後，9月30日付「プラウダ」では「チェルノブイリから避難してきた大勢の妊婦」に 100 番目の赤ん坊が生まれ，現在，保養地ボルツェルの松林の中にあるウクライナ・サナトリウムで暮らしていることが報じられた．その男の子は巨大なバースデーケーキを贈られ，それを 250 人の居住者が分けあって祝福した．

これらの赤ん坊全員がこの先一生のあいだ，医学的追跡調査を受けることが望まれる．そうすることによって，必要な場合に治療処置が即座に受けられるというだけでなく，被曝時に胎内に

---

* これは 1987 年 12 月 2 日までには実行されていない．
** キエフ地区には 6～8 週のうちに 52 の新しい町が建設された．

いて生まれていなかった多数の赤ん坊が低線量放射線から受ける影響について将来のためにきわめて貴重なデータが得られることになろう．理想的には，原子力発電所には近いがチェルノブイリからは遠く離れた地域で生まれた赤ん坊の比較集団があれば申し分ないのだが．このような赤ん坊の集団がもしあれば，それはいわゆる「外部対照群」の役割を果たすことになる．しかし，1986年8月25～29日のIAEAの会議ではソ連代表団はこのような対照群を設定する必要性を認めようとしていないように思われた．この第2のグループを一生を通じて監視していくことには必ず実施組織上の問題が生ずるであろうけれども，これは決して見過ごしてはならない機会である．しかし，おそらく，この機会は見過ごされることになり，その結果として，将来，統計分析学者は「チェルノブイリの赤ん坊」そのもののなかからなんらかのかたちで「内部対照群」を設定しなければならなくなるであろう．

　新しい町や村が建設される以前の1986年5月，6月に避難者たちを収容していた既存の村について多くの逸話がある．800戸の家があるザガルツィ（Zagaltsy）村の話もその1つである．この村には1000人の避難者が収容された．ソビエト村という食堂が新しく開かれたが，地元の引受け家庭が避難者たちに食事を提供していたためにその食堂はほとんど利用されなかった．アグリッピナ・マルコヴェッツさんという83歳の老女は何人かの老女を自宅に招待して一緒に生活した．

　1986年12月16～19日に英国エネルギー省大臣がチェルノブイリを訪問したが*，プリピャチとチェルノブイリの町はまだ無人のままで，12月18日付「ガーディアン」紙が報じたところによるとピーター・ウォーカー氏は「まったく人影のみえないこれらの町の上を飛ぶのはかなり気のめいる経験であった．なにひとつ活動らしいものはみあたらなかった」と語っている．

---

* 筆者が1987年12月1日から6日にかけてチェルノブイリ，プリピャチ，およびモスクワを訪問したおりに，ノーボスチ通信社のユーリー・カミン（Y. Kamin）氏から「チェルノブイリ――避難」と題した12頁の論説を贈られた．この論説のなかには村からの避難について次のような解説が載っている．「村から人々を避難させることは（すなわち，プリピャチ市からの避難にくらべて）ずっとむずかしいことがわかった――身に迫った危険がわからないので，村人たちには慣れ親しんだ生活と財産を捨てて逃げ出すような，特別の必要があるとは思わなかったのである．多くの人々にとって，家畜（乳牛や豚）をどうしたらよいのかといった問題を解決しないままにしておいて村を出て行くようなことはまったく納得できなかったのである．大部分の村でまず家畜を避難させ，そのうえではじめて村人が避難したのだ」．

図63 最年長の避難者の1人，ステチャンカ村のB・O・ワシレンコ氏，88歳．
1986年5月30日． （「イズベスチヤ」提供）

図64 プリピャチの町から
サマーキャンプへ避難した子
どもたち．
　　　（タス通信提供）

5．避　難　77

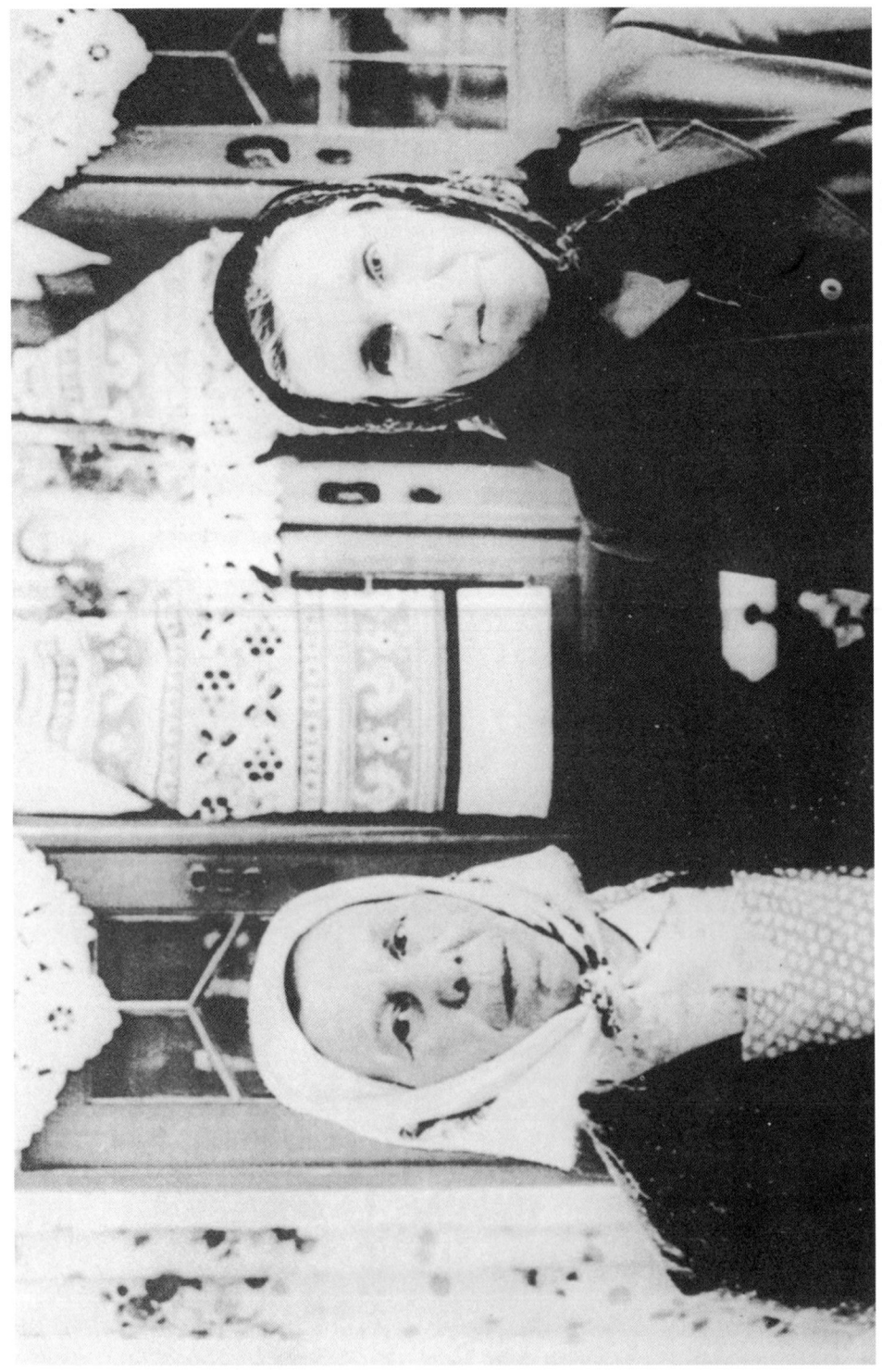

図65 チェルノブイリの避難者ガリーナ・ヤルモレンコさん（右）とコペロボ村の受入れ側の女主人，アレクサンドラ・チカビッチさん．1986年5月9日，コペロボ村．（AP通信提供）

図 66　30 km 圏内の草原の放射線モニタリング．1986 年 5 月．（Frank Spooner Agency 提供）

図 67 発電所の線路での放射線モニタリング．1986 年 5 月．チェルノブイリ付近の鉄道システムについては非常時の取り決めに関してなにごとにも言及されてなかった．たぶんこれは線路施設が高度に放射能汚染を受けていたためであろう．避難にはバスとトラックが使われ，汚染除去および原子炉埋設処理用の資材は道路，ヘリコプターおよび船で運ばれた．68 歳と 70 歳の 2 人の男性の鉄道作業者が 800〜1000 m 離れたところに立っていて事故を目撃し，のちに広範囲におよぶベータ線の火傷を生じた．しかし簡単な措置でその皮膚火傷は治癒した． (Frank Spooner Agency 提供)

図 68 30 km の境界に設置された放射線モニタリング検査所．1986 年 5 月．標識にはキリル文字で「立入り禁止区域」と書かれていた． （タス通信提供）

図 69 汚染除去隊の指揮官，V・チェンドロビスキー（Tsendrovisky）大尉．1986 年 5 月．この写真で汚染除去隊が使用していた顔マスクのデザインがよくわかる．
（Frank Spooner Agency 提供）

図70 特殊な溶液によるチェルノブイリの家々の汚染除去.（Frank Spooner Agency 提供）

図71 チェルノブイリの建物を汚染除去溶液で処理している．(Frank Spooner Agency 提供)

図72 以前に発電所の労働者たちが住んでいたアパートの汚染除去作業．1986年5月，プリピャチ．　　　　　　　(Camera Press 提供)

図73 30 km圏内には多くの森林，公園，果樹園がある．放射能汚染は均一ではないので，汚染除去チームのために放射線レベルを示す地図を作らなければならなかった．
　　　　　　　　　　　（ノーボスチ通信提供）

図74 チェルノブイリ原子力発電所付近の森林地帯．　　　（ノーボスチ通信提供）

図 75 原子力発電所付近の地区の飛行機からの俯瞰図.
1986 年 5 月. （ノーボスチ通信提供）

5. 避 難

図76 ソ連の芸術家組合のメンバー，オレグ・ベクレンコ（O. Veklennko）氏が事故後の処理で有名になった兵士たちの1人の肖像画をみせている．
（「プラウダ」提供）

図77 後片づけ作業に参加したソ連軍隊．1986年5月．この兵士は，放射線測定器を右手に持ち，首には放射線量を記録するためのメーターやダイヤルのついた付属電子部品が入った道具箱を下げている．彼が靴を汚染から守るためオーバーシューズをはいているのが目につく．したがって，この写真撮影の時点ではおそらく地面にまだ高い放射能があったと考えられる．
（ノーボスチ通信提供）

図78 汚染除去センターにおいてホースで洗浄されている装甲車. 1986年5月.
(Camera Press 提供)

図79 人間や被服, 装置に使用する汚染除去用溶液の作製. 1986年5月9日.
(AP 通信提供)

5. 避 難　87

図80 放射能の塵がたまるのを防ぐためトラックがキエフの通りを洗浄している. 1986年5月9日. (Propperphoto誌提供)

図81 森林やその他の草木の汚染除去作業. 1986年5月. (タス通信提供)

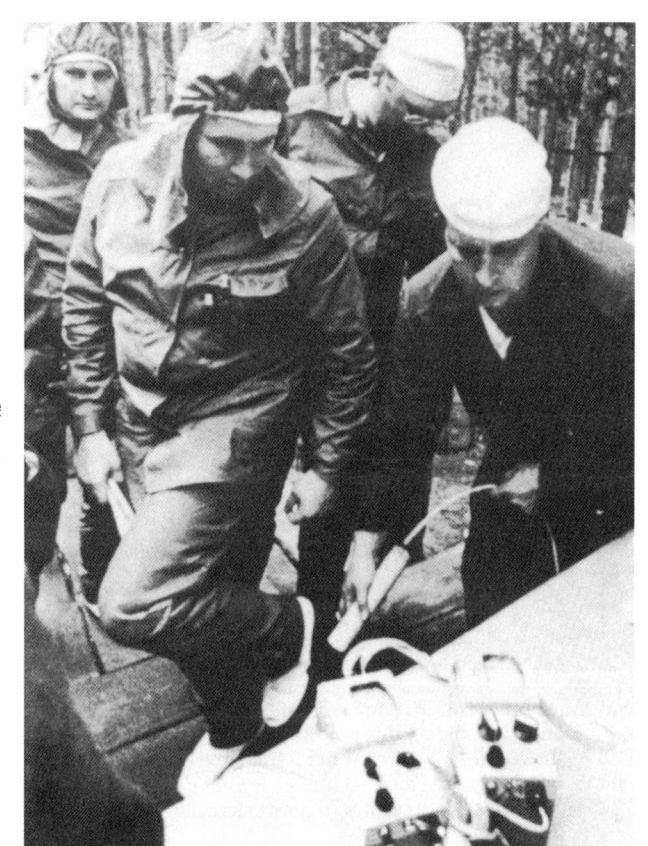

図 82 チェルノブイリにおける汚染除去作業者の履物のモニタリング．1986 年 5 月． (IAEA 提供)

図 83 発電所の鉄道とその周辺の汚染除去作業．1986 年 5 月．
(Frank Spooner Agency 提供)

図 84 土壌の移動に使われている遠隔操作のブルドーザー．1986年6月．1986年5月19日付の「プラウダ」に明るい黄色に塗られたロボットがいくつか掲載された．1台は19トンの巨大なブルドーザーで，CTZ（チェラビンスク・トラクター工場，Chelyabinsk Tractor Works）のトレードマークが付いていた．このトラクターの操縦者は数十メートル離れたところにある装甲車の中の細い縦穴からみている．これはチェラビンスクからキエフへイリューシン76ジャンボジェット機で運ばれた．そしてキエフの研究所の専門家が高度なエレクトロニクスの装置をこれに付けた．10月10日付の「プラウダ」に発電所構内で地面の上部30 cmの土が掘り取られ，コンクリートのスラブで密閉しておおわれたと報じられた．また原子力発電所の土地汚染除去には2カ月を要したとも報じられた．

（タス通信提供）

図 85 遠隔操作の土壌移動運搬車．1986年5月． （タス通信提供）

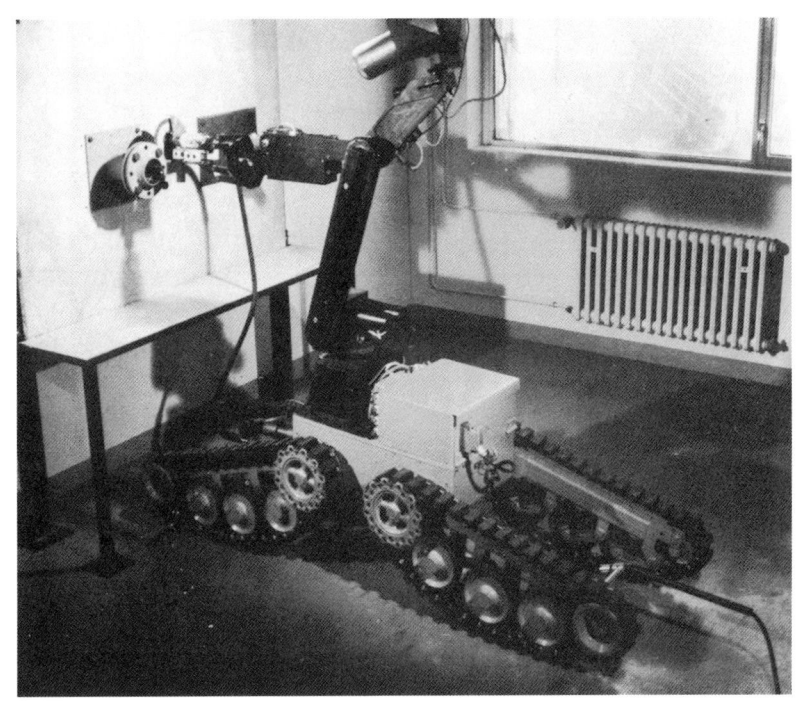

図86 3つのタイプの遠隔操作ロボットが西独の核技術援助サービス社からチェルノブイリに送られた．これはMF3型，ミニロボットで高さは0.4 m，幅0.745 mにすぎないが，操作腕の自由度が7である．導線でコントロールされる無限軌道車で，折りたたみ式の操作腕，黒白ステレオTVカメラと追加のカメラ，マイク，照明装置がついている．はさみ装置もあり，これにさまざまな器具を取り付けることができる．複芯のコントロールケーブルは100 mの長さがある．
(Kerntechnische Hilfdienst 核技術援助サービス社提供)

図87 核技術援助サービス社のラジオコントロール操縦のバケットローダー，長さ6.7 m，幅2.4 m，高さ2.75 m．これは前後輪ジョイント連結独立操舵の車輪型ローダーでトルクコンバータと後退用ギアのついたZFハイドロマチックトランスミッションに連結した125馬力のディーゼルエンジンで動いている．もう1つの70馬力のディーゼルエンジンが2枚羽セルポンプを動かして油圧システムに動力を供給している．
(核技術援助サービス社提供)

5．避　難

図88 チェルノブイリで使われている核技術援助サービス社製ロボットの1台.　　　　　　　　　　　　　　　　　（核技術援助サービス社提供）

図89 汚染された土壌撤去の模様と思われる風景. 1986年5月.
　　　　　　　　　　　　　　　　　（Frank Spooner Agency 提供）

図90 ソ連防衛軍化学部隊指揮官，ウラジーミル・ピカロフ大佐．1986年12月25日付の「プラウダ」に「チェルノブイリの英雄たち」という見出しで載った写真から．ピカロフ大佐は後に軍紀要誌（Military Bulletin）の特集号（1987年4月，14巻8号）に「チェルノブイリ災害の厳しい教訓」と題する自分の報告を書いている．その英訳版はノーボスチ通信社から出されている．彼は化学部隊の除染作業の成果を事故から1年たって次のような統計にまとめた．「500以上もの村落，6万軒近くのビルや建造物，そして原子力発電所の数千万 m^2 にも及ぶ機器の外表面や内面を除染した．数万 m^3 の汚染土が運び出され，同量の新しい土が持ち込まれ，何千もの隔離用スクリーンが設置された．広大な地域の塵が押し込められ，何千ものサンプルが放射性アイソトープ分析のために採取された」．土壌の汚染については次のように説明している．「今日，1987年4月），半減期の長い放射性元素（セシウム，ストロンチウム，プルトニウム）による土壌の汚染で是認できるより高い値を示している場所は，ほとんどが発電所敷地内，周囲5 km以内の地域，および白ロシアのいくつかのポケット状の地点でもみつかっている．放水による土壌の放射能の洗浄が行われた地域は1％を越えていないので，今のところ放射線の状態に大きな変化は期待できない」．ピカロフ大佐はまた核戦争についても言及し，原子力発電所への原爆の投下爆発について特にコメントし，次のように表現している．「ヨーロッパでの核戦争の場合，それはまちがいなく原子力発電所と核処理施設の破壊をひき起こすであろう」．このようなシナリオを論じ（私はそのようなことが述べられるのをあまりみたことがない），彼は今回の事故を放射性降下物に関して広い視野から検討し，次のように述べている．「チェルノブイリ事故は，まさに圧倒的な衝撃波，熱線，透過性放射線のない，放射性フォールアウトのみの，低出力の小規模な核爆発である」．

（「プラウダ」提供）

図91 これもまた「プラウダ」の1986年12月25日付（図90参照）から化学防御隊の隊員2人，A・ムタザリエフ（Murtazaliev）伍長とS・シシュコ（Shishko）少佐．この写真にあるような車両が事故の後片づけに使用されたのであろう．タンクのような塔部の遮蔽によってある程度の防護が得られている．

5. 避難 93

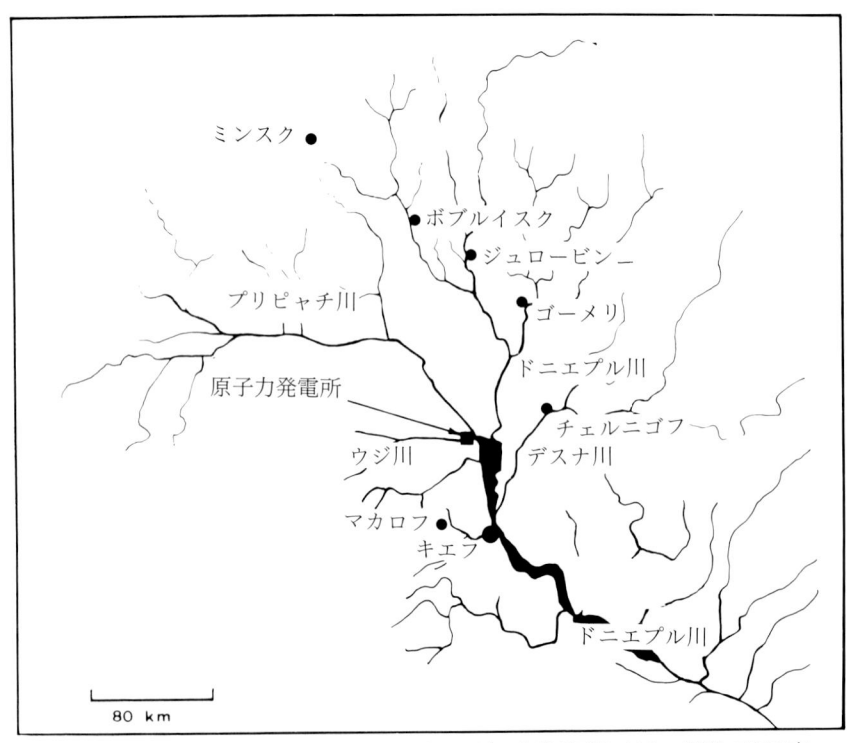

図92 ウクライナと白ロシアのチェルノブイリ原子力発電所と30km圏外の町や市，そしてこの地方のおもな河川であるドニエプル川，プリピャチ川，デスナ川およびウジ川．

図93 キエフのウラジミル丘から見たドニエプル川． 　　　　（ノーボスチ通信提供）

図 94 井戸掘りの人たちが今掘ったばかりの自噴井から最初の一口の水を飲んでいる．1986年，キエフ． (ノーボスチ通信提供)

図 95 キエフへきれいな水を供給するために，デスナ川に停泊したポンプ船ローザ (Rosa)-300．通常の給水が放射能汚染された場合に備えて，キエフに水を供給するため2本の非常用送水本管，それぞれ 6 km の長さのものが，1カ月内につくられた．どちらの送水本管にもドニエプル川の支流であるデスナ川からの水が供給された．市へのパイプラインは川，橋，トンネル，道路など18の障害を越えなければならなかった． (ノーボスチ通信提供)

5．避　難

図 96 (AP通信提供)

図 96 浮橋が完成した後，プリピャチ川の岸にいる陸軍兵士たち．同様の写真が 1986 年 5 月 15 日付の「プラウダ」に載った．その後 1986 年 12 月 25 日付の「プラウダ」に軍の対応と貢献が，「責任圏：チェルノブイリの英雄たち」という見出しで「プラウダ」の通信員によって報道された．それは次のようなものである．「1986 年 4 月末，ソ連国防省化学防御部隊の隊長，ウラジーミル・ピカロフ大佐はモスクワから遠く離れたところで計画されていた戦闘訓練に参加していた．4 月 25 日の真夜中前に大佐と彼の部下は休憩に入った．午前 3 時 12 分に警報がキエフやほかの軍管轄区の化学部隊に鳴り響くことを彼らはまだ知らなかった．まただれがそれを予測できただろうか．任務は予想もつかない途方もないものであった．最初の化学部隊の合同分遣隊がチェルノブイリに急行した．将軍は朝になって化学部隊隊長を召集した．午後 2 時にピカロフ大佐と彼の化学部隊が AN-26 輸送機からキエフのズラニイ空港のコンクリート滑走路に降り立った．その間にすでに飛び立った数機の大型輸送機がキーバンで N・ビボドスキー中佐（N. Vybodoysky）の率いる先遣化学部隊に増援を送りつつあった．V・スカシコフ大佐（Skachkov）の率いる自動車隊の主力部隊は列車に乗って向かっていた．5 月 2 日，党の政治局員たちがチェルノブイリ原子力発電所に到着した．ピカロフやその他の専門家の報告を聞いてから，政治局員は事故の影響を抑えるための作戦を決定した．陸軍部隊は現場に最初に着いたうちの一隊だった．士官や兵士たちは住民の避難を助け，放射線状況の偵察を行い，複雑な工学作業を開始し，大規模除染の準備をした．状況を把握すること，特に原子炉を封じ込める種々の方法を提案し，住民の安全確保のために，4 号炉とその付近の状況を文字どおりすみずみまで知ることがいちばん重要であった．化学部隊が配置に着こうとしているとき，V・ブローヒン（Blokhin）大尉と A・トポルコフ（Toporkov）大尉はすでに部下を放射線状況の偵察のために原子炉の現場に率いていた．4 月 26 日中にピカロフ大佐はプリピャチの市党本部に机やインターコムを設置し，自分の場所を確保した（その後彼のグループはチェルノブイリに移動した）．放射線モニタリングポストからの情報が次々に入りはじめた．その夜はだれも一睡もしなかった．4 月 27 日午前 8 時にはすでに化学部隊の代表と原子力専門家たちが政府の委員会に状況を報告していた．そのときまでには状況は急激に悪くなっていた．次になにが起こったかは，いまはもう知られている」．

「プラウダ」の記事には，ピカロフ大佐が 4 月 27 日夜に最初に現場を偵察したときのことも次のように記述されている．「状況をただちに把握する必要があったので私はボルガに乗っていた．そのときに放射能の放出があったとしてもそこを素早く通り抜ければよいと考えていた．火災はすでに消えていて，周囲は静まりかえっていた．4 号炉の上空は赤らんでいて，その悪魔的な灼光の理由ははっきりしていた．次になにをなすべきか？　私は装甲車に乗って原子炉に向かった．安全な距離のところで操縦者を降ろし，自分で運転した．門を乗り倒して中に入っていった．精巧な機器を数多く備えた装甲車が破損した炉の入口に止まった」．

（AP 通信提供）

図97 ドニエプル川で獲れた魚の放射能汚染調査．1986年6月8日． （「プラウダ」提供）

図 98　クルチャトフ原子力研究所の研究者が片づけや密閉処理作業のあいだに，破損した4号炉を調査している．1986年10月．　　　　　　　　　　（タス通信提供）

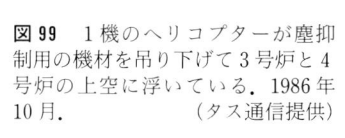

図 99　1機のヘリコプターが塵抑制用の機材を吊り下げて3号炉と4号炉の上空に浮いている．1986年10月．　　　　（タス通信提供）

図 100 破損した 4 号炉の空からの俯瞰図．1986 年 9 月．（タス通信提供）

図101 環境モニタリング．（タス通信提供）

5. 避 難　　101

図 102　発電所の光景. 1986 年 10 月.（タス通信提供）

図 103 破壊された建物の内部を初めてみせたタス通信の写真．これは1986年9月に3号炉と4号炉とを隔てる防護壁を建設中に撮られたもの．建物の大きさが写真下中央にみえる人の高さとくらべて想像できる． (タス通信提供)

5. 避 難

図104 破壊された4号炉. 1986年9月. (タス通信提供)

図105 チェルノブイリから来た消防士たちが，モスクワ郊外にあるモスクワ中央病院に属するリハビリセンターで医師たちと話をしている．除染の一環として刈られた坊主頭に帽子をかぶっている．
(タス通信提供)

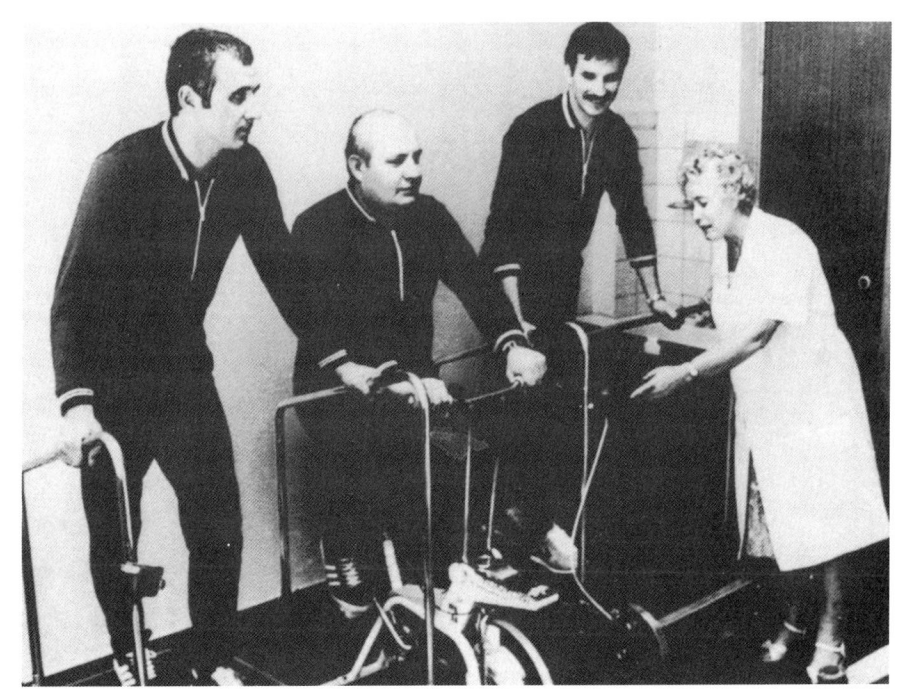

図106 チェルノブイリで最初に現場についた消防士たちのうち3人がモスクワ近くのソ連内務省付属病院で物理療法を受けている．左から右へR・ポロビンキン (Polovinkin) 2等曹長，V・プリスケパ (Priskchepa) 曹長，V・パラゲチャ (Palagecha) 歩兵少尉（旗手），1986年7月5日．中央の器具はプクトントリ (Puch Tunturi) 製の訓練用自転車こぎ機で，ほかの踏み車のような2台は心臓と肺の容量測定器のようである．消防士たちの肺の容量は煙，塵，ほこりを吸入したために損なわれたことが考えられる．
(AP通信提供)

5．避 難 105

図107 チェルノブイリに向かうセメントミキサー車．左手にこの地方の民家が1軒はっきりとみえる．1986年5月．最終的に40万トンのコンクリートが原子炉の密閉処理に使われた． （タス通信提供）

図108 防護壁の金属構造の組み立て風景．1986年9月．これは原子力発電所から10km離れたところにあり，1987年12月2日には足場がいくつかまだ残っていた． （タス通信提供）

図 109 4号炉のまわりの防護壁のための金属構造組み立て．1986年9月．最終的に石棺には6000トン以上の金属構造物が使われた． （タス通信提供）

図110 原子力発電所の航空機からの俯瞰図．1986年9月．（タス通信提供）

図111 近距離からみた4号炉．1986年9月．（タス通信提供）

5. 避難　109

図 112　近距離からみた 4 号炉．1986 年 10 月．(タス通信提供)

図113 4号炉の周囲の防護のコンクリート壁の建設．1986年10月．この写真は破損の大きさをはっきりと示している．　　　　　　　　　　　　　（タス通信提供）

図114 B・クヌレンコ（Knurenko）代議士が，事故の後片づけその他の仕事をする人たちを収容するために建てられたゼリョーヌイ・ムィス（Zelyony Mys）居留地のシンボルキーを掲げている． （ノーボスチ通信提供）

図115 ウクライナのチェルカッスイ（Cgerkassy）地区ポロギヤ・ベルグニ（Pologiya Verguny）村に建てられた避難者用住宅．1986年8月．（タス通信提供）

第6章

環境の放射能汚染除去

「ロシア人は献身的で，社交的で，有能な人々であり，事態をみごとに処理したことを示した」
（モリス・ローゼン IAEA 原子力安全部部長，ハンス・ブリックス博士とともにチェルノブイリを訪問した後に，1986年6月米国サンフランシスコにおける第54回エジソン電気研究所年次大会の席上で）

　前章の初めに言及したソビエトテレビのサウンドトラックには，原子力発電所周辺とそれ以遠の30 km避難圏内における放射能汚染除去に伴う問題点のいくつかを述べた以下のような一節があった．
「作業は交代制で進められた．作業者たちは30 km圏内で15日間にわたり昼夜，生活し，働いた．次の15日間は休息に充てられ，そのあいだに特別医療検査を受け，また部署に戻った．勤務時間は勤務場所の放射線レベルによって異なり，8〜10時間から数分間のあいだである．特に危険な区域に作業者を輸送するのには，装甲遮蔽付の運搬車が用いられた．高放射線区域内で作業するために遠隔操作車両が次々とここに到着している．機械装備が国中から届けられてきている．事故の結果をできるかぎり早くとり片づけるために強力な部隊が集められている．圏内に特別の道路が建設され，車両はすべて放射線物質をまき散らしひろげることがないように努めている．車両は特別の放射能除染センターで除染処置されている．また，30 km圏を除染する作業も進行している．30 km圏は3つの区域に分けられている．地面と空中240の測定点から毎日数回，データが届けられている．放射能汚染は格子柄状にまだらにひろがっていることが現在わかっている．発電所建物内部と発電所敷地内では毎日定期的に放射線モニタリングが行われている．発電所敷地の周囲には堤防が築かれている．川堤に沿って作られた防護壁によって，豪雨のさいに放射性物質が川に流れこむのを防いでいる．地下水は汚染がないように完全にコントロールされている．地下水を浄化し，汲み出し，配水する自動システムが取り付けられつつある．これ（写真スライド）は発電所区域から地下水が外へ流れ出るのを防ぐための防護壁が地中につくられているところである．この壁は高さ30 mで，それ以上の大きさの壁が地下にある．チェルノブイリ発電所の建物と周辺の敷地をヘリコプターが除染している．特別に訓練された兵士たちが液体化学洗浄剤を広範に使用して，住宅やその他の建物を除染している．放射能除染は多大の忍耐を必要とする厳しい作業である．風が吹くと汚染区域から塵が運びこまれるので，作業をまたやり直さなければならないのだ．高レベル放射線地域ではロボットが使われている．このロ

ボットはテレビカメラと放射線測定器の助けを借りて放射性の破片類を見つけ出し，移動させる．圏内にいる時間の長短にかかわらず，それ（放射能，放射線）は味，色，臭いなしに危険を呼び出すのだ．それは特別な装置がなければまったく検知されないのだ．30 km 圏内に入った人は全員が厳密な医療管理を受けている」．

放射能汚染除去の問題は原子力発電所敷地――発電所敷地はほかの原子炉，特に第 3 号炉を発電のために運転再開しなければならないとすると放射線障害の危険がないようにしなければならない――のみならず，30 km 圏にもかかわることであり，短期間にこの問題を乗り越えることはできない．30 km 圏内には建物や輸送のみならず，道路，土壌，森林とその他の植生の問題がある．これに加えて風や降雨が除染作業の妨げになる．またもし川や湖が汚染されている場合には，その汚染が水の流れにしたがってさらにひろがっていくのを止める必要が生じる．すべての放射性の廃棄物をどこに埋めるかという問題も解決しなければならない．その一部は第 5 号炉建設のために掘られた穴に埋めたのだが．

原子力発電所敷地は広く汚染されてしまい，放射性物質はタービン室の屋根，3 号炉の屋根，そして多数の金属のパイプ支持構造物の上に散在していた．敷地全体が，そして建物の壁や屋根も同じく，放射性エアロゾルと放射性の塵でひどく汚染されていたが，汚染は均一ではなかった．放射性の塵がひろがるのを少なくしようという考えで，土の表層を固化させるために，タービン室の屋根と道路の路肩にはさまざまなポリマー形成溶液が散布された．これによって塵が舞い上がるのが防止された．4 号炉の事故後もしばらくのあいだ，換気系統がはたらいていたので，そのために放射性の塵が原子力発電所の装置類や各部屋の表面にひろがってしまった．最高レベルの汚染がタービン室の水平部分（床や装置上部）で記録された．これは換気系を通じての汚染のみならず破壊された屋根から放射性物質が降り込んできたためである．1，2 号炉の汚染された仕切り部屋における 5 月 20 日のガンマ線被曝線量率は 10～100 ミリレントゲン/時，タービン室では 20～600 ミリレントゲン/時であった．1，2 号炉の除染作業が終了してからは仕切り部屋の被曝線量率は 2～10 ミリレントゲン/時のレベルに減少した．いくつかの部屋では除染剤をしみ込ませた雑巾を使って人の手で洗い取らなければならなかったが，一般的には部屋の除染には洗浄機や消火用の放水機を使って除染剤を散布する方法が採用された．どんな方法で除染するかは汚染表面がプラスチックか，鉄，コンクリートあるいはその他の舗装材かを勘案して選択された．

発電所敷地の汚染除去作業は次のような順序で実施された．

1．廃物や汚染装置類の敷地からの撤去．
2．建物の屋根と外表面の汚染除去――壁に塗ると急速に乾燥してフィルム状になり，それをはがすと放射性粒子が付着して取れてくるようなペーストも，ときには用いられた．
3．土壌を 5～10 cm の厚さで削りとり，コンテナに詰めて 5 号炉の敷地の廃棄物処分場に移送する．
4．必要に応じて土壌面にコンクリートスラブを打つか，または汚染のない土で埋め戻す．
5．フィルム状になる薬剤でスラブや非コンクリート区域を塗装する．

このような方策を実行した結果，1 号炉区域の全バックグラウンドガンマ線が，被曝線量率 20～30 ミリレントゲン/時まで減少した．この 20～30 ミリレントゲン/時の放射線は，主とし

て破壊された4号炉からくるものであった．除染チームの作業は，24時間当たり1万5000～3万5000 m² の割合で地表面が浄化されていくという進捗速度で進められた．

30 km 避難圏内に，(1) 特別区域，(2) 10 km 区域，(3) 30 km 区域の3つの監視区域を設定することが決定された．軍隊によって，すべての輸送に対して厳格な放射能モニタリングを行う体制が組織され，車両に対する除染地点が設定された．区域境界を越えて汚染が伝わる可能性を少なくするために，(車は同一区域内にとどまり) 作業者は境界で車を乗り換えるように取り決められた．

チェルノブイリから約180 km 離れたジュロービン (Zhlobin) の町からノーボスチ通信が7月に送った記事から，交通渋滞のようすがどうであったかがうかがえる．通信員はミンスクへ向かって旅行していた．通常はこれは2時間半の旅である．「いつもより時間がよけいにかかり，ジュロービンからボブルイスク (Bobruisk) の町を過ぎると列をなしたローリー車，冷蔵運搬車，そしてラダ (普通乗用車の1つ) の群れが目に入った．これらの車は放射線検査のために交通警察によって止められていたのだ．隊長は，南から来る車は放射線量率が1時間当たり0.3ミリレントゲンを越える汚染がみつかると徹底的にホースで洗い落とすのだと告げた．事故の後の第1日目にはほとんど全部の車を洗わねばならなかった由である．今日 (7月) のところはまだ30台で，全般的放射線レベルは0.025ミリレントゲン/時である」．ジュロービンは白ロシアの最初の製鉄工場のある町で，現在の鋼鉄生産量は年間約50万トンである．

30 km 圏内の放射能汚染状況は風や降雨の具合によって変わりつづけており，土地全体を通じてかなり放射能の分布のようすが変わる (放射能の「再分布」という) かもしれない．針葉樹林の場合には，3～4年後になって松の葉が完全に新しく再生しないと放射能の再分布は終わらない．心配の1つは森林の火災で，火災によって放射能が葉や森の落葉やごみに再分布する．したがって，火災を防ぐために森林地帯では非常な注意が払われている．1986年7月2日付「ザ・タイムズ」は「コムソモルスカヤ・プラウダ」(Komsomolskaya Pravda) の記事に基づいて，「チェルノブイリ北方の地域に泥炭火災が発生した」と述べ，白ロシアのゴーメリ地区に起こった森林火災のようすを報じた．この火事では火災前線が1マイルの長さにわたり，消防士は特別な呼吸具を必要とした．

主要な放射能除去プログラムにおいて生ずる問題のいくつかの例は，以下のとおりである．

(1) 放射能汚染の局在．これは特に浄化作戦に参加する必要な車両の数が非常に多いため (混雑が生ずるので)．
(2) セシウム-137の固定されていない汚染．
(3) 汚染衣服の廃棄と新しい清浄な衣服の供与．ある時期，発電所の近くには，コンクリートミキサーなど，ありとあらゆる装備とともに1000人もの防護服着用者がいたので．
(4) 毎日，数千 m² の土地に安価で無毒の物質を散布してはいるが，まず第1に道路の，次いで土壌と収穫物の，風による侵食がかなり激しいこと．

地下水と表面水を汚染から守るという目的で複雑な治水工学構造物の建築が開始された．この構造物は，(1) 原子力発電所の発電施設周囲の一部分に沿って土壌中につくられた不透性の壁，(2) 地下水位を下げるために掘られたいくつもの井戸，(3) 冷却水用の貯水池の中の排水隔壁，(4) プリピャチ川の右岸川堤に設けられた排水遮断隔壁，(5) 発電所の南西区割部に設けられた排水遮断隔壁，などである．

1986年10月31日付のタス通信は川について述べ，またダムの長さに触れるなど，地形についての詳細を報じている．「キエフ貯水湖では高馬力の浚渫船が前にある航路を横切って450 mの長さの水中仕切りを建設している．この幅100 m，深さ16 mのくぼみができあがると，それは水中のトラップとなってプリピャチ川の支流から流れこんでくる放射性アイソトープを捕らえることになる．もう1つの沈泥トラップがキエフ水力発電所のダムの前につくられた．さらにもう1つ，石でつくられた水中の分水嶺がプリピャチ川の河口の北のアタシェフ（Atashev）地域にできた．ウジ（Uzh）川とプリピャチ川に流れこむアタシェフ川，イリヤ川，ベレージナ川，ベレゼスト川，ラディンカ川，ブラギンカ川，ネスビチ川およびその他の小さな川でも水防施設の建設が進められている．水防施設は埋立地の水路にも建設された．土と砂でできたダムや堤の全長は29 kmに，水中に置かれた岩の塊は約25万m³にもなった．排水用の水路の造成に莫大な労力が投入された．これらそれぞれの施設の目的はまったく同一で，春と秋の洪水の時期にプリピャチ川からドニエプル川へ汚染した水が流れこむのを防ぐことである．

　事故後，できるかぎり早く2機の飛行機が配置され，ヘリコプターや自動車とともに，2万km²の広さの土地のモニタリング測定を行った．また膨大な数の土壌，水路，空気のサンプルが分析用に採取された．

　ソ連科学アカデミーのクルチャトフ原子力研究所の各研究部と地球物理研究所とが合同して空中地質部（空からの地質調査）が結成され，9月2日（タス通信，「イズベスチヤ」）までにはプリピャチを中心とする110 km²の土地について空からの放射線測定が実施された．この作戦の基地はチェルニゴフ（Chernigov）に置かれ，放射線測定機器はキエフ貯水湖の上空で"調整"された．飛行は高度170 m，巡航速度1時間150 kmで，南から北へ向かう方向で行われた．この作戦（の第1段階）は7月5日から8月20日のあいだに完了し，政府事故調査委員会に報告書が提出された．「イズベスチヤ」はさらに1万m²を9月に空中測定することになっていると報じた．空中写真は汚染が疑われる地域を確定するのに役立った．場所が確定すると着陸して分析用サンプルが採取された．

　食品の汚染や食品について実施する予防措置勧告については1986年8月25〜29日の会議でソ連代表団はほとんどデータを示さなかったし，また6月12日過ぎに公表された世界保健機構の調査（第7章参照）にも情報は提出されていない．「プラウダ」に載った5月20日付の食品についての詳しい指示は次のとおりである．「釣人やキノコやイチゴ採りが好きな人たちに30 km圏は立入り禁止になっており，だれもなかに入ろうとしてはならないという警告が出されている」．また5月2日に「イズベスチヤ」はウクライナ共和国衛生疫学局局長にインタビューして得た次のような発言を報じている．「空港，鉄道駅および長距離バス駅からの出発客は徹底的な放射能汚染検査を受ける．ウクライナ全土で食品は品質について厳格に規制され，厳しい暫定基準に従うべきこととなっている．何千軒ものアイスクリーム，ケーキ，清涼飲料の売店がキエフの街角から消え，食物は今や野外マーケットでは売られていない」．

　ロシア人たちの好物であるアイスクリーム売りの屋台が消えてしまったことは（さもありなんことであるが）パニックをひき起こし，5月9日付「ザ・タイムズ」紙はこう報じている．「今週初めに市の保健当局がそれまで続いていた沈黙を破ってテレビ放送を通じて『子どもたちをごく短時間以上は戸外に出さないこと，葉菜類は食べないこと』という警告を発した．この放送があってから人々のあいだに不安がしだいに高まってきているとキエフの住民たちは言っている．風向きが変わり（チェルノブイリからキエフに向かうようになり），そのためにアパートの内部

を冷水で洗い流すこと，貯水湖で水泳しないこと，という指令が出されてからいっそう，この不安なムードが高まった．市を出る人全員に放射能汚染検査をするという新しい対策とアイスクリーム，ケーキ，清涼飲料の野外販売の禁止が「イズベスチヤ」で報じられてからこのパニックが大きくなった」．

キエフを離れる列車についてもパニックの記事が出ている．たしかになんらかのパニックがあったにちがいないが，新聞がすべて正しいとはかぎらず，次に示すように新聞によって2000人と25万人のちがいもあるのである．

英国「デーリー・メール」紙，5月8日付
「キエフからの脱出．昨日，数分のあいだに2000人以上の子どもがモスクワに到着．恐怖におののくキエフ市から3つの列車が着いた．……土曜日以降毎日，子どもたちがモスクワに入って来ている（5月8日は木曜日）」

「ロンドン・イブニング・スタンダード」紙，5月8日付
「25万人の子どもがキエフのフォールアウトから逃げ出した」

「ザ・タイムズ」紙，5月9日付
「列車は逃げ出す家族で満員」そして「……キエフからの夜行列車*が昨日9時45分（モスクワに）入って来た……何百人もの婦人や子どもたちがプラットフォームにあふれ出た……」

食品勧告についての2回目の「イズベスチヤ」の記事は6月9日に「ドニエプル川は清浄」という見出しをつけている．「水泳ができ，浜辺も使える．しかし，基本的ルールとして，日光浴に最も適した時間は午前8時から11時であり，あまり長い時間はいけない．浜辺では帽子をかぶり日陰にいること．また，浜辺では簡易ベッド，長椅子，敷物があるので，それを使うこと（砂場に直接座ったり，寝そべったりしない）．最も重要なことはバレーボールやフットボールはプレー中に塵を蹴立てるので，やらないように勧告．浜辺で食事をするのは特別に設備した場所に限ること．衛生規則を守ること」．「モスクワ・ニュース」の9月号は「多量の汚染した野菜や果物がウクライナと白ロシアで破棄されねばならなかった」と述べている．

有名なロシアの火酒はウオッカである（ソ連の共和国にはそれぞれ独自の銘柄のコニャックがあり，すばらしいジョージアワインやアゼルバイジャンの赤シャンペンもあるのだが）．このウオッカを強い赤ワインと混ぜて飲むと放射線防護の民間薬として効果があるという記事が新聞に出ている**．キブスカヤ・ゴリルカ（Kievskaya Gorilka）という本物のキエフ産ウオッカのボトルが図40に示してある．この1本を1986年7月にジュネーブで私は贈物としてもらったが，それには「チェルノブイリの水でつくられた」という注釈が付いていた．ラベルの言葉を翻訳す

---

* 寝台車の廊下は非常に狭く，固席クラス（4寝台のコンパートメント）と軟席クラス（2寝台のコンパートメント）とがあるがトイレの設備はごく少ししか備えられておらず，食堂車はなく，大きな荷物用の荷台はない．どのコンパートメントにもほとんど余分のスペースがない．1987年12月1〜2日と2〜3日の夜は，12時間の旅のあいだ特急列車は満員であった．したがって1986年の5月には，コンパートメントも廊下もすし詰めの状態で，心地悪さの極限であったにちがいないと思われる．
** 「ザ・タイムズ」紙5月23日付：「ウクライナで愛好されるアルコール飲料の群れ」．「ザ・タイムズ」紙7月9日付：「ロシア人は今でも核防止剤として飲物を使用」．

6．環境の放射能汚染除去　　117

ると，「このボトルには古くから伝わる製法でつくった特別の火酒が入っていて，種々のイチゴと蜂蜜を含み，氷の温度に冷やして飲むのが最善の飲み方である」．私のこの1本はまだ手つかずである！

ソ連の推定によると核分裂生成物放射能の放出量は（キセノンとクリプトンなどの放射性希ガスを除いての計算で），事故時における放射性炉心物質（すなわち，原子炉内にある放射性アイソトープ）の3.5％であった．炉心内放射能は合計で約50メガキューリー（5000万キューリー），6～7トンの重量，であった．この放射性アイソトープの一覧を下に載せる．

破損した4号原子炉から放出された放射性同位元素組成の評価
（評価の確実性は50％）

同位元素	放出	半減期		崩壊形式
キセノン-133	?100％まで	5.3	日	$\beta + \gamma$
クリプトン-85m	?100％まで	4.4	時間	$\beta + \gamma$
クリプトン-85	?100％まで	10.7	日	β
ヨウ素-131	20％	8.0	日	$\beta + \gamma$
テルル-132	15％	3.3	日	$\beta + \gamma$
セシウム-134	10％	2.1	年	$\beta + \gamma$
セシウム-137	13％	30.1	年	$\beta + \gamma$
モリブデン-99	2.3％	2.8	日	$\beta + \gamma$
ジルコニウム-95	3.2％	64.8	日	$\beta + \gamma$
ルテニウム-103	2.9％	40.0	日	$\beta + \gamma$
ルテニウム-106	2.9％	371.6	日	$\beta + \gamma$
バリウム-140	5.6％	12.8	日	$\beta + \gamma$
セリウム-141	2.3％	32.5	日	$\beta + \gamma$
セリウム-144	2.8％	284.9	日	$\beta + \gamma$
ストロンチウム-89	4.0％	50.6	日	β
ストロンチウム-90	4.0％	28.6	年	β
プルトニウム-238	3.0％	86	年	α
プルトニウム-239	3.0％	24,100	年	$\alpha + \gamma$
プルトニウム-240	3.0％	6,560	年	$\alpha + \gamma$
プルトニウム-241	3.0％	14.4	年	β
プルトニウム-242	3.0％	380,000	年	$\alpha + \gamma$
セリウム-242	3.0％	163	日	$\alpha + \gamma$
ネプチュニウム-239	3.2％	2.4	日	$\beta + \gamma$

この評価は，1986年4月26日以降，破損した原子炉の上方で採取されたエアロゾル標本の放射性同位元素組成の系統的分析；発電所地域のガンマ線の航空機による測定；放射性降下物標本の分析：ソ連各地気象台での系統的測定データに基づくものである．
　放射性降下物の分布は発電所の隣接地域で0.6～1トン，その外側20 kmまでの地域で3～4トン，それ以上離れた地域では2～3トンにのぼると推定された．粒子の大きさは1ミクロン以下から数十ミクロンの範囲であった．

しかしながら，全員がソ連の推定値に賛成しているわけではない．たとえばコリアー（Collier）氏とデイビス（Davies）氏ら（1986年）は放出放射能は50メガキューリーではなく70メガキューリー（7000万キューリー）であるとしている．この2人はまた，チェルノブイリとスリーマイル島の2つの放出放射能の割合を比較している．

環境放射能モニタリングシステムの優先的な目的は，(1)チェルノブイリ発電所従事者，プリピャチ町および30 km避難圏内の住民が受ける可能性のある内部被曝および外部被曝線量の算定評価，(2) 30 km圏外のいくつかの地域の住民が受ける可能性のある被曝線量，ならびに許容

同位元素	スリーマイル島 炉心外部	スリーマイル島 周辺に対して	チェルノブイリ 周辺に対して
希ガス	48 %	1 %	100 %
ヨウ素	25 %	0.00003 %	20 %
セシウム	53 %	検出されず	10～15 %
ルテニウム	0.5 %	検出されず	2.9 %
セリウム	0	検出されず	2.3～2.8 %

チェルノブイリとスリーマイル島との推定放出量の比較
（コリアーとデイビス，1986 による）

限度を超えてしまったかも知れない放射能汚染のレベルの算定評価，および，(3)決められた限度を超える被曝から一般住民と職員とを防護する方策についての勧告を作成すること，である．この勧告のなかには，(1)一般住民の避難，(2)なかに含まれている放射性物質が増加した食物についての制限または禁止，および，(3)住宅屋内と野外にいる人々がとるべき対策が含まれている．

1986年8月25～29日のソ連代表団の文書には以下のような優先的課題を解決するためにどのような体系的放射線モニタリングが実施されたかが，詳しく述べられていた．

優先的課題：
(1) 汚染地域におけるガンマ線のレベル．
(2) 空気中および水源，特に飲用水源における生物学的に重要な放射性アイソトープの濃度．
(3) 土壌と植生中の放射能汚染の程度と，その放射性アイソトープの構成．
(4) 食品中の放射性物質の量，特にミルク中のヨウ素-131．
(5) 人々の体内臓器中における放射性アイソトープの蓄積．

この作業のいくつかはキエフに設立された新しい放射線科学センターによって調整され，解析が進められる（「トラッド」紙9月11日付）．このセンターは，(1)実験放射線医学研究所，(2)臨床放射線医学研究所，(3)放射線障害疫学予防学研究所の3つの研究所で構成される．すなわち患者の記録の登録制度が計画されており，定期診断の結果がこれに入れられることになる．また事故でバックグラウンド放射線のレベルが増加した地域の住民が，この制度のもとでモニターされることになる．このセンターの薬学者や医師は放射線障害を治療し，人間の身体組織に放射性アイソトープが蓄積するのを防ぐ，新しい，より効果的な薬剤を探し求めている．このセンターには病床が600床といくつかの実験室が設けられる．9月にノーボスチ通信が臨床放射線医学研究所についての報告を配信したが，その記事には「健康調査活動」のために6000人の医師と1万人の医療補助員が登録されている，と述べられている．

放射能雲は事故後2～3日のあいだ，初めは西方と北方に流れ，4月29日から数日間は南方に向かった．その後，汚染気団は，白ロシア，ウクライナおよびロシア連邦共和国の上空を長距離にわたって拡散した．放射能雲がヨーロッパやスカンジナビアの諸国に運んだ放射能汚染のレベルは，ソ連国内で経験された汚染レベルよりもずっと低かった．その結果として，これらの国の多くは東欧から入ってくる旅客や食糧品に対して汚染検査を行うようになり，また，国境通過点で車両の放射線モニタリングを実施するようになった．たとえばウィーンにおける空港でのモニタリングが図48に，英国放射線防護庁（NRPB）の全身モニタリング車の内部のようすが図49に示してある．この全身モニタリング車がロンドン・ヒースロー空港に送られ，キエフとミ

ンスクから帰国する何人かの英国人学生を待ち構えた．しかしながら，この種の放射線検査はその意味を説明する情報が一般的に欠けていたために，人々に多くの不安を生じ，また数日間はかなりのパニックをもひき起こした．

　1987年12月2日，私はバスで原子力発電所からプリピャチに向かって出発したところであった．雪のなかに1本の奇妙な，トライデント（3本矢）のような形をした松の木が立っているのがみえた．その木は周囲を低い垣根でかこまれ，すぐかたわらには墓石と赤い花輪のようにみえるものが2つ3つ立っていた．あたり四方みわたすかぎり，それが唯一の生きているものであり，それは1つの記念物としてそこに残されていたものである．——1941～1944年の大愛国戦争のさいに，ウクライナ人たちがナチスドイツによってその木の枝に吊るされたのだった．

第7章

食物連鎖

> 甲状腺が放射線により癌になる感受性は，赤色骨髄が白血病になる感受性よりも高いようである．しかしこの甲状腺癌による死亡率は白血病よりもずっと低い．その理由は甲状腺癌の治療が成功していることと，甲状腺癌はゆっくりと進展することである．
> 甲状腺癌の総死亡リスク係数は赤色骨髄の場合の約4分の1で，放射線防護上は甲状腺癌のリスク係数は1万シーベルト当たり5とされている．
> （国際放射線防護委員会，ICRP出版物 No. 26, 1977, 56項）

　ほとんどの人がまず第一に恐れることは，半減期8日のヨウ素-131のような比較的寿命の短い放射性核種や長寿命のセシウム-137（半減期30年）といった放射性物質が食物連鎖のなかに入ってくることで，その点でミルク，（野菜，果物が最大の心配の種である．西独のババリア地方では，1986年4月30日の午後，チェルノブイリの放射能雲が通り過ぎようとするときにちょうど激しい雷雨があった．ミュンヘン近郊において2，3分間のうちに起こった放射能沈着（放射性物質が空中から落ちてきて野菜などに積もり付着すること）のようすは，以下に示す放射能雨による草の汚染速度の値から理解される．

1986年4月30日以前	0.08 マイクロシーベルト/時
4月30日の午後	1 マイクロシーベルト/時
1986年　末	0.12 マイクロシーベルト/時

　チェルノブイリ事故による放射能汚染によって人が被曝する仕組みについては，フライ博士らが5月15日発行の「ネイチャー」誌に載せた英国における初期の線量推定に関する論文の中に列記されている．これは，(1)放射能雲による外部被曝，(2)雲のなかの放射性物質の吸入，(3)ベータ線を出す放射能による皮膚の汚染，(4)地面に降り積もった放射性物質から受ける外部被曝，(5)放射能で汚染した食品の摂取，である．
　第5番目の経路に関して，ヨウ素-131による被曝は，汚染した牧草や飼料を食べた乳牛のミルクおよび汚染した葉菜を人が摂取することによって起こる．セシウム-137（またはセシウム-134，これはセシウム-137より降雨量がずっと少なかった）が成長しつつある植物のなかに入っていくのは，葉に沈着することによるかあるいは土壌から根を通じてとりこまれることによって

起こる．それに加えて，セシウム-137 の場合は，地衣類（苔）を餌にするために体内の濃度が特別高くなっている鹿，兎，特にトナカイなどの野生の狩猟動物の肉に注意しなければならない．魚のセシウム-137 の放射能も淡水の湖では相当に高くなることがある．しかし海や河口の魚ではそのようなことはない．

これらの放射性アイソトープが人に摂取されるとヨウ素の場合は甲状腺に集まり，セシウムは胃腸管からほぼ完全に体内に吸収される．ストロンチウム-90 は，チェルノブイリから出た量はセシウム-137 のおよそ 1％にすぎなかったが，これも胃腸管から吸収される．

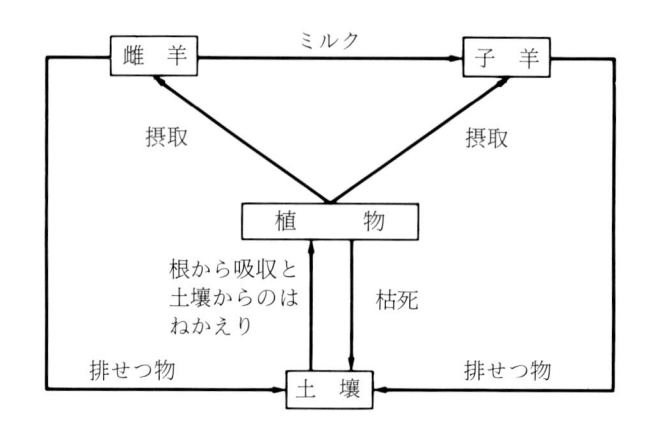

単純化されたセシウム循環の図式「土壌-植物-羊-土壌」．1987 年 4 月 11 日ロンドンの生物学研究所でのセミナーで「英国におけるチェルノブイリ事故による降下物の放射生態学」に関して述べた F・R・リーベンス (Livens) 博士による．リーベンスはまた，(1957 年に事故のあった) ウィンズケールがあるカンブリア州の高地の土壌では，セシウム-137 の総量は 470 Bq/kg で，そのうち，155 Bq はチェルノブイリ事故によるものと考えられると述べた．残りは核兵器実験とウィンズケール自体によるものである．

チェルノブイリの放射能雲による汚染は，まず最初にストックホルムの北 100 km の地点にあるフォルスマーク (Forsmark) 原子力発電所で発見されたが，これは風と降雨の状況に依存していた．原子炉の炉心から出る熱によって放射能雲は空に吹き上げられたようで，1986 年 4 月 27 日プリピャチ上空は晴天でこのとき放射能雲は 1200 m の高さであった，と報じられている．放射能雲はフィンランドとスウェーデンの方向に進み，しばらくのあいだウクライナとヨーロッパ北東部の上空によどみ，スカンジナビアではときに降雨に出会い，その後広く拡散して英国，フランスその他の近隣諸国の一部の上空も通過した．5 月 1 日には放射能雲は南独上空にあって，そこで豪雨があったために土壌と植物の相当ひどい汚染が生じた．この汚染は約 20 年前，1960 年代中頃に中止された大気圏内核兵器実験の頃に測定された値より数倍高かった．トナカイの汚染問題は降雨の具合いによりスウェーデン北部地域（ラップランド）で最も深刻になった．そこではトナカイ 1 頭は通常は 150 ～ 200 ポンドの値であるが，それが数千頭屠殺処分された．しかし，広大なフィンランドのラップランドのトナカイ棲息地帯はひどい放射能汚染を免れた．カラー雑誌「サンデー・タイムズ」1986 年 11 月 30 日号はこのラップランド人にとっての大災害を題材にとりあげ，「最後のトナカイ駆り集め？　ラップ人の生活に暗雲——ヨーロッパの最後の遊牧の民」という特集記事を載せている．この記事によると，9 月に 1000 頭のトナカイが食肉用に屠殺されたとき，その 97％に 10,000 Bq（ベクレル）/kg の放射能汚染がみつかった．これと比較すべきスウェーデンの食肉基準は 300 Bq/kg（ヨーロッパ共同体の基準は 600 Bq/kg）で

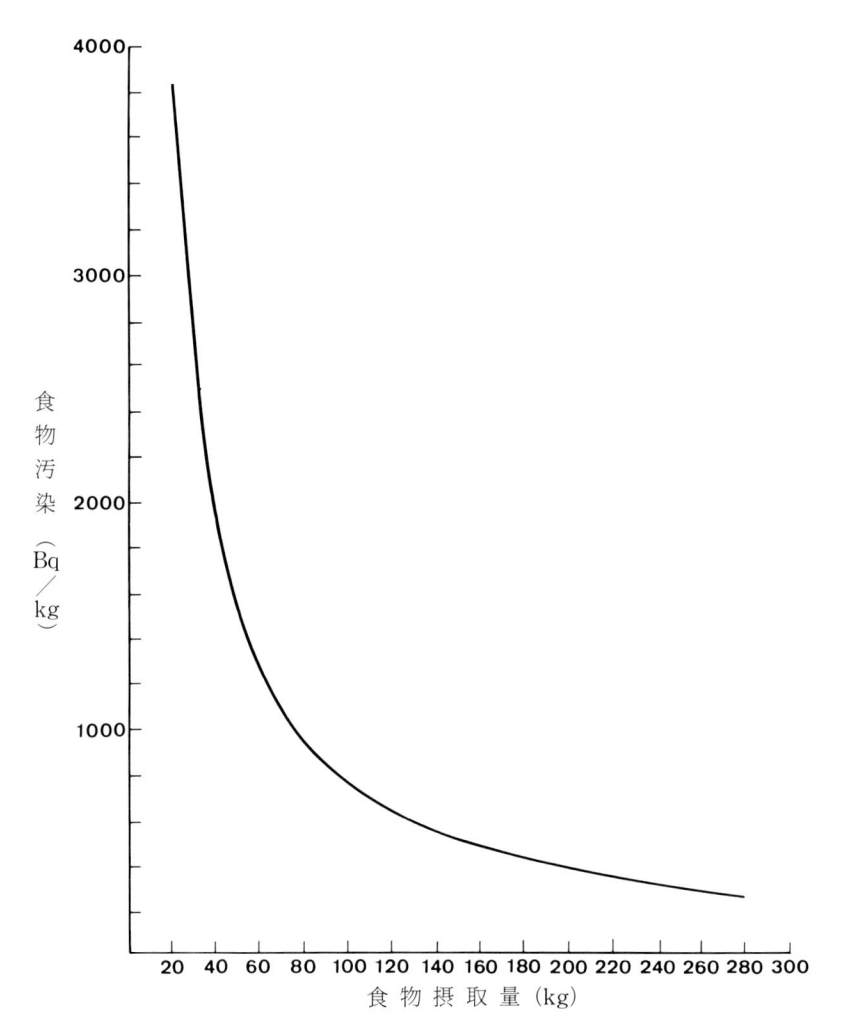

[図]

　1.3×10⁻⁸ Sv（シーベルト）/Bq という換算係数を仮定しての，1 mSv の預託線量となるようなセシウム-137 についての食物の汚染量（Bq/kg）と食品摂取量（kg）との関係の推定曲線。これによると，たとえば，もし食物汚染が 240 Bq/kg であるならば，1 mSv の線量を受けるには 280 kg の汚染食物を摂取しなければならないことになる。〔訳注：1 mSv の線量は国際放射線防護委員会（ICRP）が一般大衆の年間許容線量として勧告している値である〕

ある。政府の当初の指示は，屠殺し死体を穴に埋めるというものだったが，これは今では変更され，いくらかの肉はスウェーデンの毛皮獣飼育場のキツネやミンクの飼料にされることになっている。キツネやミンクは人間の食物連鎖には入ってこないのでこうしてよいのである。

　ソ連ではどうかというと，1986 年 8 月 25〜29 日の会議でのソ連代表団の報告書には食物の汚染レベル，安定ヨウ素剤の配布，および食物の制限についてはほとんど情報がなかった。ヨードカリの錠剤は発電所の従事者全員に 4 月 26 日 0300 時（午前 3 時）に，プリピャチ町では同日遅く 2000 時（午後 8 時）に配布された。配布は医療職員と地域のボランティアが各戸に直接配布するスケジュールを作り，それに基づいて行われた。ソ連当局による対策実施放射線レベルは子どもの甲状腺に 30 レム，大人の全身に 5 レムとなっており，このレベルにしたがって住民への指示が出された。このようにして 5 月 1 日にミルクの制限が課せられた。5 月 8 日には最初の

全般的制限（不特定）としてその他の（不特定の）食品制限が出され，それは5月30日に改定され延長された．

世界保健機関（WHO）はコペンハーゲンで5月6日に，オランダのビルトーベン（Bilthoven）で6月25～27日にコンサルタント会議を開いた．コペンハーゲン会議に引き続いて「放射能測定に関するデータ状況の最近の要約，1986年6月12日」と題して35カ国のデータを記載した文書を限定配布した．

ミルク中のヨウ素-131のレベルおよびミルク飲用に関する勧告についての情報を，このWHOの要約文書から摘出して以下に述べる．放射能レベルのみならず，勧告された対策についても非常に幅広いちがいがあることがわかる．これがヨーロッパにおけるチェルノブイリ後の勧告の特徴であった．

アルバニア
　新鮮ミルクの限度は 2000 Bq/l．測定値はすべて 800 Bq/l（5月5日）

オーストリア
　新鮮ミルクは配達前にチェックされたもののみが提供される（5月5日）．10 nCi/l を越えるミルクは市場に出さない（5月6日）．(nCi：ナノキューリー＝370 Bq)

ベルギー
　乳牛は畜舎内で飼育するという対策が以前に勧告されていたが，これは撤回された（5月15日）．原乳の濃度は5月8日に 85～170 Bq/l の最大値に達したが，5月10日には 40～80 Bq/l に減少した．5月11～15日には 28～57 Bq/l になった．

ブルガリア
　羊のミルクの消費は，そのヨウ素-131 の濃度が「正常以上」であるために禁止された．ミルクの暫定受入れ汚染レベルは，大人について 2000 Bq/l，子どもについて 500 Bq/l である．5月19日の原乳中の濃度は 100 Bq/l であった．羊のミルクの消費は5月13日にはまだ禁止されていた．

カナダ
　用心のための限度として 10 Bq/l が，天水が唯一の飲用水源である場合に実施され，ミルクにも同じ限度が適用される（5月14日）．

チェコスロバキア
　最初に報告された濃度は，市乳で 500 Bq/l 程度，原乳で 1000 Bq/l までであった．記録された最高濃度は5月11日における 1570 Bq/l であった．5月13日に，羊のミルクとそれから作られる新鮮乳製品の直接消費を止める対策がとられた．乳牛のミルクの販売については許容限度として 1000 Bq/l が決められた．

デンマーク
　ミルクの汚染は軽度であった（4月28日）．ミルク中のレベルは人間の消費のための許容限度よりはるかに低かった．

フィンランド
　フィンランド南部では4月30日に 10～40 Bq/l のレベルであった．ココラ（Kokkola）からカジャーニ（Kajaani）に至る線よりも南の地域でも乳牛は放牧できることになり，近い将来にヨウ素-131 の 200 Bq/l，セシウム-137 の 1000 Bq/l という対策レベルを越えることはないと予

測される（5月26日）．5月26日に放牧シーズンが始まって以来，ヨウ素-131とセシウム-137の濃度は10 Bq/l以下にとどまっている（6月3日）．

フランス

フランス政府はヨウ素-131の規制レベルとしてミルク，乳製品，果物および野菜に対して2000 Bq/lという値を採用した．5月20日に測定した乳製品の濃度は80～110 Bq/kgの範囲であった．また5月4日の測定では5.4 Bq/kgであった．

ドイツ民主共和国（東独：当時）

放射能を定期的に測定した結果によると，一般公衆の健康上の特別な対策をとる必要はないことがわかっている．

ドイツ連邦共和国（西独：当時）

ミュンヘンでは150～600 Bq/lの濃度が測定された（5月1日）．ミルクの汚染は「いくぶんか増加しつつある」（5月5日）．最大値500 Bq/lが報告された（5月14日）．ミルク中のヨウ素-131は一般に250 Bq/l以下で，セシウム-137濃度は300 Bq/lまでである（5月16日）．1986年6月1日から9月30日の期間におけるセシウム-137に対する輸入限度（1957年から食品中のセシウム-137は規制されている）はミルクと乳製品，および赤ちゃん用食品に対して370 Bq/l，その他の食料品に対して600 Bq/lである．

ギリシャ

新鮮ミルク，主として羊と山羊のミルクを避けるようにとの勧告が5月5日以降出ている（5月13日）．5月10日の測定濃度は乳牛ミルクで100～400 Bq/l，羊・山羊のミルクで2000～8000 Bq/l，市乳で150 Bq/lであった．

ハンガリー

一般大衆は国営ミルク産業が売っているパック入りのミルクを飲用するように勧告された．酪農場は乳牛の放牧を止め，乳牛は保存飼料で飼育するよう勧告された（5月6日）．市乳は汚染された地域と汚染されていない地域の両方から集荷される新鮮乳を配合して調整し，配送前に放射能を測定して管理している．新鮮なミルクとミルク製品の直接消費に対する限度は，500 Bq/kgである．パック入りミルクの実際のレベルはヨウ素-131で150 Bq/l以下，セシウム-137で20 Bq/l以下であった．原乳のヨウ素-131は放牧牛では5月1～2日に100～700，5月3日に1250，5月4日に2600 Bq/lに達した（これらの値に対応する放牧しない牛の5月3，4日の値は100～200，200～800であった）．5月9日までの最大値は1000～1500，それ以降は減少しはじめて5月13日には700 Bq/lであった．

アイスランド

放射能レベルの上昇はなかった（5月2～5日）．

アイルランド

一般公衆の健康対策はなんら実施する必要がなかった．ヨウ素-131の5月中における平均測定レベルは21 Bq/kg，最大値はレタスで測られた140 Bq/kgであった．

イスラエル

予防措置はなんら必要でなかった．ミルクについて決められた限度は2000 Bq/lであり，5月3日における最大測定値は0.7 Bq/lであった．山羊のミルクは約22 Bq/lであった．

イタリア

赤ちゃん，10歳以下の子どもと妊婦は新鮮ミルクを飲んではならないという指示が出された

（5月2日）．5月2～8日における市乳中の濃度（Bq/l）は北部イタリアで55～300，中部イタリアで35～185，南部イタリアで7～550であった．最大レベルは北部・中部イタリアで3000～6000 Bq/l であった．これらの値はそれぞれ5月15日までに2分の1から5分の1に低下した．

日　本
　汚染は0.4～3 Bq/l の範囲であった（5月4～6日）．

ルクセンブルク
　一般公衆の健康対策はなんら必要なかった（5月2日）．

マルタ
　市乳の平均は13 Bq/l，最高は140 Bq/l であった（5月13日）．

モナコ
　一般公衆の健康対策はなんら必要なかった．

オランダ
　新鮮な羊のミルクは消費を禁止され，羊のチーズは製造後5週間以内の消費を禁止．山羊については，小屋で飼われ生草を食べないので規制しなかった．牛は野外に出して生草を食べさせることを禁じられ，この規制の実施は1週間の予定であった（5月3日）．原乳の最大濃度は175 Bq/l（5月4日）であった．

ノルウェー
　対策レベルはヨウ素-131について1000 Bq/kg，セシウム-137については300 Bq/kg であった．ミルクの最高値は30 Bq/l であった．

ポーランド
　4月29～30日について，ポーランド各地のミルクのレベルは30～2000 Bq/l と報告された．しかし，5月11日には80～474 Bq/l の範囲になった．空気中放射能が最初に増加したのは，ポーランド放射線モニタリング部によって4月27日2100時に検知された．5月5日において新鮮ミルクの消費についての制限は続けられており，特定の地域では乳牛の野外放牧は禁止された．ミルクのヨウ素-131による汚染に対するポーランドの限度は，子どもについて1000 Bq/l であった．

ポルトガル
　ヨウ素-131のミルク汚染最高値は0.1 Bq/l であった（5月7日）．

ルーマニア
　ミルクの汚染はヨウ素-131が450 Bq/l，セシウム-137が10 Bq/l と報告された．原乳で濃度が1000 Bq/l を越えるものは「適切な産業加工」に使われた．ミルクについて決められた限度は子どもに対して185 Bq/l，大人に対して1000 Bq/l であった．

サン・マリノ
　乳牛は保存飼料で飼育されているので，新鮮なミルクの消費が許されている．

スペイン
　市乳のレベルは0.3～1.8 Bq/l，地方の原乳では2～65 Bq/l であった（5月5日～7日）．

スウェーデン
　乳牛は，あらためて指示があるまで屋内飼育しなければならないとされた（5月4日）．4月30日に肉類，魚，じゃがいもと野菜のソ連からの輸入が禁止され，5月5日にはチーズなどの

ミルク製品と新鮮な果物も禁止品目に入れられた．ストックホルム地区で牛乳を測定したところ（4月27日〜5月4日），8〜25 Bq/l であった．ヨウ素-131 の地表沈着は 6000 と 170,000 Bq/m² のあいだでさまざまな値を示し，最大値はスウェーデン北部であった（セシウム-137 の地表沈着は 300〜33,000 Bq/m² のあいだであった）．ヨウ素-131 の沈着レベル 10,000 Bq/m² はミルクで 2000 Bq/l の予測濃度に相当することが判明した．ミルクのヨウ素-131 濃度は 2〜70 Bq/l のあいだであったが，例外はゴットランド島で，そこでは 700 Bq/l が測定された．この島の原乳では 2900 Bq/l という値が得られた．

スイス

次のような勧告が出された．2歳以下の子ども，妊婦，授乳中の母親には5月3日以前に箱詰めされた粉乳またはコンデンスミルクを用いる．その他の人々ではミルクとミルク製品の消費は自由にさせる．野外で草を食べている羊のミルクは飲まないようにする．乳牛のミルクは当初 250 Bq/l の濃度だったが，5月13日には 1370 Bq/l に上昇した．5月3日の羊のミルクは 5800 Bq/l，山羊のミルクは 550 Bq/l であった．

トルコ

危険の報告はなかった．新鮮ミルクで 360 Bq/l，市乳で 48 Bq/l であった（5月6日）．

ソ　連

この WHO 調査にはミルクや食料についての情報が載っていない（ノーボスチ通信社および 1986 年 8 月 25〜29 日のソ連代表団報告書などに基づく食品制限に関する情報については第 6 章を参照）．

英　国

ミルク中の濃度レベルは，英国においてミルク供給上の制限が考慮される勧告レベルより低かった（5月9日）．市乳では 3〜240 Bq/l の範囲で，原乳では最高が 370 Bq/l であった（5月2〜5日）．ミルクの最高測定値は 1136 Bq/l であった．

米　国

いかなるミルク試料についても放射能はモニタリングで検知されなかった（5月4〜7日）．乳幼児食品中のヨウ素-131 についての輸入制限は 56 Bq/l である．

ユーゴスラビア

5月2〜31日の期間で，ほとんどの測定濃度は 400 Bq/l 以上には増加しなかった．

ヨウ素-131 の問題は主としてミルクについてのものであるが，セシウム-137 の問題はさまざまな食物連鎖に全般的に関係している．30年という長い半減期のためにセシウム-137 は 1956〜1962 年の期間の大気圏核兵器実験によって人間集団が被曝した線量のなかで最も大きい割合を占めていた．したがって，「国連放射線影響科学委員会」（略称 UNSCEAR）はこの問題を精力的に調査してきており，多数の報告書を公刊している．1988 年のチェルノブイリによるフォールアウト（放射性降下物）の影響についてもまもなく UNSCEAR の報告書が出る予定になっている．

UNSCEAR によると 1956〜1962 年の核実験により，セシウム-137 はミルク，肉，穀物などほとんどの一般的食物を汚染した．しかし，チェルノブイリ事故後において保健行政当局や一般大衆がさし迫った問題として心配していることの1つは野菜，特にホウレン草のような葉菜と新鮮な果物の汚染である．たとえば，5月6日のコペンハーゲンでの会議の時点で葉菜類を摂取し

ないようにとの勧告がオーストリア，サン・マリノおよびスウェーデンで出されており，また，新鮮野菜は食べる前に洗浄するようにとの勧告がオーストリア，ベルギー，西独，ハンガリー，日本，オランダおよびスイスで出されている．WHOの要約報告によると，6月12日までにはこれがさらに拡充拡大されて，たとえば以下のようになっている．

オーストリア
　緑色野菜は野外で栽培されたものであればすべて押収される（5月6日）．
ギリシャ
　放射線レベルが平均基準を越える野菜は引き続き人の消費用には許可されない．基準はヨウ素-131に対して250 Bq/kg，セシウム-137とセシウム-134との両者を併せて300 Bq/kgである（5月23日）．
イタリア
　5月5日までに政府は葉菜の販売禁止令を出した．この禁止令は中部・南部イタリアでは2，3日後に，北部イタリアではさらにその数日後に解除された．
スイス
　ホウレン草やレタスなどの野菜を洗うことが勧告され，洗うことによってヨウ素-131の放射能は約30％，セシウムは約66％減少し，また，ホウレン草では煮ることによってさらに大きく減少すると報告された．

　この食物連鎖の汚染に関して，「ネイチャー」誌に載った西独コンスタンツ大学のホーエネムザー（Hohenemser）氏らによる論文（6月26日号）と，スウェーデンのニコピン（Nykoping）にあるスタドビック・エネルギーテクニク社のデベル（Devell）氏らによる論文（5月15日号）の2つが興味深い．ドイツのグループは降雨によって地表に降りてきたフォールアウトのエアロゾルは風化や乾燥に対して抵抗力が強く，実験によると130℃の温度で24時間乾燥した草をさらに激しく振動したが，付着している放射能は10％以下しか減少しないことがわかったということである．したがって，冬季の牛の飼料として牧草を刈り取り乾燥し貯蔵することによって，サイロや納屋に放射能が蓄積することになる．この干し草蓄積貯蔵の問題は次に述べるデベル氏らの発見を考慮に入れるとよりいっそう深刻なものとなりそうである．デベル氏らはフォールアウトのエアロゾルには1～2 μmの大きさで，1000～10,000 Bqの強い放射能があり，ベータ線を出す「ホットパーティクル」（熱い粒子）が含まれていることを発見した．もしこのホットパーティクルがチェルノブイリのフォールアウトのなかに広く含まれているとすると，汚染した干し草に触れる人々の肺のなかにホットパーティクルが入りこみ，永久にそこにとどまることが予期される．

　食物以外の材料についても検討されている．西独では，砂場で遊んでいる子どもが1 kgの砂を食べるとして——こんなことは物理的にもまったくありえないことと思うであろうが——その安全限度をみつけ出すことを目的として砂の放射能測定が行われた．またあるヨーロッパの国の国立放射線研究所では大量の赤スグリが運び込まれて測定されたが，そのほとんどすべてで放射能汚染は無視できるような程度であった．しかしこの果物はむだになったわけではなく，研究所職員の家の冷凍庫は現在赤スグリのパイ，赤スグリの砂糖煮，赤スグリのトライフル（スポンジケーキ，果物，クリームで作る菓子）で満杯になっていると，私は確かな筋から聞いている．

食物連鎖への影響も含めて，チェルノブイリの影響を論議する1987年における最初の公開討論会は，1987年1月8～9日のヨーロッパ国会議員会議であった．この会議のようすは「ル・モンド」紙が「チェルノブイリの悲劇的事件に関するヨーロッパ評議会の集会」と題して1月13日付で報じている．以下にそのなかの注目すべき部分の翻訳を載せる．

　「ヨーロッパの国会議員たちは1月8～9日，ヨーロッパ評議会［The Council of Europe，21カ国からなる組織でヨーロッパ経済共同体（EEC）よりも加盟国は多い］の発議により会合してチェルノブイリの影響するところを説明した．議員たちは会議出席以前にもまして困惑して帰国したにちがいない．ソ連政府のボリス・セミオノフ（B. Semionov）はRBMK型原子炉は解体されることがないどころか，現在建設中の3基が加わることによってさらに増加することになると予告したのである．近隣にこのような恐ろしいものがあることを心配しているオーストリアとスカンジナビアの議員たちにとって唯一の慰めは，ソ連は将来はRBMK型ではなくてPWR型を設置する計画であることであった．ロシア人の仲間の救援に出てきたアメリカ人，IAEAのモリス・ローゼン（M. Rosen）博士は通常の作業条件下では「原子力発電所は古典的な火力発電所よりもずっと安全できれいである」ことを強調した．

　ローゼン博士によると米国では毎年自然放射線によって1万人が死亡し，医療用の放射線によって24人以上の致死癌が発生していると考えられる．この数字は古典的な火力発電サイクルが原因で起こる死者1万4000人，小火器による死者1万7000人，交通事故による死者5万人，アルコールによる犠牲者10万人，そして"おそらく"タバコによる死者15万人と比較すると，割合に低い．「チェルノブイリの事故は容認できないが，我慢できる」とローゼン博士は繰り返した．ヨーロッパの議員たちにはこの比較はほとんどその意味するところが理解できなかった．正確で実際的な回答を得ようとして来た人々に関してはどうかというと，知識を求める彼らの欲求は衰えなかった．「事故からどのくらい離れたところで家畜が死ぬのか？」と子羊を心配するスコットランドの議員が質問した．「ロシア人はこの問題についてはなにも私たちに言っていない」と専門家は答えた．「水の汚染はどうか？」と英国の議員が尋ねた．スペインの専門家が答えた．「一般的な答えを言うことはできない．放射性元素のある種のものは土壌に吸着され，ある種のものは水の流れに入っていく．すべては生態系とそれぞれの放射性核種しだいである」．1人のルクセンブルクの議員は計画避難区域の広さが国によって異なっているのに驚かされた．フランスでは10 km，米国では10マイル（16 km），ドイツとスイスでは20 kmであり，そしてチェルノブイリでは30 kmの距離まで避難した．1人の英国の議員は「しかし肉1 kg当たり何ベクレルのレベルであれば許容できるのか？」としつこく質問した．スウェーデン放射線防護研究所所長のベンツォン（Bengtsson）博士はこれに対して「ヨーロッパでは共通のレベルがないのです」と明言した*．

　　　　「チェルノブイリはアブサン（ニガヨモギ）の一品種のロシア語の
　　　名称である．
　　　　　　　　　　　　　　（「ル・モンド」1987年1月7日）
　　　（チェルノブイリは「黒ニガヨモギ」を意味するともいわれている．

---
* 1987年末において，ヨーロッパ諸国のあいだの協定はとてもまとまりそうになかった．たとえば，1987年11月9日付「ザ・タイムズ」紙によるとその前日，ヨーロッパ共同体外務次官たちは原子力事故にさいして適用する食品中の放射能の許容レベルについて意見一致に至らなかった．また，ギリシア以外の国はすべてチェルノブイリ事故後まもなく導入された基準を実施に移すことについて，11月24日に至るまで，（以前のも

のは公的に失効しているにもかかわらず）合意しなかった．これらの基準には，チェルノブイリから半径 1000 km 圏内からの新鮮食品や家畜の輸入をすべて差し止めるという EEC の禁止令（1986 年 5 月 12 日から 5 月 30 日まで）も盛り込まれていた．英国においては，農業水産食糧省が介入レベルとして全放射性セシウムについて 1000 Bq/kg（スウェーデンでは 30 Bq/kg，西独では 600 Bq/kg）という値を定めた．このレベルを越える家畜の移動と屠殺が禁止され，このレベルを越える肉類は市販されないことが保障された．当初，1986 年の 6 月には，約 420 万頭の羊がこのレベルを越えていたが，1987 年 8 月にはこの禁止令に抵触する頭数は 564 ヵ所の牧場に分散しているものを併せて約 50 万頭に減少した．1987 年 10 月 28 日までに英国政府がおよそ 7500 軒の農家に支払った補償金の額は，約 450 万ポンドにのぼった．

　介入レベルに関する議論は今後しばらくのあいだ終わることはないと思われる．これは，特にユーラトム条約 31 条に基づいて専門家グループが 5000 Bq/kg というレベルを設定したが，この設定レベルがヨーロッパ共同体の受け入れるところとならず，ヨーロッパ共同体はそれ自身の専門家が提案したレベルを 75 ％ 低減するように勧告している，という状況がその理由である．

生産物	種々の放射性アイソトープに対する放射能の限度（Bq/kg）			
	セシウム	ヨウ素	ストロンチウム	プルトニウム
乳製品	1000	500	500	20
乳製品以外の食品	1250	3000	3000	80
飲用水	800	400	400	10
家畜飼料	2500			

ヨーロッパ委員会勧告．1987 年 10 月 31 日付で失効した「緊急時限度」に代える新限度として検討中のもの．(Johnston, K.,「ネイチャー」1987 年 8 月 20 日号による)

第8章

原子炉の密閉埋没

> 「密閉埋没」に対応するソ連の用語は「石棺」である．世界最古の石棺は紀元前2620年に終わったエジプト第3王朝のものである．この石棺，または石墓，または棺は記述によると「長方形の白い石灰岩でつくられている箱で，周囲にはなんの飾りもなく，蓋はややアーチ状に盛り上がった形をしている」．
> 　　　　　　　　　（『古代エジプトの滅亡』，A・J・スペンサー，1982）
> この描写は約4500年以上の後につくられたこれよりもずっと大きいチェルノブイリの石棺の形にほとんどそのままあてはまる．

　第3章の「1986年4月26日21：00時」の記述で述べたように，事故の直後に炉心の黒鉛の火災を消す最善の方法はなにをどのようにして決めなければならなかったか，また，最終的に選ばれた方法は「原子炉の塔屋を熱吸収性の濾過材料ですっかりおおうことによって事故をその場に閉じ込める」ことであったということをすでに述べた．1986年8月25～29日にソ連代表団は次のような表現でこのようすを率直に述べている．「4月28日から5月2日にかけて一群の専門家たちがボロン，ドロマイト，砂，粘土，鉛を軍のヘリコプターから落として破損した原子炉をおおう作業を始めた．全部でおよそ5000トンの材料が4月27日から5月10日までのあいだに落とされた．その結果，原子炉はエアロゾル粒子を強力に吸着する，脆い材質の層でおおわれた」．

　この作戦は空軍のアントシキン（Antoshkin）大将の指揮の下に実施されたが，実際に原子炉が，ノーボスチ通信の表現を借りると「砂などの材料でできている巨大な薄片状のパイで押し包まれてしまう」までにはヘリコプターは数百回の飛行を繰り返した．最初の「噴火孔爆撃任務」が最も困難で，第1日目には93回，第2日目には186回飛んだ．上空を飛んだ速度は時速140kmで砂袋の投下が正確に行えるよう，観測装置を積んだ支援モニタリング機から指令が出された．当初は1回の飛行ごとに砂袋1個の投下であったが，ヘリコプターのパイロットが提案して特殊な荷袋が考案された．6～8個の砂袋を間に合わせのネットを使ってひとまとめにし，それをパイロットが自ら設計した自動開口ロックのついたヘリコプターハッチから投下できるようにしたのである．この荷袋をヘリコプターのハッチから撮影した写真が5月20日付「プラウダ」に載っており，それを図24に再録してある．原子炉の噴火孔が密閉されてしまってからはじめて，タス通信の記者が上空を飛んで写真を撮ることが許可された．それ以前の写真はすべて軍人か科学者によって撮られたものである．

　ヘリコプターのパイロットによって投下された混合物質は，特殊な目的を果たすために選択さ

れたものである．ボロン（ホウ素）は中性子を吸収して，原子炉が再び臨界に達する（すなわち，核分裂連鎖反応が始まる）可能性を止める．鉛は熱を吸収し，溶けてすき間に流れ込んで遮蔽体として働く．砂は効率のよいフィルターとして働く．ドロマイトは熱せられると炭酸ガスを発生し，黒鉛を燃焼させている酸素の流れを減ずる．このような材料のいくつかはさまざまな国からソ連へ空輸された．このことは当時あまり宣伝されなかったが，少なくとも7〜8トンの珪土がロンドンのヒースロー空港を飛び立った．ある国々は事故の影響を閉じ込めるのに役立つ装置類を提供した．その例は西独で開発された多数の遠隔操縦のロボットである（図86，87，88参照）．このうちの1つは発電所全体の放射線レベルを測定できる，機敏に動作する設計の装置であった．これは立体テレビカメラ，マイク，放射線測定器，温度センサー，サンプル採取装置，カメラ，その他さまざまな特殊な，交換可能な操作腕や道具類を備えた超小型の車である．大型のロボットも西独から供与され，原子炉の破片や器具を取り壊し，片付けるのに働いた．これはまた，穴掘りにも働いた．

5月1日頃に，破壊された原子炉に残っていた核分裂生成物の崩壊熱と，黒鉛燃焼とによって核燃料の温度が上昇しはじめた．この燃料温度の問題を解決するために，原子炉容器の下の空間に発電所のコンプレッサー室から圧力ポンプで窒素を送り込んだ．そのお陰で5月6日には原子炉容器の温度は低下しはじめた．この期間の最高温度*は2000℃であった．

4号炉から約600m離れたところにある発電所の建物の1つの地下に掩蔽壕が掘られ，そこが発電所における現地作戦行動を調整する指揮基地となった．作業の大半は軍人によって行われたが，ツラ（Tula）やドネツ（Donets）盆地の石炭坑夫の特別隊も緊急動員された．この坑夫の特別な任務は4号炉の直下に「冷却スラブ（板）」を敷設することであった（図29参照）．これは原子炉の下部構造が万一溶けて破壊されるのに備えての工事であった（結果的には不要だった）．これは平らな強化コンクリートスラブのなかに平らな熱交換器が組み込まれている構造であった．（原子炉の直下という）条件によって，坑夫たちの作業時間は1回の勤務につき3時間に制限された．400人以上の坑夫が参加したこの作戦は6月24日に完成した．このトンネル掘りの人々にとっては，最初の数mの部分が，強固な砂岩層を6m掘り下げねばならず，そのうえ絶えず放射線レベルをモニターしていなければならなかったので，この作業のなかで最もむずかしいところであった．

この作業はまず3号炉の脇に大きな穴を掘ることで始まった．トンネルは強化コンクリートで周囲を固めてあり，直径1.8m，長さ168mで，最後の5〜6mはまったく手作業であった．掘り進む速度は砂岩層では1時間に60cmで，トンネルの完成に15日を要した．トンネル内には通信線やトロッコ用の線路が敷設され，脇に13カ所，小さな横坑が掘られた．この横坑には，ダンパーと呼ばれる原子炉の基盤を冷却するための装置が組み立て整備工によって設置された．破壊された原子炉の地下に，このようにして一枚岩状になった強化コンクリートのスラブが敷設された．原子炉の長期埋没密閉計画については1986年8月25〜29日にソ連代表団が述べているが，それによると彼らの言う名称で「石棺」という，以下のような工学的構造物を建設することが企てられていた．

・周囲をかこむ外部防護壁

---

* 1987年12月2日における石棺内の温度は82℃で，放射線，温度などを測定する300個のモニターが付けられているとのことであった．

- 3号炉と4号炉のあいだのタービン室，および破壊された緊急冷却系（ECS）やタンク室の横などいくつかの場所にコンクリート製の内部隔離壁
- 3号炉と4号炉のあいだのタービン室に金属の内部隔離壁
- タービン室の上に防護屋根

　中央ホールとその他の原子炉室を密閉し，タンク室の破片と北側の主循環ポンプ室をコンクリートでおおってしまうことも提案された．このような処置によって，破片を隔離し原子炉区域からくる放射線に対しての防壁が可能になる．コンクリート壁の厚さは，放射線の線量率に応じて1mまたはそれ以上になっている．

　埋没密閉された原子炉には耐久性能の大きいフィルターを用いた換気システム*と放射線モニタリング装置が設置され，7月14日には1本の「探針」と呼ばれる装置が挿入された．これは直径10cm，長さ10mのパイプで，黒白のまだらに塗装されており，その中には温度と放射線を測定する装置が入っている．タス通信やノーボスチ通信がしばしばそう呼ぶ4号炉の「石棺」のなかにこの探針を差し込むのに3機のヘリコプターが使われ，3回の試みで成功した．このパイプには300mの垂れ綱が付けられており，その中にケーブルが通っていて，パイプの中のみならずパイプと綱との結合部に設けられた「傘」の中にも置かれている測定機器からのデータを送信する．この探針はその3分の2が炉内に押し込まれ，3分の1が外に出ていて，傘の部分は原子炉の上にくるような状態になっている．垂れ綱は原子炉の壁に沿って垂れ下がっていて，その中の通信ケーブルの端は原子炉につながり，測定器からの読取り値を絶えず拾っている．

　このような作業に従事した人々の多くは，プリピャチ川に浮かべたホステル船やホテル船で生活していた．ソ連の方々の港から船団がやって来て一時的な宿泊施設を提供して助けたのである．この船団の1つはアゾフ（Azov）市からアゾフ海，黒海を渡ってドニエプル川に入り，発電所まで遡ってきた．また他の船団はボルガ川（Volga）やカマ川（Kama）から来た14隻の船で構成され，この船団はボルガ-ドン運河を抜け，アゾフ，黒海の海域を通って到着した．このなかには客船が11隻あって，これらがホテルやホステルになった．ほかの船舶のなかには飲料水運搬や水処理工場として働いたものもあり，また「浮かぶ商店」も1隻あった．

　放射能除染，壁の建設，そして埋没密閉活動の順を追った流れは以下のようである（1986年8月25～29日，ソ連代表団による）．

1. 4号炉に隣接している区域では特殊な遠隔操作の技術を用いて，土の表層をはぎとり，近くの廃棄物処分場へ移動した（クレーン操縦者が手動で操作しなければならない場合にはクレーンの操縦席キャビンを鉛の板で遮蔽した）．
2. その跡地はコンクリートを打ち，表面を平らにして自走クレーンやその他の機械の移動が容易にできるようにした．
3. 建物の屋根と壁の放射能を除染した．
4. 原子炉敷地を除染し，コンクリート舗装した後に防護壁の金属骨組みを組み立て，コンクリートでおおった．
5. 防護壁の建設が進むにしたがって，確実に4号炉を埋没密閉する主要な土木技術構造体の建

---

*　1987年12月2日には，発電所の管理棟，チェルノブイリの町にある政府委員会の建物，および30km圏のすぐ外側にあるゼリョーヌイ・ムィス（緑の岬）で，フィルターシステムが使われているのがはっきりとみられた．

設作業が進められた．

　埋没密閉が完了したのは11月の中旬で，作業中にコンクリートが不足したために計画よりいくらか遅くなった*．タスによると9月15日までにこの防護構造物に注ぎ込まれたコンクリートは16万m³以上，そのときの高さは41mになっているので，コンクリートが不足したのも驚くにあたらないといえよう．この防護構造物の1つ，防護「壁」は実体は深さ30〜35m幅60cmの「堀」であって，チェルノブイリ原子力発電所の全周をめぐっており，水が浸透しない粘土層に達する深さまでコンクリートが打ち込まれている．

　原子力発電所作業者の住む衛星都市プリピャチは，キエフ貯水池に近いドニエプル川岸に2年以内に建てられることになっている新しいゼリョーヌイ・ムィス (Zelyony Mys)** に変わることになる．ゼリョーヌイ・ムィスには映画館，レストラン，医療施設，スタジアムが用意され，人口は少なくとも1万人になるという計画である．原子力発電所に通ずる高速道路は拡幅され，すでに完成しており，事故前よりも早く行き着けるようになった．現在，職員や作業者たちは前述のようにホステルやホテルに住んでおり，発電所職員の家族はキエフ市とチェルニゴフ市に住んでいる．

---

　* 石棺をできるだけ早く完成させるためにソ連のすべてのおもだった建築プロジェクトから作業者が一時的に配置転換された，と私は聞いた．この言葉が本当かどうかはともかくとして，この最大の建築作業を完成させるためにチェルノブイリにソ連の各地から作業者が志願して集まってきたことはたしかである．
　** Zelyony Mys は英訳すると Green Cape，緑の岬である．

図116　ジュロービン（Zhlobin）居住地の家．　　　　　　（ノーボスチ通信提供）

図117　白ロシアのゴーメリ地方のジュロービン区域の居住地．（ノーボスチ通信提供）

8．原子炉の密閉埋没

図118 新居の外で避難したトラクター運転手の一家に伝統的なパンと塩が贈られているところ．1986年9月． (タス通信提供)

図119 テルノポルスコヤ村（Ternopolskoye）はチェルブン・ポリシャ（Chervone Polissya）国営農場からの避難者用にマカロフ（Makarov）地区にできた150軒の農村で，テルノポル（Ternopol）から来た建設労働者たちによって150日で築かれた．家の外構の飾りや風見計，ハト小屋，郵便受け，地下室の棚，その他いくつかの物品は政府の建設計画には含まれていなかった．建設労働者たちは自分の考えでそれらを付け加えた．1986年9月． (タス通信提供)

図120 破損した4号炉の壁の裂け目を埋め屋根をふさぐという，片づけ作業の中間のゴール達成を祝ってクレーンの上に赤旗が掲げられている．1986年10月．
(タス通信提供)

図121 チェルノブイリで"最も優れた3人の労働者"と認められた3人の男性．左から右へ，チェルノブイリ建設局副局長ムスコビト・V・ブトコフ（Butkov）氏，建設現場マネージャーでバルノール（Barnaul）から来たS・ジコフ（Zykov）氏，そしてウズベキスタン（Uzbekistan）から来た大工でコンクリート工のM・ザンキロフ（Zangirov）氏． （タス通信提供）

図122 放射線管理グループの班長がその地域の除染作業終了後に放射線レベルを測定しているところ．1986年10月． （タス通信提供）

図 123 投光照明で照らし出された石棺の縦長の梁構造の壁．1986 年 12 月．(タス通信提供)

8．原子炉の密閉埋没

図 124 近距離からみた，鉄鋼構造と外側に突き出た梁で補強されたコンクリートの壁．1986 年 12 月． （タス通信提供）

図125 コンクリートによる埋没処理。1986年12月。建設労働者たちはソ連の各地から集められた。なかにはモスクワ、トムスク、クラスノヤルスク、エジノウラルスク、シェプチェンコからの志願者もいた。（タス通信提供）

8. 原子炉の密閉埋没　141

図126, 127 1987年1月15日，モスクワのゼルジンスキー通りにある文芸家カフェー（Literary Cafe）で，今は"連邦の英雄"の栄誉を受けたテリャトニコフ（Telyatnikov）中佐が出席して記者会見が開かれた．彼の左は生物理学研究所の病院長であり，第6病院の部長でもあるアンゲリナ・グシコーバ（A. Guskova）教授．グシコーバ教授はモスクワ第6病院に収容させられた，最も重傷だった56人の事故の犠牲者たちの治療を担当し，ロバート・ゲイル博士とともに骨髄移植を行った医師である．1986年9月18日に行われた「イズベスチヤ」紙のインタビューでグシコーバ教授は「事故後300人が病院に収容され，203人が急性放射線障害と診断され，31人（全員がチェルノブイリ原子力発電所の作業者か消防士だった）が死亡したと述べた．しかしインタビューの時点でソ連の保健第一代理大臣，オレグ・シュチェピン（O. Shchepin）はモスクワでは3人，キエフでは11人の患者が病院に残っているだけだと発表することができた．1987年1月にはまだ病院に残っているのは5人以下であると信じられた．
(タス通信提供)

КОЛОКОЛ ЧЕРНОБЫЛЯ
BELL OF CHERNOBYL

図128 ソビエト中央ドキュメンタリー映画スタジオ製作の映画『チェルノブイリの警鐘』が1987年3月3日，モスクワのオクチャブル（Oktyabr）シネマで封切られた．この映画には原子力技術者，消防士，ヘリコプターパイロット，事故処理作戦に参加した建築工らとの一連のインタビューに加え，地方の農民やプリピャチの住民，さらにアーマンド・ハマー（A. Hammer）氏とのインタビューが含まれていた．ある画面では発電所の主任技師ニコライ・シュタインベルグ（N. Shteinberg）が放射能を帯びた破片でおおわれている屋根を案内している．同時に流されるサウンドトラックには「その角を曲がったところは，10レントゲン，そこは（カメラから3m）は200，あのパイプ（10m離れている）はおよそ1000レントゲン，オーケイ，さあ早く出ましょう！」という彼の警告が入っている．被曝線量率がどうなのかは明確ではないが，彼の述べた被曝線量の合計は明らかに短時間に受ける線量であって，何時間にもわたってのものではない．このことは片づけ作業にとりかかる前に軍人たちに行われた短い説明のサウンドトラックでさらに強調されている．「諸君はここを出てから90まで数えたら押し車と鋤を置き全速力で戻れ」．この映画より以前に1987年2月18日にソビエト中央テレビで原子炉が破壊された直後に現場にいたアマチュアカメラマン（おそらくヘリコプターに乗り込んでいた軍人）が撮った一連の画面を使った80分の『警告』というドキュメンタリーが放映された．これには原子炉の黒鉛炉心の一部が灼熱しているところを撮影した一連の画面や原子炉の下にトンネルを掘っている坑夫，ヘリコプターパイロットと4号炉の"爆撃任務"用の鉛，ケイ酸塩，ドロマイトを入れた袋を撮った画面もあった．ニコライ・シュタインベルグ主任技師も『警告』のなかに登場し，ノーボスチ通信のコメントにあるように，「われわれは皆，悲劇の瞬間に発電所から遠く離れていた人も含めて，責任がある．チェルノブイリ事故は1人ではなく，いくつもの班による不注意と規則違反の結果である」と述べている．

また「パニック商人，義務を放棄する者，略奪者さえ現れた」という告白（ノーボスチ通信）もある．「略奪者」というのは『警告』のなかでソビエトテレビの解説者が述べた「避難の最中にプリピャチでは略奪者がいた」というコメントをさしたものにちがいない．最近になってこれらの者の何人かは法廷に出されて裁かれることになろうと報じられたが，本書執筆の時点で，何人の被告がいるのかも，彼らの発電所での地位はなにかということもわかっていない．けれども大多数の関係者は，事故のときに責任ある勇敢な態度で行動し，パニック商人や略奪者はごく少数であり，そのような者が存在したことを認めるとしてもそのことのみをとりたてて言うべきではないことに留意すべきである．

『警告』のフィルムはBBC（英国放送）に買われ，40分に要約されたものが，1987年4月6日，BBCパノラマプログラムで放映された．私はソビエトテレビとBBCテレビ局に，ソ連のサウンドトラックの入ったオリジナルフィルムのコピーとこの本に掲載するためのコマ取り透明ポジ写真を提供してくださったことに深く感謝する．

図126　（タス通信提供）

図127　（タス通信提供）

8．原子炉の密閉埋没　143

図129 1987年1月14日，クレムリンにおけるチェルノブイリ事故後の活動に参加した人々への勲章授与．タス通信には授賞者の名簿は送られてきていないが，左から7番目はソ連最高会議常任幹部会議長アンドレイ・グロムイコ（A. Gromyko）氏，右から2番目はL・テリャトニコフ（Telyatnikov）中佐．グロムイコ議長の右にいる軍服の男性は1986年8月のIAEA会議に出席していた内務省，消防庁長官I・F・キムスタチ（Kimstach）大将かと思われる．チェルノブイリ事故後の働きによって授勲したその他の人々の名前は，1986年12月25日付のノーボスチ通信のリポートに記載されていた．これらのなかには「ソ連邦英雄」の称号を受けた空軍のN・T・アントシキン（Antoshkin）少将（原子炉の埋没作業のヘリコプター作戦の任務についていたことは第8章に記載）と化学防護隊のV・K・ピカロフ（Pikalov）大佐（彼の体験は図90と96の説明参照）も含まれている．レーニン勲章とハンマー・円形鎌（Hammer and Sickle）勲章はすべての記録を打ち破ってコンクリートを敷設したチームのリーダーのV・I・ザベディー（Zavedy）氏と破壊した4号炉を埋没した建設作業隊の隊長であるG・D・リコフ（Lykov）氏，破損した炉の屋根を除染した隊の隊長で現在は建設中のロストフ原子力発電所現場副監督であるY・N・サモイレンコ（Samoilenko）氏，そしてソ連中型機械建造省の副大臣で，災害の後の初日から現場にいて，計画期間内の原子炉埋没を可能にした3交代制導入の責任者であったA・N・ウサノフ（Usanov）氏である．　　　　　　　　　　　　　　　（タス通信提供）

図130 1987年1月14日，レーニン勲章と黄金星勲章を授与されているレオニード・テリャトニコフ（L. Telyatnikov）少佐（現在は中佐）． （タス通信提供）

ЗАДАНИЕ ПРАВИТЕЛЬСТВА ВЫПОЛНИМ

図131 1986年11月15日，「プラウダ」に載った埋没処理完了の発表．

8．原子炉の密閉埋没　　145

САРКОФАГ
SARCOPHAGUS

図132　1920年代のソ連ではそのころ起こった歴史的革命の出来事についての戯曲が芝居にされ，役者のグループによって国中で公演された．この風習は長いあいだ途絶えていたが，チェルノブイリ事故後，「プラウダ」の科学記者，ウラジーミル・グーバレフ（V. Gubaryev）*が書いた『石棺，ある悲劇』でよみがえった．この戯曲は1986年6月に出版されてすぐソ連国内で上演されたが，国外での初演は1987年4月9日ロンドンのバービカン劇場でのロイヤルシェイクスピア劇団によるものであった．チェルノブイリという言葉は献呈の辞のなかで述べられるにすぎないが，ウクライナで起こった事件との類似は，外科教授，内科医，研究者，放射線安全研究所の医学部長，国家検察局の役人，そしてアメリカの外科教授などさまざまに描出されている配役のリストにも明らかである．放射線を浴びた人々のなかには，自転車乗り，消防士，運転手，原子力発電所の所長，ガイガーカウンターのオペレーター，制御室の運転員，将軍，物理学者らが登場する．自転車乗りが入っているのは変に思えるであろうが，1986年6月6日にモスクワ第6病院を訪れて，患者たちにインタビューしたミハイル・マッカレイ（M. McCally）氏は放射線障害の患者について「299人の入院患者のほとんどが25～35歳の男性で，女性は2人，10％が40歳以上であった．2人の例外を除いて全員が発電所の技術者か救助隊員であった．歩いていたか自転車に乗っていて近くにいた2人のチェルノブイリの住民が，病院での治療を必要とした」と述べている．『石棺』（Sarcophagus）の最後のせりふは出演者，監督，作者からのメッセージを伝えるラジオからの男性の声で「この劇は，プラビク（Pravik）**，レレチネンコ（Lelechinenko），キベノク（Kibenok）**とイグナテンコ（Ignatenko）**，ティシチュラ（Tishchura）**とバシュク（Vashuk）**，チテノク（Titenok）**とテリャトニコフ（Telyatnikov），ブシギン（Busygin）とグリツェンコ（Gritsenko）に，消防士と原発労働者，物理学者，測定士，将校，ヘリコプターパイロット，そして坑夫に大人たちと子どもたちに，自分の命と健康を代償にしてチェルノブイリの原子力の炎を消したすべての人々に，献呈される」というものである．

広告は脚本家の意図を次のように解説している．「グーバレフはソ連の体制に対して非常に批判的である．彼はまた西側諸国とソ連との関係を調べ，われわれの隠蔽や秘密保持の姿勢に関して厳しい問いかけをしている．彼は原子力発電所の不適切な安全対策についての恐るべき事実をさらけだし，これらの欠陥を原子力発電所の管理者側は前から承知していたのではないかと暗に述べている．また災害の後に犠牲者たちが送られた放射線診療所に「石棺」を設定したことによって，グーバレフはチェルノブイリが地域の住民に与えた影響も示そうとしている．

---

*　1987年12月2日に私がチェルノブイリを訪れたとき驚いたことの一つは，「コンビナート（KOMBINAT）」のアレクサンドル・コバレンコ（A. Kovalenko）氏が「いろいろな事実をまげてあり，40％しか真実を書いていない」とグーバレフを激しく攻撃したことであった．現在ソ連のマスコミでは作家が大衆向けにチェルノブイリ事故をドラマ化するのに，登場人物や出来事をどの程度まで創作してもよいかが熱い論争になっている．「自転車で盗みまわる男」とパーティに夢中な「アル中科学者，不死身のフレッド」は，一方では芸術的な見地からの必然として許容されるべきであるという意見もあれば，他方では彼らは真実からまったくかけ離れているという意見もある．しかしいずれにせよ「フレッド」はロイヤルシェイクスピア劇団の公演においてたしかに劇的効果があった．それに，彼と生き写しの人物がどこかに存在するかもしれないではないか！

**　これは1986年5月19日付の「イズベスチヤ」に死亡記事が掲載された6人の消防士たちのことである．（図58参照）

図133 1986年4月，ロイヤルシェイクスピア劇団により上演された『石棺』(Sarcophagus) からの一場面．左手にいるのは不死身の男と呼ばれている患者で，彼はプルトニウム事故後18カ月にわたって特別な放射線障害治療病院に収容されている．劇中では，彼がウオッカを飲みすぎ，プルトニウムの実験をしている研究室で眠りこんでしまい，酔いからさめるまでの3時間のあいだ，放射線を照射されたためにそうなったのである．彼は"不死身のフレッド"とも呼ばれた．右側のカメラに背を向けている人物は，放射線犠牲者を担当している教授である．彼女はアンゲリナ・グシコーバ (A. Guskova) 教授をモデルにしている．(訳注：A・グシコーバ教授はモスクワ第6病院でチェルノブイリ事故の重度被曝者の治療にあたった) (Michael le Poer Trench 提供)

8．原子炉の密閉埋没 147

図134 1987年3月6日，ロンドン，ソ連大使館での著者とテリャトニコフ（Telyatnikov）大佐の写真．テリャトニコフ大佐はスター新聞社の招きで，ソ連消防隊長，アナトリ・クズミク・ミキエフ（A. Kuzmich Mikeev）大将とともに，1987年3月4日から7日までロンドンを訪れた．彼は5日に「スター」紙から表彰され，ダウニング街10番地を訪ねて首相に会見した．6日にはアメリカのネットワークやイギリスのマスコミが数社出席したソ連大使館主催の少人数の記者会見で，英国消防連合がテリャトニコフ大佐に英国消防の最高の賞である勇功勲章（Order of Gallantry）を授与した．彼はそれを"チェルノブイリの全消防士および今は亡き消防士たちを賞したもの"として受けた．幸いにも私はこの式に招かれ，この大変勇敢な消防士に紹介され，数分間彼と話す機会を得た．事故の約10カ月後に開かれたこの記者会見で，彼は入院直後刈り取られた褐色の毛髪もすっかり生えそろってまったく申し分なく健康にみえた．記者から放射線症状を経験したかという質問を受けたとき，彼は「はい」と答え，事故からの経過を「2カ月の治療，1カ月のリハビリ（図106参照），1〜2カ月のサナトリウムでの保養（図105参照），2〜3カ月の全般的健康診断，そして今は放射線症状も治癒し，仲間とともに消防士の仕事に1カ月半ほど前に復帰した」と説明した．彼はまたいちばん困難な場面はなんであったか，どのようにこの災害を知ったか，最初にとった行動は，原子力発電所に着いてなにをしたか，などと質問された．答えは次のようなもので，結局亡くなってしまった2人の消防士の名前（図58参照）をあげている．「事故の第一報は1986年4月26日午前1時23分，チェルノブイリ消防団にあるコントロールパネルの警報だった．当直はプラビク（Pravik）中尉の隊で，この隊が最初に現場に着いた．さらに約5分後にキベノク（Kibenok）中尉らが到着した．警報が鳴ったとき，私は家にいたが，指揮をとるためにすぐに発電所に急行した．到着したときはすでにほかの消防士たちが消火活動にあたっていた．忘れることのできない最も驚いたことは，すべての仲間が勇敢に自分を捨てて働いていたということだ．私にとって最もつらかったことは，皆が自分の責任と放射線の危険とを承知しているのがわかったことだ．しかし全員が勇敢に作業を続行した．　　　　　　　　　　　　　　　（タス通信提供）

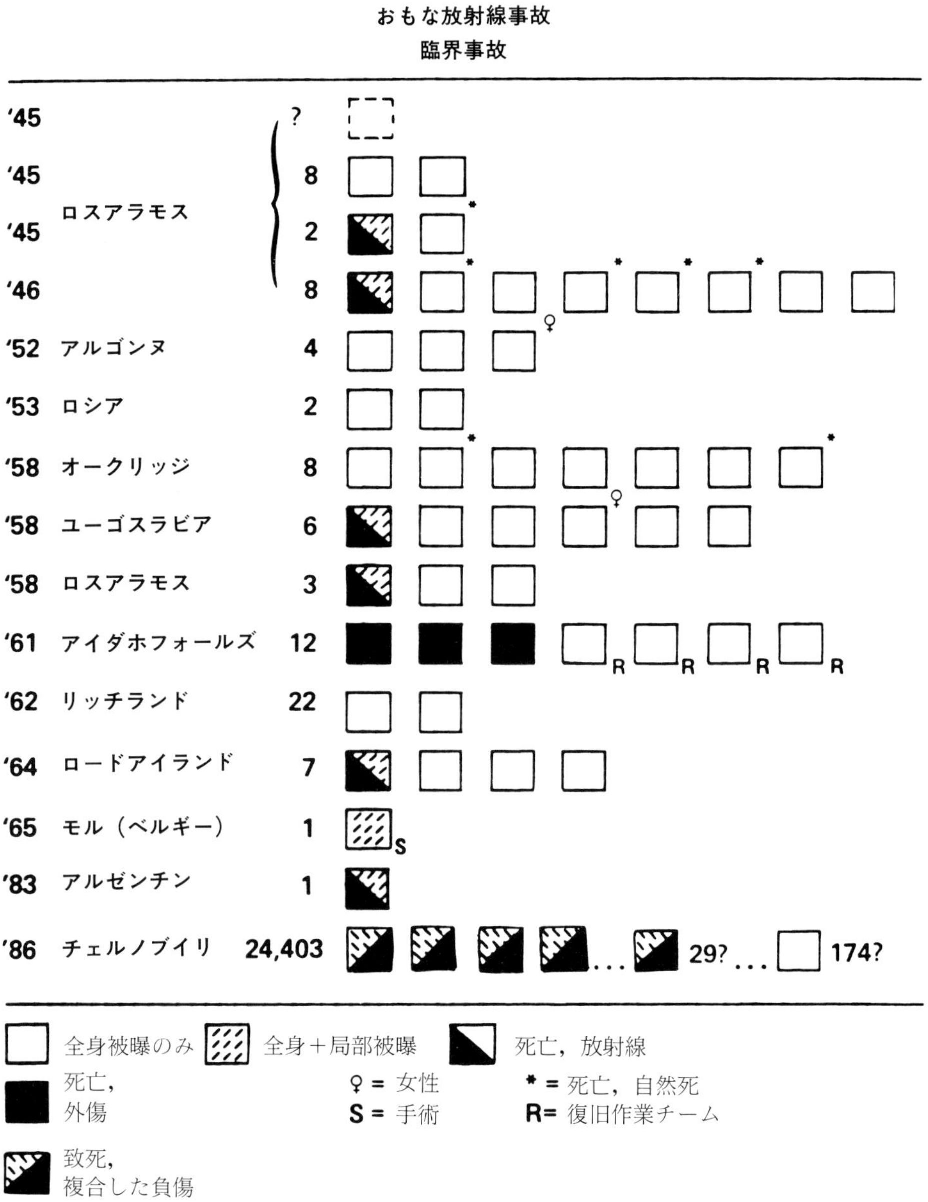

おもな放射線事故
臨界事故

年	場所	人数	
'45		?	□(点線)
'45	ロスアラモス	8	□ □
'45		2	◤ □ *
'46		8	◤ □* □ □* □* □* □ □
'52	アルゴンヌ	4	□ □ □♀
'53	ロシア	2	□ □
'58	オークリッジ	8	□ □* □ □♀ □ □ □ □*
'58	ユーゴスラビア	6	◤ □ □
'58	ロスアラモス	3	◤ □
'61	アイダホフォールズ	12	■ ■ □R □R □R □R
'62	リッチランド	22	□ □
'64	ロードアイランド	7	◤ □ □ □
'65	モル（ベルギー）	1	▨ S
'83	アルゼンチン	1	◤
'86	チェルノブイリ	24,403	◤ ◤ ◤ ◤…29?…□ 174?

凡例：
- □ 全身被曝のみ
- ▨ 全身＋局部被曝
- ◤ 死亡，放射線
- ■ 死亡，外傷
- ◤ 致死，複合した負傷
- ♀ = 女性
- S = 手術
- * = 死亡，自然死
- R = 復旧作業チーム

図135 REAC/TS（オークリッジ緊急時対応センター/訓練所）の放射線事故登録に記録されている核分裂生成物が関与する臨界放射線事故の犠牲者の医療例． (C. C. Lushbaugh 提供)

図 135 1987年4月2日，英国放射線学研究所は，「原子炉事故：対策と医学的影響」と題するセミナーを開催した．このセミナーで米国エネルギー省オークリッジ緊急時対応センター／訓練所（REAC/TC）のC・C・ラッシュボー（Lushbaugh）博士が2つの図（図135，136）を発表し，これらは英国放射線医学会誌（*British Journal of Radiology*）に会議記録として出版されることになっているが，これら2つの図を本書に収録することを許可してくださったことに対し，同博士に感謝するものである（参考文献：Lushbaugh, Fry and Ricks, 1987）.
　この図はおもな放射線事故における急性放射線死亡の過去43年間の歴史を年度，場所と人数別に示している．それぞれの四角印が1人の人間を表し，陰をつけた印は被曝のタイプと結果とを表している．
　オークリッジ（REAC/TC）の放射線事故登録に記録されている放射線事故の総数は次のとおりである．

事故数	被害者数	重度被曝者数	死亡者数 (急性影響)	
284	1,358	620	33	チェルノブイリ事故前
1	135,000	24,200（+203）	29	チェルノブイリ事故

　「重度被曝者」は0.25 Gy以上と推定された全身被曝（TBU），あるいは6.0 Gy以上の皮膚線量を受けた者をさす（チェルノブイリ事故以前は620人）．チェルノブイリ事故についてはラッシュボーら（1987年）はソ連で公表されたデータから2万4200人という数字を推定した．203人という数字が別に記載されているが，これは1 Gy以上の線量を受けた人数を表すものである．彼らは全員入院し，被曝後6〜24時間以内に急性胃腸管症状と嘔吐を呈している．
　「被害者」は0.01 Gy以上0.25 Gy以下の全身被曝を受けたと思われる者の数である（チェルノブイリ事故以前は1358人）.
　「死亡者」は全身被曝に，火傷，ベータ線傷害，中毒性表皮壊死の3つの傷害のうちのいくつかあるいは全部が組み合わさったものによる死亡者を意味する．
　ラッシュボー（1987）は，この図に癌患者治療のために使われた放射線治療用コンピュータ制御線型加速器の「コンピュータエラー」によって生じた3例の放射線死亡〔カナダ（1985），ジョージア／テキサス（1986）〕を含めている．「コンピュータエラー」は実際にはヒューマンエラー（人的な過失）の一例であり，それが初期の世代の機器とは異なってコンピュータ設定に依存する新世代のハイテク医療用直線加速器で起こったものである．チェルノブイリ事故での29例の死亡は放射線致死であるが，その他に2例の放射線以外の原因による死亡者がおり，全死亡者数は31例となる．

世界のおもな放射線事故
急性放射線死亡例
1944〜1987 1月

Date	Site	Total	No. Injured
'45	ロスアラモス	2	
'46	ロスアラモス	8	
'54	マーシャル群島	290	…… 22 日本人漁民
'58	ユーゴスラビア	6	
'58	ロスアラモス	3	
'60	ソ連	1	
'61	ドイツ	3	
'62	メキシコシティー	5	
'63	中国	6	
'64	ドイツ	4	
'64	ロードアイランド	7	
'68	ウィスコンシン	1	
'72	ブルガリア	1	
'75	ブレッシア(イタリア)	1	
'78	アルジェリア	7	
'81	オクラホマ	1	
'82	ノルウェー	1	
'83	アルゼンチン	1	
'84	モロッコ	26 (?)	
'85	カナダ	1	
'86	ジョージア/テキサス	3	
'86	チェルノブイリ	24,403	… 29? … 174?

凡例:
- □ 全身被曝
- ▨ 全身被曝＋局部被曝
- L 局部被曝のみ
- ◣ 死亡，放射線
- ◤ 死亡，複合した負傷
- ⋯ 内部被曝
- ● 死亡，自然死
- F = 胎児
- S = 手術
- ♀ = 女性
- P = 患者

図 136 （C. C. Lushbaugh 提供）

8. 原子炉の密閉埋没　151

タス通信による「1年後に」

チェルノブイリ原子力発電所の一連の写真がタス通信社の写真家V・サモコツキー（Samokhotsky）とV・レピク（Repik）氏によって「1年後に」というタイトルで撮られている（図137～142参照）。同様に事故1周年を記念して、ノーボスチ通信社からいくつかの記事が出され、次にあげる4つの記事は英訳で出ている（1987年7月1日）。レブ・ボスレンスキー（Voskresensky）による「1年後の危険地帯」、ウクライナ共和国農産業委員会、第一副議長のアレクサンドル・トカチェンコ（A. Tkachenko）氏による「1987年ウクライナの原野と農場——安全のゆとり」、エレナ・アリハニャン（Y. Alikhanyan）女史の「チェルノブイリ事故後に誕生した赤ん坊たち——どんなぐあいか？」ウラジーミル・コリンコ（V. Kolinko）氏による「放射線医学キエフセンターの当面する問題」。これらの記事にある情報の多くは、すでにこの本のほかの箇所に述べられているが、そうでないデータは次のとおりである。

河川水の放射能について

ドニエプル川とプリピャチ川の河川水の放射能濃度解析の結果（おそらく放射性ヨウ素のみ）：

1986年以前	1×10^{-6}	マイクロキューリー/l
1986 5/3	3×10^{-2}	マイクロキューリー/l
1986 6/中旬	1×10^{-4}	マイクロキューリー/l
1987 5	1×10^{-5}	マイクロキューリー/l

双生児出産率について

キエフのベッド数5000床の病院であるウクライナ母子保護病院産科部長アナトリー・ザレフスキー（A. Zakrevsky）教授は「赤ん坊には事故に起因するような病状はなにもみられていない。臨床検査の結果によると避難地区の女性から生まれた赤ん坊（1987年4月までに2000人以上が生まれた）は、事故以前に生まれた赤ん坊となんら変わらないことを示している。ただ奇妙なことに新生児の6％が双子で、平均より0.5％上まわっている。このことが偶然であるのか、影響の現れであるのかは、私にはわからない」と述べている。

キエフ住民への放射線線量について

12カ月以内（事故後）にキエフ住民は自然のバックグラウンド放射線に加えて、平均0.38レムの放射線を受けた。30 kmの避難地域のすぐ外側の住民は、バックグラウンドに加えて0.5レム受けている。

放射線予防薬および放射線療法の研究について

新しい国立放射線医学センターは、臨床放射線学、実験放射線学、および疫学と放射線傷害予防、の3つの研究所からなる複合体である。臨床放射線学研究所所長のベベシュコ（V. Bebeshko）教授は次のように述べたと伝えられている。「1987年末までに専門家と保守要員は600人を越え、ゆくゆくは800人になるであろう。……当センターは人体の組織に放射性物質が蓄積するのを予防し、またそれらを体外に排出するのに役立つ薬の開発を始めた。さらにセンターではチェルノブイリの影響に関係のない研究も行われるであろうし、研究課題の1つはその種の悪性腫瘍（癌）の治療に広く用いられているX線療法（放射線療法）である。科学者たちは、この分野で可能な最高の技術を追求することになるであろう」（たぶん、最新型のコンピュータ制御式の放射線治療用直線加速器を使用して：図136の説明を参照）。

図 137 タービン室．1987 年 5 月．(タス通信提供)

8．原子炉の密閉埋没

図138　原子炉施設の全景．1987年5月．（タス通信提供）

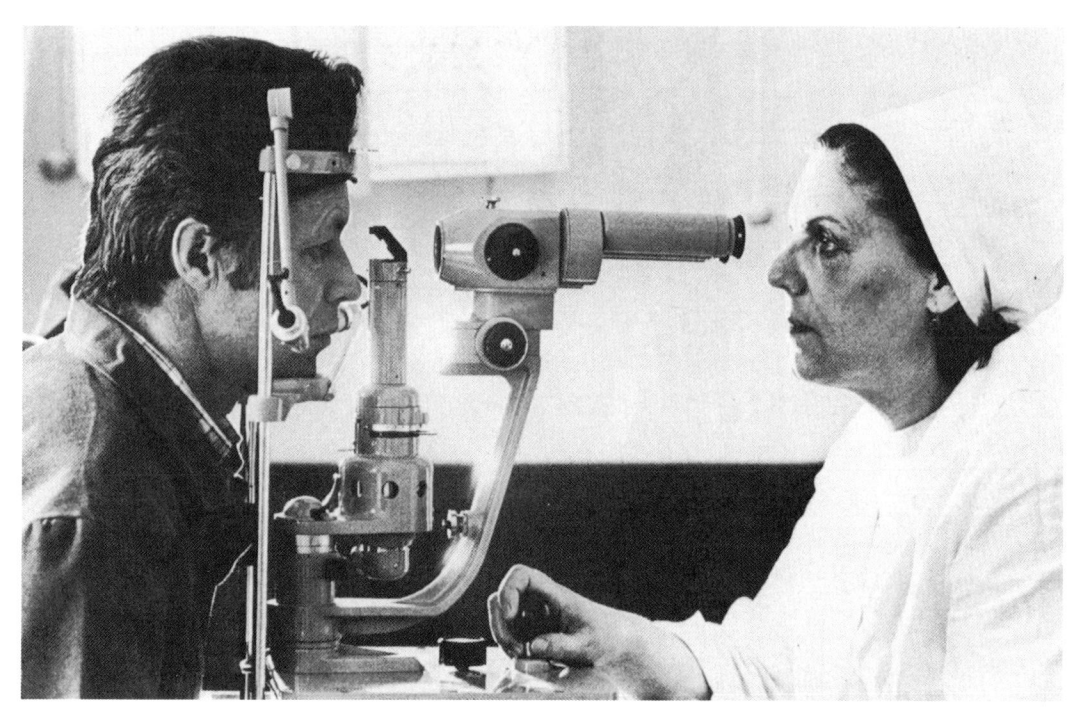

図 139 予防のために眼科医で検査を受けている放射線測定機器修理部門主任，ボリス・シンカレンコ（Shinkarenko）氏．1987 年 5 月．チェルノブイリ事故に巻き込まれたり，事故処理作業に参加した人たちは皆，精密な医学検査を受けることになっている．医学的追跡調査の報告は現在のところあまりないが，1987 年 5 月 30 日付英国の新聞の「インディペンデント」紙にロイターのモスクワ特派員が次のように報じている．「事故の最中にチェルノブイリで仕事をしていたソ連の映画製作者が放射線傷害で死亡したと週刊「ニェジェーリャ」紙が報じた．映画『チェルノブイリ・困難な日々の記録』の監督であるウラジーミル・シェフチェンコ（V. Schevchenko）氏が 2 カ月前に死亡し，彼と仕事をした 2 人のカメラマンは病院の治療を受けていた．「ニェジェーリャ」紙によるとその映画は「モスクワでは未公開だが，先週トビリシ（Tbilishi）で開かれたソビエト映画祭で上映され，観衆にショックを与えた」とのことである．医学的コメントがもう 1 つ 1987 年 6 月 8 日付の英国の新聞，「トゥデイ」紙に報じられており，それによると，雑誌記者のユーリー・シチェルバク（Y. Shcherbak）氏がインタビューした多くの人たちのなかで災害の最初の犠牲者たちの手当にあたったある 1 人の救急隊員がいて，「この隊員は原子力発電所の中でなにが起きたのか知らなかったし，当初は放射線傷害の徴候も認識できなかった」とのことである． （タス通信提供）

図140 緑の岬（ゼリョーヌイ・ムィス）．チェルノブイリ発電所のシフト労働者用団地である．1987年5月，オペレーターたちはそれぞれ5日間交代で，次の6日間はキエフで休んだ．その他の人たちのシフトは，15日仕事につき15日休みだった．発電所の労働者は今，それぞれ実地や理論的な教育訓練を受け，終了後試験を受けなければならない．（タス通信提供）

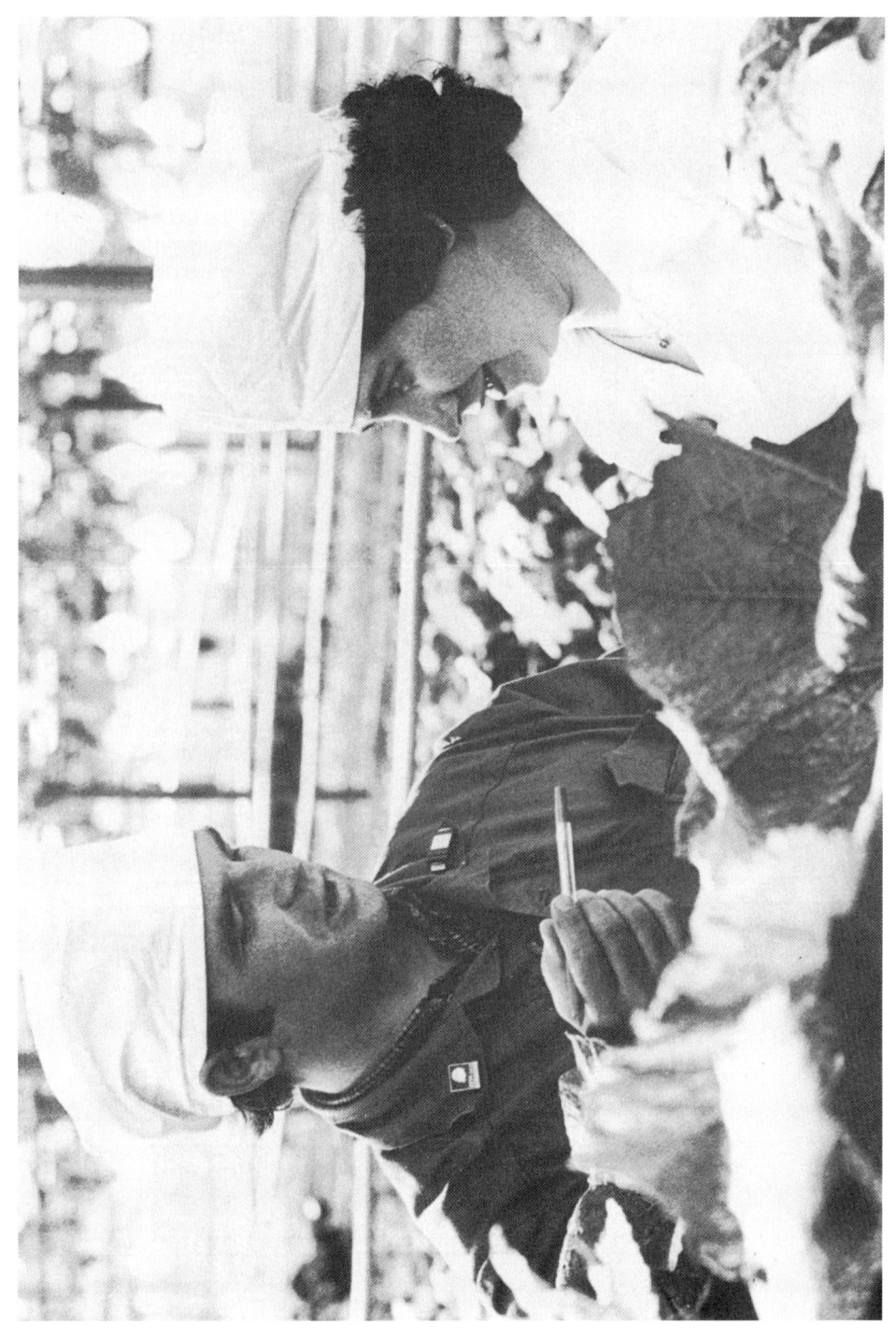

図 141　温室勤務のゾヤ・マキシメンコ (Z. Maximenko) さんと放射線研究室長のウラジラフ・バスコフスキー (V. Basukovsky) 氏が、西洋カボチャの花の測定をしている。1987 年 5 月。(タス通信提供)

8．原子炉の密閉埋没　　157

図142 石棺.1987年5月.(タス通信提供)

Суровые уроки Чернобыля
Завершился судебный процесс над виновниками аварии на АЭС

図143 1987年8月1日発行の「プラウダ」のこの見出しは「チェルノブイリの厳しい訓練。原子力発電所の事故の被告らに対する裁判は終わった」となっている。「プラウダ」は裁判の終了に関する記事を裏面に載せている。記事の要点は以下のとおりである。「被告人に対する告訴内容は、訓練の欠落と専門家としての責任の欠如に対しての厳しい告発であり、またそれは私たちすべてにとって深刻な教訓であった。原子力発電所指導者たちに対する刑事訴訟は7月29日に結審した。ブリゼ (Brize) ソ連邦最高裁判所判事が裁判長を務め、シャドリン (Shadrin) ソ連国家行政長官首席補佐も参加した。裁判はチェルノブイリで開かれ3週間以上続いた。10人以上の証言と被害者らが証拠を提出し、それか専門家たちの結論とともに検討された。全員が事故の本当の理由について自分の意見を再現することに関心をもっていた。フォーミン (Fomin) 前技術長、ジャトロフ (Djatlov) 副技師長も予定されていた実験をすべて分析することをせず、安全保持のために必要な追加測定も行わず、しがたって規則で定められている審議もしなかった。ロゴーシキン (Rogoshkin) 前夜間直長はこのような状態を承知しながら、かわりにつくべきでなかったのでなすべき行動をとらなかった（ロシア語からの直訳では、自己逃避」した、となっている）。彼は実験を監視しつづけることをせず、事故を知らされたとき、要員への通報システムを作動しなかった。ソ連邦「Gosatom & Energonadzor」の前国家検査官ラウシキン (Laushkin) は安全にかかわる指示や規則を原子力発電所で確実に実施させることを怠った。ブリューハーノフ、フォーミン、ジャトロフには、この種の罪では最高の刑罰10年の懲役刑が宣告され、ロゴーシキンは5年、コバレンコは3年、ラウシキンは2年の懲役刑が宣告された。それか事故の状況を記憶から再現することが確認、また事故の状況を記憶から再現することが包括的責任をもつ所長であったので、主犯であると考えられた。ブリューハーノフ (Bryukhanov) 前発電所所長も見過ごしていた。フォーミン、ジャトロフ、コバレンコ (Kovalenko) 前技術長、ジャトロフ (Djatlov) 副技師長も起訴されていた。彼は規則や安全規則の違反を無責任にも見過ごしていた。
（「プラウダ」提供）

8. 原子炉の密閉埋没　159

図144 チェルノブイリの「文化会館」というところに設置された法廷における開廷中の判事団。裁判長は最高裁判所のライモンド・ブリゼ (R. Brize) 判事である。1987年7月30日付の英国の新聞「ガーディアン」紙に裁判の最後に締めくくりとして、裁判長は「発電所において管理の不備と責任の欠如があった」そして「作業者が仕事中にカードやドミノや「インディペンデント」紙の概要から明らかになったことによると、当原子力発電所ではほかにも事故が辛うじて回避されていたことが、特に1982年と1985年にあり、そのとき基本的な安全規則が無視され、管理者に事故の報告もされていなかった由である。(ノーボスチ通信提供)

図 145 裁判における 3 人の主要な被告人，左から右へ，ビク・ブリュハーノフ (V. Bryukhanov) 51 歳，ニコライ・フォーミン (N. Fomin) 50 歳，アナトリー・ジャトロフ (A. Djatlov) 57 歳．ほかの 3 人の被告，ユーリー・ラウシキン (Y. Laushkin) 50 歳，ボリス・ロゴーシキン (B. Rogoshkin) 52 歳，アレクサンドル・コバレンコ (A. Kovalenko) 45 歳の写真はどこにもない．ラウシキン以外は爆発の危険がある施設における安全規則違反にかかわるウクライナ刑法 220 条により告発されたものである．ラウシキンは責務遂行上の怠慢または不誠実で，167 条により告発された．ブリュハーノフはまた権力の乱用を管理する 165 条でも告発された．ブリュハーノフとフォーミンは弁護士を通じて，裁判はチェルノブイリではなくキエフで開かれるべきだと主張したが，彼らの訴えは認められなかった．ジャトロフは裁判の初日に「このように多くの人々が死亡しているのに私はまったく無実であるとは言えない」と述べたと報道された（1987 年 7 月 8 日付，「ガーディアン」紙）．彼は事故当時発電所内にいたのだが，ブリュハーノフは爆発から約 30 分たった午前 2 時に到着した．
(ノーボスチ通信提供)

8．原子炉の密閉埋没

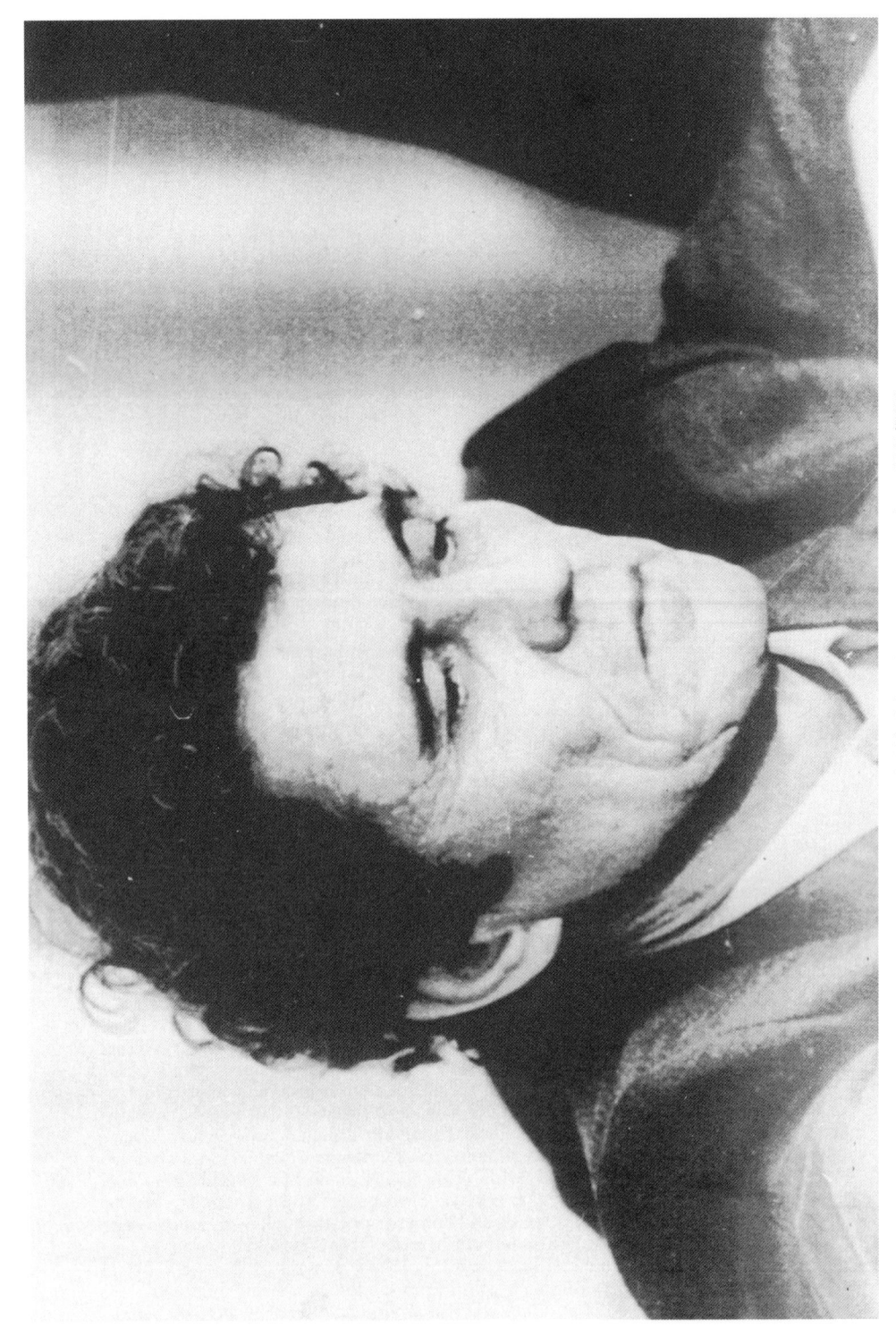

図 146 裁判中の発電所前所長、ブリュハーノフ。(AP通信提供)

図147 「ソビエト・ウィークリー」の1987年9月5日号に載ったチェルノブイリ1号炉のコントロール室を撮影している米国のケーブルニュースネットワークのカメラ班．（ノーボスチ通信提供）

8．原子炉の密閉埋没　163

図 148　（UNOST 提供）

図 148 この版画はソ連の雑誌「ウノスト」(Unost) の 1987 年 6 月号に掲載されたユーリー・シチェルバク (Y. Scherbak) の「チェルノブイリ，ドキュメンタリーストーリー」と題する記事からとったものである．これには 1 人の医師とガイガーカウンター技師，プリピャチの労働者団地，4 号炉の屋根，投下任務についたヘリコプターが描かれている．この記事は特にソ連の若い読者層をねらったものではあるが，その記事のなかで最も興味をひくものの 1 つは，事故現場に最初に着いた医者である，バレンチン・ペトロビッチ・ベロコン (V. P. Belokon) 医師の目撃談である．その報告はいかなる英語の出版物にも載っていない．

ベロコン医師は事故当時 28 歳で，5 歳のタニアと 1 歳半のカトヤという 2 人の娘がいた．彼はまた重量挙げを得意とするスポーツマンで事故緊急時対応の内科医としてプリピャチで働いていた．彼とユーリー・シチェルバクとのインタビューは次のような話で始まる．「私は 4 月 25 日午後 8 時にプリピャチで仕事を始めた．事故緊急時対応医療隊，これは 1 人の内科医（私自身）と助手（サーシャ・カチョク S. Ckachok）と 6 台の救急車で編成されていた．4 月 25 日サーシャと私は別々に働いていた．私の運転手はアナトリー・ガマロフ (A. Gamalov) だった．4 月 26 日午前 1 時 35 分，私が医療センターへ戻ると，原子力発電所から電話がありサーシャはすでに 2〜3 分前にそこへ向かっていることを知らされた．1 時 40 分にサーシャから，火災が発生し，数人が火傷を負って医者を必要としていると電話があった．私は運転手と出発し，7〜10 分で到着した．われわれが着いたとき，守衛が『なぜ特殊服を着ていないのか』と聞いてきた．私はそんなものが必要だとは知らなかったし，医師のユニフォームを着ているだけであった．それに 4 月のことで暖かい夜だったので，医師用の帽子すらかぶっていなかった．私はキベノク (Kibenok)（消防隊長中尉）に会ったので，『火傷を負っている者がいるのか』と尋ねた．キベノクの返事は，『火傷の者はいないが，状況がはっきりしないし，部下たちは吐き気をもよおしている』というものだった．キベノクと話したのは，エネルギーブロック（4 号炉）の近くで，そこでは消防士たちが火災に立ち向かっていた」．

「プラビク (Pravik)（同じく消防隊中尉）とキベノクは 2 台の車でやって来て，プラビクはすぐに車から飛び出したが，私のほうへは来なかった．キベノクは少し興奮し，なにか気にかかっているようであった．」（プラビクとキベノクはいずれも死亡した消防士である．図 58 参照）

次にはベロコン医師による最初の患者たちについての記述が続く．

「サーシャ・カチョクが，発電所からすでに火傷を負い，落ちてきた梁で押しつぶされ仲間に助け出されたシャシェノク (Shashenok) を連れ出していた．シャシェノクは回復室で 4 月 26 日の朝亡くなった．2 番目の患者は 18 歳ぐらいの青年だった．彼は嘔吐とひどい頭痛があったが，私は放射線が高いレベルになっていることをまだ知らずにいたので，なにを食べたのか，前夜どのように過ごしたのかを尋ねた．彼の血圧は 140〜150 と 90 ちょっとで，18 歳の正常値 120 と 80 よりはいくぶん高めだった．しかし青年はとても神経質になっていた．このときに原発の建物から出てきた労働者たちはとても不安で，「ひどいぞ，測定器の目盛りは振り切れているぞ」と叫んだ．技術部門の 3〜4 人の男たちはみな頭痛，首の腺のはれ，喉の渇き，吐き気とめまいという同じ症状をあらわしていた．彼らは皆，薬を飲み，車に乗せられ，私の運転手ガマロフの運転でプリピャチに送られた．その後数人の消防士が私のところへ連れてこられたが，彼らは自分で立っていることができなかった．彼らは病院へ送られた」．

ベロコン医師は気分が悪くなりはじめ，4 月 26 日午後 6 時（彼が到着してから何時間も後）に「私は喉が少し変だったし，頭痛もした．私がそれを危険だと承知していたかですって？ 私が心配していたかですって？ もちろん，私は危険だとわかっていたし，恐れてもいた．しかし皆は，白衣の人間が近くにいるのをみると安心するのだ．私は皆と同じように呼吸器具も付けず，なんら防護手段もなしに立っていた*．明るくなってきたとき（4 月 27 日），建物の中の火災はみえなくなっていたが，黒煙とまっ黒なすすは続いていた．原子炉は，ずっと続けてではないが，煙をもくもくと出し，それから一気に吹き出した！ ガマロフが（負傷者を病院に連れていって，プリピャチから）戻った．私は足元がふらつくのを覚えた．歩いているときはそれに気づかなかったが，今それが起こった．ガマロフと私はだれか助けを求めていないかとさらに 5 分待ったが，だれもいなかった．そこで私は消防士たちに『私は病院へ行くが，もし必要なときはまた呼ぶように』と言った．私は家に戻ったが，洗ったり，服を着替えたりする前に宿舎の人たちにヨウ素剤を渡し，『窓を全部閉めて子どもたちを中に入れ，外に出さないように』と言った．それから私はデイヤコノフ医師に病院の治療室に連れていかれ，輸液の点滴を受けた．私は非常に気分が悪く，意識を失いはじめていた．最初は部分的にそして完全に．のちに私はモスクワ第 6 病院に入院し，放射線量計測技師と同室になった．『爆発の直後にすべての測定器の針が振り切れてしまい，安全担当技師に電話をしたところ，技師は，『なにをあわてている？ 直長はどこだ？ もし彼がみつかったら私に電話をかけるように言え．君はあわてなくてよい．そんな報告（測定器の振り切れ）はまちがいだ，と答えた』と彼は私に語った」．

このインタビューから少したってのち，1986 年の秋に，ユーリー・シチェルバクはキエフでベロコン医師に会った．事故の後遺症でベロコン医師は呼吸障害があるようだった．彼は重量挙げの選手だったのだから，以前にはもちろんそのような問題はなかったはずである．ベロコン医師は現在ドネツク (Donetsk) 市で小児外科医として働いている．以上の話はチェルノブイリ事故にさいして，現場で働いた世界で初めての内科医の話であることを強調してシチェルバクの報告は終っている．

(UNSTO 提供)

---

* ウラジーミル・ガバリエフの戯曲『石棺』のなかでも同じ台詞がある．

МЫСЛИ ВСЛУХ

На рентгене правды

Владимир Яворивский

図149 「のっぴきならぬ暴露記事が検閲官を通過」という見出しに始まって，1987年9月25日付の「ザ・タイムズ」紙は，ウラジーミル・ヤボリスキー（V. Yavorisky）がロシア語の雑誌「ニュー・タイムズ」紙に書いた「真実のX線」と題する記事の一部を報じた．この記事は「ニュー・タイムズ」誌の9月5日号に掲載されていたもので，このイラストはキリル文字のタイトルである．小さいほうの字はサブタイトルで「口に出して考える」，メインタイトルは文字どおりに翻訳すると「真実のレントゲンについて」となる．意味するところはおそらく，ちょうどX線像が以前はみえなかったものの背後にある「真実」を示すのと同様に，ヤボリスキーの記事は，以前は知られていなかった「真実」を明らかにしているということであろう．この記事には次のような内容が入っている．

- 現在，チェルノブイリの労働者たちの恩典は，年休の増加と，就労年数によって与えられる労働者の恩典の権利に関して，チェルノブイリでの1日は他所での3日に相当するとして計算されること，などである．
- プリピャチの地方記者，リュボフ・コバレフスカ（L. Kovalevskaya）は「ウクライナ文芸」(Literaturna Ukraina) 紙のなかで惨事の可能性を前もって警告していたが，これは無視されたのみならず，党の役人によってプリピャチから追い出されそうになった．
- 放射能の雲がプリピャチの空に巻き上がっているときでさえ，人々は放射能を帯びた破片の上を歩いていた．これは地区の党指導者たちが初歩的な安全指示も出さず，事故の規模を隠そうとしていたためである．
- ビクトル・ブリュハーノフ（V. Bryukhanov）所長は，キエフ管区市民防衛団に事故から3時間半後に，事故は屋根の火災だけで，まもなく消し止められるであろうと通報した．

図150 チェルノブイリメダル．この直径 6 cm のメダルは，1987 年 10 月 6 日，IAEA で行われた国際公共サービス会議のおり，IAEA 広報部のメイヤー（Meyer）氏にソ連の参加者から贈られた．この会議は原子力施設労働者を代表する労働組合グループの集まりであった．メダルの表に書かれているキリル文字の直訳は，

「1986 年のチェルノブイリ原子力発電所の事故処理協力者に」

メダルの裏には原子力発電所をイメージした建物の上に平和を象徴する浮き彫りがみえる．

8．原子炉の密閉埋没

```
        Михаил Пантелеевич
              УМАНЕЦ

       Директор Чернобыльской АЭС

    г. Припять
    Телекс 132906 ATOM          Тел. 43359
    ─────────────────────────────────────────

           Mikhail P. UMANETS

       Director of Chernobyl Nuclear Power Plant


    Pripyat
    Telex 132906 ATOM            Tel. 43359
```

図151 チェルノブイリ原子力発電所の新所長のロシア語と英語の名刺．チェルノブイリには現在，本質上2つの組織が存在している．1つは原子力発電所を運転する組織，もう1つは「事後処理」のための組織である．ロゴマーク（ロシア語名刺左肩）は後者を表すもので，キリル文字で「コンビナート」と書かれている．これは英語の「combine」にあたり，たぶん，さまざまなサービスの組合せを意味している．「コンビナート」（KOMBINAT）は1986年10月2日に結成された．

図152 1987年2月，チェルノブイリ原子力発電所新所長に任命されたミハイル・ウマニェーツ（M. Umanets）氏．写真は1987年4月「チェルノブイリ1年後——専門家の意見」と題された円卓会議で撮られたもの．

図153 チェルノブイリ原子力発電所の管理棟の一角．1987年10月12日．中央の横長の垂れ幕は1917年10月革命記念日を祝って掲げられている．翻訳すると，

「10月革命の70周年に向かって——確実で大事故のない仕事を！」

左下のポスターには，

「われわれは核の過ちには 'No' と言う」

とある．そして，先端に核弾頭を意味する白いAの文字がある黒いミサイルをぶち壊している赤い拳が描かれている*．中央の時計がある柱の両側のドアにある2つの額には，チェルノブイリ原子力発電所の名前の後にV・I・レーニンと書かれている．

上のポスターの下部には，

「科学技術の加速的な進歩はソ連共産党（CPSU）の経済政策の鍵となる問題である」

と書かれている．

* 左下のポスターは1987年12月2日に筆者がチェルノブイリを訪問したときに依然として掲げられていた．中央の垂れ幕はとり除かれていた．

8．原子炉の密閉埋没

図 154, 155　無人となったプリピャチ．1987 年 12 月 2 日．　　（R. F. Mould 撮影）

図156　原子力発電所管理棟の正面入口を入ってすぐのところにある放射線測定装置．装置列の上に書かれているキリル文字の翻訳は「放射線コントロール」である．1987年12月2日．　　　　　　　　　　（R. F. Mould 撮影）

図 157 a　1号，2号タービン（1号炉に連結している）のほうからみたタービン室．4号炉に連結されている7，8号タービンを閉鎖している壁のほうを向いている．1987年12月2日．　　　　　（a～d：R. F. Mould 撮影）

図157b　1号タービンに向かってみたところ．

図157c　タービン室に入ったところ．

8．原子炉の密閉埋没

図157d　1号炉制御盤の一部.

図158　ノーボスチ通信社のドミトリー・チュクセイエフ（D. Chuksyev）氏がコンビナート（Al KOMBINAT）の広報，国際関係部の長であるアレクサンドル・コバレンコ（A. Kovalenko）氏から支給されたソ連製放射線測定器を用いて3.9ミリレム/時の線量率を計っているところ．1987年12月2日．　　　（R. F. Mould 撮影）

図 159 石棺（煙突の左）．1987年12月2日． （R. F. Mould 撮影）

第 9 章

事故後の調査

　1895 年に X 線を発見したウィルヘルム・レントゲン教授（1845〜1923）の記録されたインタビューはただ 1 回，ジェイムス・マッケンジー・デイビドソン卿とのものだけで，そのインタビューでは次のようなやりとりが行われた．
　デイビドソン（発見について質問して）：「なにを考えたのですか？」
　レントゲン：「私は考えませんでした．私は調べたのです」
　1986 年 4 月 26 日に任務についていて生きのびたチェルノブイリ発電所の職員たちが「なにを（しようと）考えましたか？」——これは事故後の調査のあいだ，当然発せられたにちがいない質問であるが——と聞かれたときにどう答えたか，上述の言葉が私たちにすばらしいひらめきを与えている．その答えはたぶんこう始まったのではないだろうか．「私は考えませんでした……」

　いくつかの国で（ただし，ソ連はちがう*と私は思うのだが）商用原子力発電がどうなるのか，また，事故時に 30 km 圏内にいたソ連の人々のうち，ひどく被曝した人たちの健康に及ぼす晩発性の影響がどうなるのか，将来のことははっきりしていない．放射線医学の専門家たちのあいだで安全な「低レベル」放射線——もしそのようなものがあるとして——はどのくらいの大きさかについて現在いろいろとやりとりが行われているが，このような議論は今後何年も続くであろう．低レベル放射線によって癌がひき起こされるかどうかを医学的に，かつ統計的に確証することは事実上不可能なことである．癌の原因となる要因は放射線のほかに多数あることを考慮しなければならないだろうし，また，「放射線の影響」はこのようなほかの要因の影響で容易におおい隠されてしまうだろうからである．

国際原子力機関（IAEA）

　国際原子力機関と，その事務総長であるハンス・ブリックス博士は明らかに原子力推進派である．そして，世界の人口が毎年急速に増加しつづけている状況からみて，エネルギー源が緊急に

---
*　ソ連原子力発電相ニコライ・ルコーニン（N. Lukonin）氏は 1987 年 4 月 22 日に開かれた事故影響についての記者会見で（タス通信が報道），原子力による発電量を 1990 年には 1985 年の状態の倍に，1995 年には 3 倍に増強するという将来計画を発表した．ソ連では現在 11 の原子力発電所が，主としてソ連のヨーロッパ地域で建設中である．

必要とされることは避けられない事実である．太陽エネルギーなどの原子力発電の代替案が大規模なものに発展するにはまだ何年もの月日が必要であり，現行の石炭火力発電所に関しては，大きな費用をかければ防ぐことはできるとはいうものの酸性雨汚染が大きな問題である．

原子力産業を縮小させるとしても，それは現実的には長い期間をかけて，その間に代替エネルギー源をしだいに導入しつつ徐々に行わざるをえない．したがって好むと好まざるとにかかわらず，商用原子力発電がさしあたっての将来の唯一の実行可能なエネルギー供給源であることに変わりはない．このような状況を考えると，チェルノブイリ事故後に出された国際原子力機関の勧告は真剣に受け止めなければならない．特に，現存する原子力発電所，なかでもソ連の RBMK 1000 型と RBMK 1500 型の発電所の安全性に関しては，ソ連のいかなる発電所においても二度と"チェルノブイリ"が繰り返されることがないよう，徹底的に検討しなければならない．原子力発電所職員の訓練が絶対的に重要である．第3章に述べた事故の経緯によると，1986年4月25〜26日に当直していたソ連の運転員がいかに信じがたいほど，たるんでいたかがはっきりしている．もしこのような状態がソ連邦において典型的であるとすると，運転員の訓練を大幅に厳しく改善しなければ，いったい，将来どういうことになるであろうか．

原子力発電所を保有しているほとんどの国は，自分のところの原子炉の設計は RBMK とは異なるので安全であると主張してきている．実際に多くの場合はそのとおりかもしれない．しかしひとりよがりはよくない．1957年のウィンズケール事故と1979年のスリーマイル島などを含めて，一連の原子力事故が世界中の新聞でしばしば繰り返しとりあげられている．これらの事故を忘れてしまっては絶対にいけない．しかし，チェルノブイリでは原子炉運転者によるいくつもの恐るべきミスの連続，これに加えて RBMK 型原子炉の設計上の欠陥，のために1986年4月26日の事故，世界にとって二度と起こることの許せない事件になったのである．読者の皆さんは，個人としては，第4章事故直後の，私たちに想像するのもむずかしい作業条件のもとで働いた英雄的な消防士たちの物語をお読みいただければ十分である——地上30 mの高さの屋上，そこではアスファルトが熱で溶けて消防士たちのブーツにまといつき，黒煙と煤のなかで息もつけず，身につけている衣服はそのような状況で身を守ることができるようなものではなく，水や消火薬剤は高熱のため一瞬にして蒸発してしまうばかりで，火を消し止める役に立たなかった．放射線障害を受けた多数の消防士たちは優れた医療処置にもかかわらず，後になって傷口からウイルス感染を生じた．これが事実である．

1986年8月25〜29日のウィーン会議では，原子力安全の分野における国際原子力機関の活動を拡大強化するための提案がいくつも採択された．過酷事故* の発生経緯に関する実験的・解析的研究についての国際的なプログラムを拡大すべきこと，マン・マシーン・インターフェイス**（これは4月26日のチェルノブイリでは存在していなかったようである）に関する国際的情報交換をいっそう推進すべきこと，また，運転および訓練の方法についての経験の交換を促進すべきこと，などである．全体としてこの提案には今後国際原子力機関が主催して進めるべき協力分野として13の項目があげられている．すなわち，

1．過酷事故の発生経緯
2．マン・マシーン・インターフェイス

---

*　Severe accident，設計上想定した条件を超えてしまう重大な事故．〔訳注〕
**　man-machine interphase，人と機械とのかかわりあい．〔訳注〕

3．オートメーションと運転員の直接介入とのあいだのバランス
4．運転員訓練手順および管理についての経験の交換，これに関連して国際原子力機関による運転員資格の国際的認定制度の検討
5．国際的安全基準の検討
6．防火基準の向上
7．（環境放射能，放射線等についての）国際的緊急時参考レベルの設定
8．放射能除染
9．環境中における放射性物質の拡散：空気，水，食物連鎖
10．個人および集団の放射線量の算定評価
11．（健康影響調査に関しての）疫学的方法の最適化
12．放射線症および放射線火傷に対する治療処置の有効性の向上
13．晩発性の健康影響に対する治療処置の有効性の向上

チェルノブイリ訪問──1986年12月〜1987年11月

　上述の勧告が出されてから3カ月半後（1986年12月16〜19日）に，西側諸国の政治家による初めてのチェルノブイリ訪問が許可された．これは英国エネルギー大臣ピーター・ウォーカー（P. Walker）氏による訪問で，これに関してのソ連邦─英国の共同コミュニケは次のように述べている．

　「9月に開催されたIAEA総会における特別会議の最終文書に基づき，両国は原子力が社会経済発展のための重要なエネルギー源でありつづけることを認め，原子力エネルギー利用にとって最高度の安全性が必須であることを強調するものである．最終文書が二国間および多国間の国際協力の強化を強く要請していることに留意して，両国はここに以下の分野において二国間の接触を強化することに同意するものである．
・自動制御システムを含めての，原子力発電所の安全性の問題
・除染技術を含めての，放射線防護
・放射性廃棄物処分技術
上記の課題についての相互協議を1987年に行うものとする．
　両国がすでに署名した「原子力事故にさいしての早期通報と相互援助」に関する最近の国際協約をIAEAが実行する作業について，IAEAを援助する意志を有することを両国はここに確認した．
　IAEAがその憲章に基づき，原子力安全ならびに放射線防護を含めての原子力の平和利用における国際協力を促進し援助することにおいて中心的役割を果たすものであることを，両国はここに再度確認した」

　この大臣訪問のほかに，1986年12月18日付「ザ・タイムズ」によると，英国人医師と医療専門家の一行が事故によってひき起こされた健康問題の調査のためにキエフを訪問することになっている．実のところ，この医療団訪問はピーター・ウォーカー氏がソ連エネルギー大臣との会談のなかで提案した多くの事項のうちの1つにすぎない．この訪問の実現は，もちろん実現する

ことになろうが，英国政府とソ連邦厚生省および外務省とのあいだで取り決められることになろう（1987年12月2日の時点ではまだ実現していない）．

　西側諸国からの政治家，ジャーナリスト，労働組合員あるいは科学者のチェルノブイリ訪問はほとんど許可されていない．ピーター・ウォーカー氏の訪問のほかには，「一般・都市・ボイラー製作者・連合トレード・ユニオン」英国事務局長ジョン・エドモンド（J. Edmonds）氏と4人の同伴者の6日間のソ連訪問がある．この訪問については1986年12月4日付「インディペンデント」新聞紙上にジョン・エドモンド氏が報告を載せており，そのなかでソ連邦トレード・ユニオンセンター委員長のステファン・シャルニエフ（S. Shalnyev）氏がこう述べている．「われわれはひとりよがりになっていた．チェルノブイリはそのためにわれわれを罰した」．ソ連電力労働者ユニオン委員長であるニコライ・シモチャトフ（N. Simochatov）氏についても書かれており，彼は「経験を積んだ者でも馬鹿なことはするものだ」と述べた由である．シモチャトフ氏は爆発後の何時間か後には発電所に実際にいて，そこに1カ月間，途中で1日短時間の休みをとっただけで，居つづけた男である．エドモンド氏はシモチャトフ氏のそのときの健康状態について「顔色は青白く，冷たいものは食べることができず，繰り返し風邪ひきのような病気にかかっていた」と述べている．しかしトレード・ユニオンの一行はチェルノブイリそのものの訪問は許されず，会談はモスクワ，キエフ，およびドン河畔の発電所のあるボロネズ（Voronezh）で行われた．最初の話合いで，どうして技師や運転員はあのように多くの規則違反を犯すことができたのか，という当然の質問が発せられた．いかにも残念そうに肩をすくめてみせたのがこれに対する答えで，「熟練したドライバーが赤信号の交差点をつっきるのはなぜか？」という反問が返された．チェルノブイリの副技師長は「身の安全のために牢に入れられている」という話もそこで聞かされたが，すぐにそれは「自殺するのを防ぐ」ためという意味であることがわかった．このことから，チェルノブイリ発電所の幹部のうち少なくとも1人はひどく心理的ショックを受けていることがうかがえる．チェルノブイリの影響を報告するための西側のジャーナリストによるソ連訪問の最初のものは12月12日にタス通信が報じているが，そこで名前があがっているのは「ワシントン・ポスト」「ニューヨーク・タイムズ」「シカゴ・トリビューン」，ロンドンの「ザ・タイムズ」および米国のテレビネットワークであるNBCである．この一行はウクライナを訪ね，（発電所から60km離れた）ズビジェフカ（Zdvizhevka）とネブラート（Nebrat）の新しい村を見学し，避難民，チェルノブイリ発電所の作業者，消防士，バス運転手，医師，そして役人と面談した．この訪問でもチェルノブイリ発電所そのものには行っていないようであった．しかしもっと最近になって，米国のケーブルニュースネットワークが1号炉の制御室の内部を撮影することが許されている（図147参照）．12月16日付「ザ・タイムズ」はこのプレス訪問を報道し，ごく当然のことであるが自分の家に戻りたがっている避難民について，典型的なインタビューの例として，「72歳の農婦アナスタシア・パナシボーナさんは新しいセントラル・ヒーティングがうまく動いていないとこぼし，自分の家のストーブで眠りたい――これは厳しい冬を過ごすために好んで行われているウクライナの習慣――と訴えていた」と報じている．1987年1月半ばの冬の厳しさは格段であったと思われる．ウクライナのいくつかの地方は2～3mの雪におおわれ，ソ連としても50年来の最も寒い冬であった．たとえば1月10日の気温は零下39度に下がった．これは1940年1月17日に記録された今世紀の最低気温，零下42.2度に迫る低温である．北シベリアではさらに寒く，零下60度であった．IAEAのハンス・ブリックス博士とモーリス・ローゼン氏が初めてチェルノブイリを訪れたのは，1986年5月5～9日，第2回目は1987

年1月11〜16日のことであった．この最初の訪問のさいにはモスクワとウィーンの空港でプレス会見が行われた．ウィーンでのプレス会見で述べられた事柄の要点は以下のとおりである．

- 1号炉を訪問した．その施設には放射能汚染はなく，1号炉には防護衣なしで入ることができるとのことであった．
- 発電所10 km圏内には，予見できる将来に人々が再び居住することはないであろう．ただし発電所運転員用の特別な村は別である．
- 10〜30 kmのあいだの地域内の20の村落には現在何軒か住民が戻ってきて住んでいる．
- 自分たちの村に戻ることについての人々の態度はどうかと聞かれての答えは，「老人たちは戻れれば幸せであるが，若い人々は避難後に収容された新しい村に満足してとどまっている」

つけ加えると，タス通信は「IAEAは1987年の前半に専門家会議を召集して，人々への放射線影響の長期的な結果がどうなるかを調べるための適切な方法を検討する」と報じた．1987年1月11日にソ連の医師の一行が広島・長崎の犠牲者である「ヒバクシャ」についての経験と治療法を学ぶために，広島の医師たちの招待で日本を訪問しており，その成果はIAEAの専門家会議になんらかのかたちで必ず反映されることになろう．

IAEAの第2回目の訪問時にはチェルノブイリ原子力発電所1号炉と2号炉，あわせて出力500メガワットはすでに運転中で，事故後に運転を再開してからの電力生産量は，16億kW/時以上になっていた．事故前のチェルノブイリ発電所全体の発電量は1千億kW/時以上であった．

チェルノブイリ事故に関連してのソ連訪問の報道で私にとって最も奇異に感じられたのは，1987年12月17日付のタス通信による2つの短信である．このうちのはじめの1つの全文を以下に再録する．

「著名な米国の小説家で世界SF（サイエンスフィクション）協会副会長であるフレデリック・ポール（F. Pohl）氏がソ連に14日間滞在して，彼の新著の材料を収集していると「文芸新聞」（Literaturnaya Gazeta）が，今日報じている．ポール氏はこの新作はチェルノブイリ事故をとりあげたものであるが，ドキュメンタリーではなく，一編の小説であって，40人以上の架空の人物が作中に登場する，と述べた．ポール氏は原子力発電所の事故の状況をすべて詳細に調べあげ，目撃者の談話もとっている．ポール氏は自分の目的は達成されたと考えており，事故処理作業に従事した人々や事故直後に火災と戦った人々の話を聞いている．彼は来る前からかなり詳しいことを承知していた．当地に来て，彼は問題の最も重大な側面を発見した．彼の信ずるところによれば，これこそ米国の読者にチェルノブイリの真相を告げるのに役立つものである」

2番目の記事は新聞の報道が事実を歪曲していることとチェルノブイリ犠牲者基金についてのコメントに関してのものであるが，そのなかに次のような文章がある．「私の本は"反ソ"でも"親ソ"でもない．小説のなかではチェルノブイリと同じくヒロイズム，利己，そして勇気が示される場合が出てくる．しかしまた，自分が助かりたいために逃げ出す人物も登場する」．

本というものは事実（ファクト）を述べたものでも，つくりごと（フィクション）でも，そして事実とつくりごとの混合（ファクションと呼ぶこともある）でも，いずれであってもよい．しかし，チェルノブイリについての小説（フィクション）が米国の読者に事故や事故の影響を理解させるのにどうして役立つのか，私には解せない話である．いずれにせよ，読者は事実を述べたところと架空のところとの区別がつかないので，混乱の種が1つつけ加わることになろう．この人の訪問は有益であったのだろうか？

「一般・都市・ボイラー製作者・連合トレード・ユニオン」の訪問については前述したが，これに続くものとして1987年4月2～5日には，英国トレード・ユニオン審議会原子力エネルギー検討部会の代表団が訪ソした．この代表団はソ連原子力大臣，ソ連医学アカデミー，そしてウクライナ共和国最高評議会と会談したのみならず，実際にチェルノブイリの現場を訪問し，制御室とタービン室を見学し，その模様を次のように述べている．

「1号炉の制御室とタービン室を見学し，1号炉，2号炉の両基につながる発電タービンを見た．1号炉は運転中だったが，2号炉は予定されていた保守作業のために停止していた．3号炉と4号炉の発電機は特別に作られた壁で隠されていた．埋没密閉された4号炉は見学予定に入っていなかったので見ることができなかった」

この代表団一行の報告のなかには，いくつか興味深い項目があるので以下にとりあげる．

放射線の線量について

全ソトレードユニオン中央会議（AUCCTU）は「原子力エネルギーの安全と衛生に関する実施方策をいっそう厳しくすることを一致して支持する．現行の諸方策は国際的な基準に基づいていて，原子力作業者に対する年間1人当たり5レム（50 mSv，ミリシーベルト）という限度もその1つである．ソ連の原子力発電所では通常の被曝線量はこれよりも低く，年間約1レム（10 mSv）程度，クルスク発電所では0.18レム（1.8 mSv）という低いレベルになっている．AUCCTUは現行の国際基準は高すぎ，引き下げるべきであると信じる」．

アカデミー会員イリイン博士は，ソ連原子力安全局長が事故時における最大許容線量のレベルを年間25レム（250 mSv）に定めていること，そしてチェルノブイリ事故のあいだにこの線量を何人かの作業者が数分以内の短い時間で受けたことをしばらく前に報告した．また彼は「事故による影響が最も大きかった一般公衆の被曝線量は，ほとんどの場合1.5～10レム（15～100 mSv）の範囲であった」と述べている．

チェルノブイリの現地訪問のあいだにミハイル・ウマニェーツ発電所所長は1号炉と2号炉の除染の問題について論じ，この2基の放射能除染後の最初の3カ月間の放射線モニタリング記録によると，「職員は全員，年間4.5レム（45mSv）以下で作業している」と述べた．

人間の放射線誘発癌の潜伏期間について

アカデミー会員イリイン博士はTUC代表団に「放射線による癌は被曝してから何年も後に出てくるものである」＊ことを指摘した．

＊ 私は「癌の統計」という著作のなかで誘発期間（または潜伏期間）について現存のデータを再調査し，1957年の2つの文献について述べている．1つの文献では良性の（癌ではない）腫瘍のX線治療を受けた患者20人が皮膚癌になっており，その誘発期間は14～45年であった．第2の文献では34例の病歴から誘発期間の範囲は基底細胞癌9例で13～44年，扁平細胞癌11例で12～56年，肉腫6例で10～55年，となっている．34例全体では平均期間は30.1年，最小は8年，最大は56年である．今世紀の初めの頃に医療上で放射線を受けた人々の集団（脱毛「美容処置」など美容の目的でX線を受けた人々を含めて）は，癌の誘発を考える場合には，広島・長崎の原爆被爆者の集団と同等には論じられない．これから先チェルノブイリの被曝経験をもしなにかと比較するなら，それは1920年初頭の医療被曝と比較すべきであって，原爆被爆とではない．「チェルノブイリの集団において癌の流行が事故後2～3年後にみられるであろう」という話は，新聞などの報道で私たちはそう信じこませられているかもしれないが，本当ではない．

ミルクの消費量について

　医学アカデミーの会議において「ミルクの汚染の最大許容レベルは，特にヨウ素-131について3,700 Bq/l とすることに4月30日までにソ連科学者が同意していたこと，また4万6,000人が4月26日の深夜にヨード剤の投与を受けたこと」が述べられた．

チェルノブイリ消防士の健康について

　およそ12〜13人の消防士たちが，程度はさまざまであるが，依然として事故の後遺症に悩まされている．

避難対策について

　ウクライナ共和国最高評議会のA・P・リャシュコ（Lyashko）議長は次のような統計を明らかにした．1986年9月1日までにキエフ市において，8210軒の家が建てられ，7500戸のアパートが避難民に割り当てられ，若者には2000戸のホステルが提供された．1987年1月1日までにはさらに4500軒の家が建てられる．チェルノブイリの作業者用にはスラブティシ（Slavutich）——ドニエプル川の旧名——と呼ぶ6000人が住める新しい村が建設されている．1988年6月までには完成する予定である．50万人の母親と子どもたちが黒海の保養地に送られ，30万人が開拓者キャンプに送られた．

放射能除染について

　A・P・リャシュコ氏は「道路表面と30 km立入禁止圏内の全域にわたって表層5 cmの土を削り取り，遠隔地へ運ばなければならなかった」と述べた．

癌死亡の将来の増加について

　事故後にキエフに設立された特別な放射線医学研究所施設*の総長であるA・E・ロマネンコ（Romanenko）は，事故に起因して増加する癌死亡数の現在の最善の見積りとして，200〜600人という数字を示しており，この推定値はもう少し大きくなるかもしれないが1000を超えることはないであろうと述べている．TUC代表団はもっと詳しく話せとロマネンコ氏にくいさがったが，氏の返答は以下のようであった．「これら（の数字）は非公式なもので，今のところ書き物にして出すことはできない．しかし1988年には公刊する心算である」．

健康状態のモニタリングについて

　A・E・ロマネンコ氏は，「放射線医学研究所は（被曝者を）三世代にわたって追跡調査する予定であり，ウクライナの住民50万人と，ソ連邦全体として105万人についての体系的な追跡調査がすでに開始されている」と語った．

---

* 全ソ放射線医学科学センターをさす．このセンターには臨床放射線医学研究所，放射線線量測定・放射線衛生学研究所，放射線生物学研究所の3つの研究所がある．ロマネンコ博士は事故当時から1990年までウクライナ共和国厚生大臣でこのセンター長を兼ねており，1990年よりセンター長専任になっている．〔訳注〕

土地の耕作について
　ウクライナ共和国最高評議会との会議の席上で耕作統計について次のような数字が示された．「およそ5万 km² の農地が耕作不可能とされ，有刺鉄線で周囲をかこい，警備員がパトロールしている．放射能汚染は不均一にひろがっていていちばん遠い汚染斑（パッチ）は 30 km の隔離圏から 15 km 外側にある．全部の農地が再び耕作可能となるには 5〜7 年かかると推定される．毎年 15〜20％の割合で耕作地を増していくことを目標にしている」．

母親，幼児，乳児の健康について
　TUC 代表団はキエフ市の小児科産婦人科研究所とウクライナ厚生省母子保護センターを訪問した．所長の E・M・ルキャノーバ（Lukyanova）博士は以下のような統計を示した．「当所では妊婦 2600 人，乳児 1160 人，ティーンエイジャー 3100 人，および出産可能年齢の女性 500 人を収容してきている．1986 年 5〜7 月までヨウ素-131 の蓄積量を測定しており，その結果によると，甲状腺の線量は 10〜13 ラドを超えていない．新生児は誕生後 2〜3 日目に検査しているが，ヨウ素-131 の影響はなんらみつかっていない．1986 年の 7 月末までは体内に蓄積された可能性のあるヨウ素-131 以外の放射性アイソトープをみつけだすことに重点をおいていた．調べた妊婦 2600 人のセシウム-137 濃度は，0.01〜0.30 マイクロキューリーを超えることはなかった．母乳中の放射性核種のレベルは許容レベルを超えることはなく，乳児に母乳を飲ませることにまったく問題はなかった．妊婦については胎児の羊水も調べられたが，問題となるような濃度の放射性アイソトープはなにもみつからなかった．新生児についても放射能が 0.01 マイクロキューリーを超えることはなかった．中絶や流産の数も増えていない．」
　チェルノブイリ周辺への訪問の例がもう 1 つ，1987 年 6 月 10 日付「ザ・タイムズ」の「チェルノブイリの陰にある不気味な沈黙」，1987 年 6 月 11 日付の「チェルノブイリ：金銭が流通していないところ」という記事で報道されている．これは"ひと握りの西側の記者"による 1987 年 6 月初めの訪問について記述しているもので，次のような記述がある．「私たちは特殊な書類に署名するように求められ，また発電所の周辺 18 マイル圏内ではバスの窓を決して開けるな，タバコを吸うな，と警告された．危険がまだ引き続いていることをそのときにはっきりと認識させられた．私たちは道路の脇に足を踏み入れないよう，また，水を飲まないようにと命令された．それに，私たちは日差しが強ければ黒い眼鏡をかけなければならなかった」．
　そのとき放射線測定器を動かしていた一人の科学者，アレクサンドル・コバレンコ氏* は，チェルノブイリの町や発電所の地面の放射能レベルを測定した．値はそれぞれ 0.1 および 12.8 ミリレントゲン（ミリレム/時）であった，と「ザ・タイムズ」紙は報じている．もう 1 つ強く印象に残っているのは，バスがチェルノブイリ原子力発電所へ向かう道路で，とある曲がり角を回ったとき，「突然 2000 台を超そうかという多数の自動車やオートバイが捨てられて山のようになっている不気味な光景が目に飛び込んできたことである」．事故時に発電所の幹部だった人々がやがてかけられることになっている裁判についての最初のニュースが，同じく 6 月 10 日付で，科学者コバレンコ氏からの情報として報じられている．
　「7 月 5 日に発電所前所長，ビクトル・ブリュハーノフ（V. Bryukhanov）氏，前技師長，および副技師長がキエフ刑務所から（30 km）圏内に連れ戻され，業務怠慢罪の科で裁判にかけられ

---
　* 「コンビナート」の情報・国際関係部部長で，私も 1987 年 12 月 2 日に会った人である．

ることになる．裁判はソ連最高裁判所の判事を裁判長としてチェルノブイリのかつての文化会館で行われる．被告のうちの2人は自分たちはすでに高線量の放射線を受けているので（30 km）圏内に戻されるべきではないと訴えていたのだが，この言い分は聞きとどけられなかった」．

6月11日付「ザ・タイムズ」紙はある共産党幹部の言として，ウクライナ領からの避難者9万2000人のうち（ほかに白ロシアからの避難者がいる），帰宅を許されたのは300人にすぎないと報じている．「金銭が流通しない」という記事の見出しは，発電所から27マイル離れたところにつくられたゼリョーヌイ・ムィスの町，ここは発電所作業者が住むところであるが，では金銭はいっさい使われないことをさしている．作業者たちはなにもかも（支払いなしに）供給されており，そのことを理由にして記事が書かれているのであって，必ずしも放射能汚染のためではない．ゼリョーヌイ・ムィスの住民は全員，定期的に頭のてっぺんから足の先まで放射線測定器で調べられ，そして「靴も細長いブリキの湯舟の中にどっぷり浸さなければならない」．

少し後の6月18日付「ザ・タイムズ」紙にはソ連訪問についてではなくソ連の雑誌「論争と事実」（Argumenti i Fakti）誌に載ったソ連厚生省のV・ニズニコフ（Knizhnikov）教授の論文についての報道が出ている．教授はチェルノブイリ事故後に生じた「放射線恐怖症」は「第一にそして全面的に，客観的な情報の欠如と，医師の放射線医学における訓練不足とに起因する恐怖」であると述べ，「これが原因でいくつかの場所では女性たちが妊娠後期になっての危険な中絶をするようなことになっている．親たちは放射能で汚染されていると信じて自分の子供たちにミルクを与えるのを恐れ，それが原因でくる病が発生している」と述べた．またニズニコフ教授はこの災害の結果この二，三十年のあいだに7万5000人が癌で死亡するというゲイル博士の推定（後にこの章に記述）に異論を唱えている．

5月，6月には事故の追跡調査についての記事はほとんど報道されていないが，一つ1987年5月30日付の「インディペンデント」（独立）誌が，ソ連の週刊誌「ナデルヤ」（Nadelya）が事故直後にチェルノブイリで働いたあるフィルム製作者が死亡したと報じているのを引用して，次のように書いている．「『チェルノブイリ・困難な日々の記録』と題した映画の監督であるウラジーミル・シェフチェンコ氏は放射線症により2カ月前死亡し，彼と一緒に働いた2人のカメラマンは病院で治療を受けている」．

英国の中央電力庁（CEGB）とソ連の同様の機関とのあいだには技術交流プログラムが長年にわたって確立されており，その一環として中央電力庁の職員が1987年10月に1週間ソ連を訪問した．この折，10月12日に1日，チェルノブイリ原子力発電所の現地を訪問することもスケジュールに入っていた．そのほかにゼリョーヌイ・ムィスも訪問した．この訪問にさいしての興味深い事項を以下にあげる．

放射線量について

3人の英国中央電力庁からの訪問者はフィルムバッチを身に着け，1人はポケットペン型の線量計を持っていった．このことから訪問者自身が自分の個人線量モニタリングを行うことを許しているソ連当局側の開放方針がわかる．ポケットペン型線量計を使って測定した結果は，ロンドンからモスクワまでの飛行中の線量が11 μSv（マイクロシーベルト），10月12日に30 km圏内に入った8〜9時間のあいだの線量が31 μSvであった．原子力発電所とその周辺で実際に過ごした時間は午前11時から午後6時までで，チェルノブイリの職員の1人の測定によると，この

間の5ミリレム/時の線量率が4号炉からちょうど200ヤード（約180 m）ほどの地点では地上で40ミリレム/時にのぼった．同一地点での事故直後の線量率は，1000レム/時であったとのことである．

森林と土壌の除去について

チェルノブイリ原子力発電所周辺の地域は以前は密生した森林であった（図74からそのことがわかる）．しかし10月12日までには2 km×1 kmの広さの区域の樹木は切り倒され埋められた．発電所の近辺の土壌はおよそ1.0～1.5 mの深さまで掘り取られたとのことであった．

3号炉と5，6号炉について

1987年の11月から12月には3号炉の運転を再開する計画になっている．5，6号炉については事故前に建設作業がかなり進展していた．建設現場にはクレーンがそのまま立っており，建設を続行して完成させるか否かの決定は1990年に下される予定になっている．

プリピャチ，チェルノブイリ，スラブティチの町について

1987年10月までにはプリピャチの4分の1は十分に除染された．この町の長い将来の見通しとしては，もういちど原子力発電所職員の住宅街になることはまずありえない．これは放射能除染の問題が理由ではなくて，そのときには職員たちはプリピャチよりもずっとよい居住環境（すなわちスラブティチ）の家に住んでいることになるからである．また，町を建設する場合にはまず第1にその下部構造，すなわち，医療サービス，学校，輸送システムなどを整備する必要がある．したがってプリピャチの再居住はやる価値のあることとは思えない．長期的にみてその代わりになる案は植物，樹木，野鳥などの研究を行う科学研究センター*としての利用である．なぜかはわかっていないのだが，事故のときに鳥の群れはプリピャチを離れ，1987年の夏になってようやく戻ってきた．発電所から10 kmしか離れていないチェルノブイリには職員のための管理棟が建てられたが，実際そこに住居している人はごくわずかである．この町に住んでいる作業者は2週間勤務して2週間休暇という交代制で働いている．スラブティチの新しい町では15のソ連邦共和国がそれぞれ町の一画を受け持ち，それぞれのお国振りの建築様式の家を建てることになっている．

チェルノブイリ原子力発電所の作業者について

発電所の建物の周辺では現在もまだ兵士たちが作業に従事している．労働力の一部はソ連邦のあらゆる地域からやってきたボランティアに頼っており，特に建設に関してはそれが著しい．作業者の住居と食物は無料で提供され，1日8時間労働で2週間勤務すると2週間の休暇が与えられる．給与は標準賃金の2～4倍である．

事故後のプリピャチからの避難について

プリピャチの町は36時間後に避難したのだが，時間がかかったことに対していくつかの批判がある．英国中央電力庁からの訪問者に対して次のような指摘があった．プリピャチから外部へ

---

* 放射線生物実験所は1987年12月2日に設立された．

通じる道路は1本のみで，この道路は原子力発電所の脇，特にプリピャチ側に向かって並んでいる4基の炉のうちの最後端の4号炉のすぐそばを通っている．したがって，たとえばプリピャチ住民に徒歩でこの道を通って避難せよというようなことは，最も汚染のひどい区域のまっただ中に入っていくことになるので，とうてい受け入れられないことであった．自家用車の数も少なかったので，適切な数のバスを用意することが絶対に必要であった．

健　　　康

　チェルノブイリ事故の健康影響は大きな社会的関心事であるが，この事故"のみに"起因する癌死亡増加の数字についてはさまざまな報道がなされている．その例を以下にあげる．

英国「デーリー・テレグラフ」紙，1986年8月26日付
　「チェルノブイリの癌により4万8000人が死亡する」という見出しのもとに，死亡数は以前の推定値である6500人ではなくて4万8000人に達する可能性があるという記事が出ている．この記事の後の部分では「ソ連全体の癌死亡数は20万人」という数字が示されている．

「ロンドン・イブニング・スタンダード」紙，1986年8月26日付
　当時開催中のIAEA会議に言及して「ソ連は約6000人が死亡すると推定した」と報じ，さらに続けて，「ほかの代表団によると癌死亡は5万人に達する」と述べている．

「ウォールストリート・ジャーナル」紙，1986年8月29日付
　要約として次のように報じている．「ロシア人によると6500人，（米国の）天然資源防護審議会（Natural Resources Defense Council）によると4万5000人，IAEAの専門家によると2万4000人」．しかし同紙は次のように続けて良識のあるところをみせている．「もちろんこれらの数字は単に統計上の推定にすぎない」．また同時に，最近発生した天災の1つ，カメルーンの噴火では1500人が一夜にして中毒になったことに読者の目を向けさせている．

「ザ・タイムズ」紙，1986年8月23日付
　「ロシア人は事故によって70年間に最終的には6530人の癌死亡が余分に起こることになろうと推定している」*

「ニュー・サイエンティスト」誌，1986年8月14日号
　ヒッペル（Hippel）とコクラン（Cochran）の2人の米国人による推定が，同誌に以下のように報じられている．
　① 今後30年間に数万から数十万人の腫瘍の（発症）とおそらく数千の癌死亡．
　② ヨウ素-131の吸入によって甲状腺腫瘍が12,000〜40,000例．このうち，死に至るのは2〜3％．

---

* 多くの報告で「70年間の期間」という数字が省略されており，あたかも癌死亡が"ただちに"生ずるかのような表現になっている．

③ 汚染したミルクの飲用により吸収されるヨウ素-131 によって発生する潜在的な甲状腺癌は 10,000～25,000 例．
④ セシウム-137 のすべての線源による癌が 8,500～70,000 例．このうち半数が死亡．

「ニュー・サイエンティスト」紙，1986 年 9 月 11 日号

　今まで最大の死亡数推定値が米国化学会の最近の会議においてゴフマン（Gofman）教授によって提出された．「チェルノブイリのフォールアウト（放射性降下物）に被曝した 100 万人以上の人々が癌になるであろう．そのうち 50 万人は死亡するであろう」．

　ロバート・ゲイル博士が 1987 年 4 月 11 日にロンドンの生物学研究所におけるセミナーで発表したものが，癌死亡の予測増加数についての最も最近の推定値である．チェルノブイリ事故による影響についてのゲイル博士の予測は下表に示されている．この表には癌のみならず，重篤な知恵遅れ（重度の精神薄弱）と遺伝的異常も載っている．癌死亡数がいくらかでも増加することは悪い状態であるけれども，増加した"絶対数"（たとえば 0 ～ 400）だけを通常の期待発生数（たとえば 17,000）と切り離してとりあげてはならない．"通常の期待数"をゲイル博士は「自然発生の」という表現で示しているが，この意味は「既知原因がなにもなくて生ずる」ということではない．たとえば，「自分自身が原因になっている」喫煙によって生ずる肺癌もこのなかに入っているのである．絶対数とパーセンテージ増加（たとえば 2 ％）とを一緒にあわせてみると発癌影響を広い見通しのもとに理解することができる．この同じセミナーで T・ヒュゴソン（Hugosson）氏は，スウェーデンでは今後 50 年間における癌死亡数の増加分は 100 ～ 200 例であろうと予測した．

　しかし，ソ連邦から放射線線量測定の実際のデータが公表され，代表団の作業文書に収録されたのは，ウィーンでの 8 月 25 ～ 29 日の IAEA 会議の席上においてのことであるのをはっきり認識している人はごく少数のようである．低線量放射線によって今後 70 年間にわたって生ずる癌死亡数を推定することは，（たとえばこの期間における人口の性比や年齢構成の変化も予測しなければならないので）大規模な研究プロジェクトになるであろう．安直な推定値を求めてヨーロッパや米国の記者たちが代表団に群がり寄っていた．そしてまたばかげたことにインスタント解答を出す者もいたのだ！

集団	人数(人)	増加した癌(人)	"自然発生"の癌(人)	ゲイルが予測した増加率
癌				
チェルノブイリ	135,000	0 ～ 400	17,000	2 ％
ソ連	2.8 億	0 ～ 20,000	2700 万	0.07 ％
ヨーロッパ	4 億	0 ～ 30,000	7200 万	0.04 ％
北半球	35 億	0 ～ 75,000	6 億	0.01 ％
重度精神薄弱		増加した精神薄弱数	"自然発生"の精神薄弱数	
チェルノブイリ	135,000	0 ～ 20	13	140 ％
0 歳児における重篤な遺伝的異常		増加した異常数	自然発生の異常数	
チェルノブイリ	135,000	0 ～ 100	7000	1.5 ％

1988年には「国連放射線影響科学委員会（UNSCEAR）から事故の長期的影響についての報告が出される予定になっており，その段階で私たちは，将来の健康リスクについてもう少し利口になれると希望したい．影響を受けた諸国について（放射能）雲からのガンマ線，吸入，沈着した核種からのガンマ線，経口摂取などのさまざまな被曝経路に対する集団線量当量の推定値と甲状腺や全身の放射能測定の結果が，この報告に記載されることはまちがいない．しかし，そのときが来るまでのあいだ私たちにできる最善の方法は，1986年8月のIAEAの「健康影響」についての記者会見報告書とINSACの「晩発性の確率的健康影響」についての記述を読むことである．前者は会議当日に健康影響ワーキンググループの委員長であったダン・ベニンソン（D. Beninson）博士によって提出されたものであり，後者は事故後検討会議の要約報告としてIAEAの「安全シリーズ」出版物として1986年12月に発刊されている．

IAEAの報告から

　チェルノブイリ原子炉から放出された放射性物質に被曝したことによって今後70年間に生じうる，いわゆる「癌死亡の増加分」についての可能性のある数値を推定したものがいくつか公表されているが，これらの値はおそらく10倍ぐらい高すぎる．今週開催された事故後検討会議に提出された事故の技術的報告書にある計算は，意図的に控えめなものになっていて，実際の測定値を使わずに悲観的な理論的基盤に基づいて行われている．国際放射線防護委員会（ICRP）の委員長であり，またアルゼンチンの原子力施設許可局長であるダン・ベニンソン博士は，事故後に放射線に被曝した集団において「自然発生している癌死亡数を超えた増加分として2万人もの悪性腫瘍による死亡が予測される」と新聞等が報道していることに言及して，「これはいろいろな意味でナンセンスである」と述べた．「会議の参加者から今回提出されたデータによると，より正確な計算では約10分の1の低い値が示唆される」とベニンソン博士は説明した．2万人の癌死亡増加ではなく単に2000人にすぎないであろう，ということである．しかしこれは，2万人ではなく2000人であればよろしいとか，容認できる，という意味ではない．どちらにせよ，この数字は悪い数字である．しかしこれは全体的見通しのもとで理解しなければならない．全体的見通しは，事故の結果被曝した集団のなかの人々が実際に受けると見込まれる線量──約4.5ミリシーベルト/年──に注目することにより可能になるであろう．自然にあるバックグラウンド放射線は約200ミリシーベルト/年の被曝を生じている．山に登り，そこに住むとあなたの受ける線量はこれよりも大きくなることを私は保証する．私の国（アルゼンチン）からボリビアのラパス（La Paz）へ移ると，そこは高地なのであなたの受ける宇宙線の線量は2倍になるであろう．

INSAGの記述から

　晩発性の確率的影響，主として新生物（癌）と遺伝的影響，による健康影響の大きさは，事故による集団線量が評価されて後にはじめて算定できる．この点に関してソ連から提出された情報は，まだ予備的，暫定的なものである．現在得られている情報によると，今後70年間に避難民13万5000人のなかで生ずる癌はすべての種類の癌を合計して，自然発生数の6％以上になることはありそうにない．これ以外のソ連邦のほとんどのヨーロッパ地域住民では0.15％を超えることは期待されず，おそらくは，これより低く，0.03％ぐらいであろう．甲状腺癌による死亡率の相対的増加率は1％になりうる．

遺伝的影響によって健康が損なわれる例数は，癌の増加分の 20 〜 40 ％を超えることはないと判断してよいであろう．30 km 圏内に居て母親の胎内で被曝した胎児に生ずるかもしれない影響については，現在のところ情報がなく評価できない．ほかの諸国の集団線量はまだ評価の途中であり，それによって生ずる可能性のある確率的影響を評価することは線量のデータが手に入るまで待たねばならない．ソ連邦における一般公衆のなかの個人が受けた線量および集団全体の線量については，予備的な推定値が出されている．これらの推定値は，今後新しいデータが得られるにつれて改訂されていくであろう．事故の最終的な放射線医学的影響については加盟国から提出されるデータに基づいて，UNSCEAR が IAEA や WHO との協力のもとに評価することになろう．作業者や発電所地域の特定の住民グループについての疫学的調査の方法論に関しては，国際的な討論を行うべきである．

図 160 a 〜 c　これらの写真は 1987 年 2 月に撮られたものだが，ロンドンのタス通信社が受け取ったのは 1987 年 12 月であった．(a)写真の右にある標識は翻訳すると「ポイント．線量測定．第 1 管理所」と記されている．これらの線量管理所の駐在員たちは，1987 年 12 月 2 日の時点では依然として顔マスクを付けていた．(b)チェルノブイリは直進，プリピャチは左折することを示す道路標識．運転手に 2 人の国家交通民間警察官が話しかけている．(c)この写真は「イズベスチヤ」紙からの転載で，図 5 に示した標識がみえる．道路脇に積み上げられた破片の山は今はきれいになっている．路肩をアスファルトで舗装したさいにブルドーザーが片づけた．

図 160 a

9. 事故後の調査

図 160 b

図 160 c

付録 1

ソ連邦原子力利用国家委員会
「チェルノブイリ原子力発電所事故とその影響」

1986年8月25～29日，ウィーンで開催された国際原子力機関
（IAEA）専門家会議のために収集された情報

内容一覧

第1部 全般的情報（56頁）
(1) RBMK 1000型原子炉を用いているチェルノブイリ原子力発電所の説明
(2) 事故進展の経時的説明
(3) 数学的モデルを使っての事故分析
(4) 事故の原因
(5) RBMK型原子炉を用いた原子力発電所の安全性向上のための最優先課題
(6) 事故の封じ込めとその影響の軽減
(7) 環境の放射能汚染と住民の健康のモニタリング
(8) 原子力の安全性向上のための勧告
(9) ソ連邦における原子力の開発

第2部 付録1, 3, 4, 5, 6
(1) 黒鉛減速圧力管型原子炉，およびRBMK型原子炉の運転経験（5頁）
(3) 事故影響の除去と放射能汚染（5頁）
(4) 破壊された原子炉から放出された放射性物質の量，組成，およびダイナミックスの評価（20頁）
(5) 放射能の大気移動と，大気と土壌との放射能汚染（16頁）
(6) チェルノブイリ原子力発電所から放出された放射能雲の影響を受けた地域における，環境の放射線科学的状況についての専門家による評価と将来予測（水圏生態系）（8頁）

第2部 付録2, 7
(2) 原子力発電所の設計（186頁）

(7) 医学的生物学的諸問題（70頁）

注 記

　国際原子力機関（IAEA）は事故後検討会議の報告を出版した．これは国際原子力安全諮問グループ（the International Nuclear Safety Advisory Group ; INSAG）により執筆され，1986年10月に，IAEA安全シリーズの出版物（No. 75-INSAG-1）として発刊された．このINSAG報告はIAEA事務総長の要請により作成されたもので，「当INSAG報告書の主要な部分は，ソ連の専門家により会議に提出された優れたレポートから作成されたもの」であり，また「その材料（すなわちソ連レポート）は，このINSAGの全体概要のなかではとてもそれ以上縮小することができないので主要な部分のみを掲載する」と記されている．

付録　2

1986年5月14日
モスクワにおける
ゴルバチョフ大統領のテレビ演説

1986年5月16日，ジュネーブ・第39回世界保健会議で公開された文書
議題項目　39.1
WHO参照文献A39/INF. DOC/10

　皆さん，今晩は．
　皆さんもご承知のように，不幸な事故が起こりました．チェルノブイリ原子力発電所の事故です．この事故はソ連の人々を苦悩させ，また世界の人々にも不安を抱かせることになりました．われわれは今回初めて，制御できない原子力という恐ろしい力が現実に現れるのに直面したのです．
　チェルノブイリで発生した事故の並はずれた危険性を考え，その事故にできるだけ迅速に対処して，その影響を最小限に抑えることが確実に行われるよう，作業組織全体について政治局が責任をもって取り組んできました．
　政府委員会が設置されて，ただちに事故現場へ向かい，緊急を要する問題を解決するため，政治局内にはニコライ・イワノビッチ・ルイシコフ（N. I. Ryshkov）の指導するグループが設置されました．
　現時点において，すべての作業が24時間体制で夜昼なく行われています．科学，技術，および経済的な能力と資源が全国から集められ，使われています．多数の連邦省庁の機関，著名な学者や専門家，また，ソ連軍隊と内務省の部隊が各閣僚の指導のもとに事故地域で活動しています．
　ウクライナと白ロシアの党，政府および経済機関は，作業と責任の大部分を引き受けています．チェルノブイリ原子力発電所の職員たちは献身的に勇敢に働いています．
　では，いったいなにが起こったのでしょうか．
　専門家によると，第4号炉を予定どおり停止しているあいだに，炉の出力が突然増大しました．大量の水蒸気が放出され，それに続いて起こった反応の結果，水素が形成され，それが爆発して炉を破壊し，放射能物質の放出へと進みました．
　この事故の原因について最終的判断を下すのは，現時点では時期尚早であります．政府委員会は，設計，建設，技術，操作など，この問題をすべての面から厳密に検討中です．

事故の原因が解明されたあかつきには，いうまでもなく，必要とされるあらゆる結論が出され，この種の事故の再発を防ぐための措置がとられることになりましょう．

すでに述べましたように，このような非常事態に遭遇したのは，今回が初めてのことで，制御しきれなくなった原子の危険な力を早急に抑え，事故を最小限にしなければなりません．

事態の重大性は明白でした．それを緊急に，正しく評価する必要がありました．われわれは信頼できる初期情報を入手するや否や，ただちにソ連の人々に知らせ，また外交経路を通じて諸外国政府に伝えました．

同じくこの情報に基づいて，事故に対処し，その重大な影響を抑え込むべく実務的作業が開始されました．

事故発生状況のもとでわれわれは，住民の安全を確保し，事故の被災者に有効な援助を与えることが最優先の，特に重要な業務であると考えました．

原子力発電所近傍の集落の住民は，数時間のうちに避難し，その後，さらにその周辺の地域住民の健康にも脅威を与える可能性が明らかになったときには，それらの住民も安全な地区へと移されました．

この複雑な作業には，最大限の敏速さ，組織力，そして正確さが必要でした．それでもなお，実際にとられた措置では多くの人々を防護することができませんでした．事故発生時に，自動制御系の調節員である，ウラジーミル・ニコライビッチ・シャシェノク（V. N. Shashenok）と原発の運転員，ワレリー・イワノビッチ・ホデムチュク（V. I. Khodemchuk）の2人が死亡しました．今日現在で，299人が，さまざまな程度の放射線病と診断されて入院しています．そのうち7人が死亡しました．その他の人々には可能なかぎりのあらゆる手当が施されています．わが国の最も優秀な科学者と医師，また，モスクワとその他の都市の専門病院が，最新の医学手段を駆使して彼らの治療にあたっています．

ソ連共産党中央委員会とソ連政府を代表し，亡くなった方々のご家族と近親者の方々，労働団体，そしてこの事故で悲運に見舞われ個人的損害をこうむったすべての方々に心から哀悼の意を表します．死亡者や負傷者の家族は，ソ連政府が責任をもって面倒をみるつもりです．

避難者を快く受け入れてくれた各地区の住民の皆さんは最高の感謝に値します．彼らは，隣人の不幸をわが不幸として受けとめ，わが国民の最良の伝統にしたがって，思いやり，同情，気配りを表してくれました．

ソ連共産党中央委員会とソ連政府には，国内や諸外国の人々から，被災者に対し，同情と支援を寄せる何千通もの手紙と電報が来ております．多くのソ連の家族が，すすんで夏のあいだ子供たちを預かろうとし，また物資の援助を申し出ています．事故地区での作業に派遣してくれるようにとの多数の要請もあります．

これらの人間性，真の人道主義，高い道徳的基準にわれわれは皆感動せずにはいられません．

繰り返しますが，人々への援助が，われわれの最優先課題であります．同時に，発電所内とその周辺地域において事故を最小限にとどめるために精力的な作業が行われています．きわめて困難な条件のもとで火災を消し止め，ほかの原子炉への延焼をくいとめることができました．

発電所職員はほかの3基の原子炉を停止させ，それらを安全な状態に移しました．これらの炉は常時監視下にあります．

消防士，輸送作業員，建築作業員，医療担当者，化学防護特殊部隊，ヘリコプター乗員，国防省と内務省からの派遣部隊など，関係者すべてが厳しいテストを受けてきましたし，今も受けて

います．

　この困難な状況下，起こっている事態の正確な科学的評価に多くのことがかかっていました．というのは，それなしには，事故とその影響に対処する有効な措置を立案し，実施することができなかったでありましょう．科学アカデミーの著名な科学者たち，連邦省庁やウクライナと白ロシアの指導的な専門家たちがこの課題に取り組み成果をあげています．

　人々は，英雄的に，献身的に行動してきましたし，今もそのように行動しつづけていることを私は告げねばなりません．

　後日，これらの勇敢な人々の名を明らかにし，その功績を正当に評価する機会がやってくるものと思います．

　きわめて重大な出来事であったにもかかわらず，被害を限定することができたのはわが国の人々の勇気と技量，責任感，事故処理に取り組んでいるすべての人々の一糸乱れぬ共同作業のおかげであります．

　皆さん，この課題は原子力発電所地域だけではなく，科学研究所でも，また困難で危険な事故処理に直接従事している人々に必要なものすべてを供給しているわが国の多くの企業においても解決されつつあります．

　有効な措置が講じられたおかげで，最悪の事態は過ぎ去ったと今日言うことができます．最も深刻な影響をくいとめられました．もちろん，まだまだ終結というわけにはいかず，今はまだ休めるときではありません．まだ広範な長期にわたる作業が残っています．原子力発電所とそのすぐ周辺の地域の放射線レベルは，今もまだ人体に危険なものとなっています．それゆえ，今日の時点で最優先とすべき課題は，事故の影響に対処する作業であります．発電所敷地と集落，建物や施設の除染のための大規模なプログラムが策定され遂行されつつあります．このために必要な人材や，物的，技術的資源が集められました．発電所とその近隣地域で地下水の放射能汚染を防ぐための手段が講じられています．

　気象観測機関は，地表，水，そして大気中の放射能の状態を常時，監視しています．これらの機関は必要な技術システムを駆使することができ，特別装備の飛行機やヘリコプター，地上観測所を利用しています．

　これらすべての作業にはかなりの時間がかかるし，少なからずの努力が必要であることは，きわめて明白です．この作業は十分に準備されたうえで綿密に組織的に実行されなければなりません．この地域が人々の正常な生活に絶対に安全な状態になるように，復元しなければなりません．

　ここでこの問題のもう一つの側面に触れないわけにはいきません．それは，チェルノブイリで起こったことに対する諸外国の反応であります．この点を強調しておかなくてはならないのですが，世界全体としてわれわれがこうむった災害や，この困難な状況下でのわれわれの行動に対して，理解ある態度が示されました．

　困難な時局にソ連国民と結束してくれた社会主義諸国の友人たちに深く感謝しております．また，同情と支援を与えてくれたほかの国々の政治家や一般の方々にも心から感謝しております．

　われわれは，事故影響の克服に進んで協力しようとしてくれた外国の科学者や専門家たちに心から感謝するものであります．アメリカの医師ロバート・ゲイル氏とポール・テラサキ氏が患者の治療に参加したことに注目し，さらにある種の機器や資材，医薬品を購入したいというわれわれの要請にすみやかに応じてくれた諸国の業界に感謝の意を表したいと思います．

　われわれは，国際原子力機関（IAEA）とその事務総長ハンス・ブリックス氏がチェルノブイ

リ原子力発電所の事故に対して示した客観的態度を，深く心にとめております．

いいかえれば，われわれの不幸とわれわれの問題に寛大な心で対処してくれたすべての人々の同情に，深く感謝しているものであります．

しかしながら，一部のNATO諸国，なかでもアメリカ合衆国の政府，政治家，そしてマスメディアがチェルノブイリ事故にどう反応したかを無視するわけにはいきませんし，政治的評価を加えないわけにもいきません．

彼らは遠慮なしに反ソ運動を展開しました．「数千にのぼる犠牲者」，「死者の山」，「無人と化したキエフ」，「ウクライナ全土の汚染」等々，語られ，書かれたことは想像を絶します．

全体として，われわれはまぎれもない最も非良心的で悪意に満ちた嘘の山に直面しました．これらすべてについて触れるのは不愉快なことではありますが，触れないわけにはいきません．われわれが対決しなければならなかったことを，世界の人々に知ってもらう必要があります．このきわめて不道徳な運動の背後にあるのはなんであるのかという問いに答えるために，触れなければなりません．

おそらく，その運動の組織者たちは，事故に関する真の情報にも，チェルノブイリ，ウクライナ，白ロシア，その他のあらゆる地区，あらゆる国の人々の運命にも関心をもっていなかったことはいうまでもありません．彼らに必要だったのはソ連とその外交政策を中傷し，「核実験停止」と「核兵器廃絶」についてのわが国の提案の影響力を弱め，同時に国際舞台でのアメリカの行動と，その軍事方針に対して増大する一方の批判をやわらげるための口実であったのです．

率直に申しまして，西側の一部の政治家たちは，国際関係安定化の可能性を弱め，社会主義国に対する新たな不信と疑惑の種をまくという明確な目的を追求していました．

このことはすべて，ごく最近東京で開かれた7カ国指導者会議でも，はっきりと現れました．彼らは，世界になにを告げ，どんな危険について人類に警鐘を与えたのでしょうか．証拠もないのにテロリズムのかどで非難されたリビアについてであり，さらにチェルノブイリ事故に関する"十分な"情報を彼らに提供しなかったソ連についてでありました．いかにして軍拡競争を停止し，いかにして世界から核の脅威をなくすかという最も重要な問題については，一言も触れられませんでした．ソ連のイニシアティブ，すなわち核実験の停止，核ならびに化学兵器からの人類の解放，そして通常軍備の削減に関するわれわれの具体的な提案に対してはなんの回答もありませんでした．こうしたことすべてを，どう理解すればいいのでしょうか．東京に集まった資本主義諸国の指導者たちは，彼らにとって都合の悪い，しかし全世界にとってはきわめて現実的で重要なこれらの問題から世界世論の注意をそらすための口実として，チェルノブイリを利用しようとしたのだという印象をもたざるをえません．

チェルノブイリ発電所事故とそれに対する反応は，政治的モラルに対する一種のテストとなっています．2つの異なるアプローチ（政治姿勢）と2つの異なる行為の路線が再度だれにもわかるように明るみに出されました．

アメリカ合衆国の支配層とその最も熱心な同盟諸国——そのなかでもとくにドイツ連邦共和国を指摘したいのですが——は，この不幸な出来事を，その進展は遅々としているとはいえ深まり発展しつつある東西間の対話を遅らせる障害をさらにつけ加え，そして核軍備競争を正当化するもう一つのチャンスとしてみなしているだけなのです．

そればかりでなく，ソ連との交渉，ましてや協定などは不可能であることを世界に立証し，それによって，今後の軍備増強に青信号を出す試みが行われてきました．

われわれのこの悲劇の受け止め方はまったく異なっております．われわれは，これはもう一つの警鐘，核時代が新しい政治思考と新しい政策を必要としているということを告げるもう一つの厳しい警告であると理解しました．

　このことにより，ソ連共産党第27回大会で策定された外交政策方針が正しいこと，そして核兵器完全廃絶，核実験の終結，包括的な国際安全保障体制の設立をめざすわれわれの提案は，核時代がすべての国の政治指導部に迫っている容赦のない厳しい要求に正しく応えるものであるというわれわれの確信をますます強めました．

　情報の"欠落"をめぐって特別なキャンペーン，しかも政治的な内容と性格をもつキャンペーンがくりひろげられましたが，このことについていえば，このような非難はこの場合は，こじつけであります．実際にそうであることを，次の事実が裏づけています．米国当局が1979年にスリーマイル島原子力発電所で起こった悲劇について自国の議会に報告するのに10日，世界に知らせるのに数カ月を要したことは，すべての人の記憶するところであります．

　われわれが，いかに行動したかは，すでに述べたとおりであります．

　自国民と諸外国に情報を提供するという問題について，どちらが最善の態度をとっているかは以上の事実から判断できるでしょう．

　しかし，問題の本質はちがうところにあるのです．チェルノブイリ事故は米国，英国その他の原子力発電所事故と同様に，責任ある対応を要する非常に深刻な問題をすべての国の前に提起しているのだと，われわれは考えます．

　今日世界のさまざまな国で370基を越える原子炉が稼働しています．これが現実です．世界経済の未来は，原子力発電の発展なしに考えることはほとんど不可能です．わが国では現在，合計出力2800万kWを上回る40基の原子炉が稼働しています．周知のとおり，原子力の平和利用は人類に少なからぬ利益をもたらしています．

　原子核のもつ巨大で恐るべき力を安全に管理し利用することに科学技術の力を結集すべくさらに細心の注意を払って行動する義務を，われわれ全員が負っていることは当然のことであります．

　科学技術の開発をさらに進展させていくうえで，装置の信頼性と安全性の問題，ならびに，規律，秩序，および組織構成の問題が優先する重要な課題であるという点が，異論の余地のないチェルノブイリ事故の教訓であります．いたるところであらゆる点において，きわめて厳格な要求が必要であります．

　さらに，国際原子力機関（IAEA）の枠内で，協力を大幅に深めるよう求めることが必要であるとわれわれは考えます．これに関して，どのような進め方が考えられるでしょうか．

　まず第1点．原子力発電工学にかかわっているすべての国家間の密接な協力に基づき，原子力の安全な開発のための国際的な体制をつくることであります．原子力発電所内で事故や故障が発生した場合，とりわけ放射能放出を伴う場合に，すみやかな通告と情報提供を行うシステムを，この体制の枠内で確立する必要があります．それと同じように必要なのが，危険な状況が発生したさいに，最大の早さで相互援助が確実に行えるようにするため，二国間，および多国間での，国際機構を整えることであります．

　第2点．これらすべての問題を審議するため，IAEAの主催のもとにウィーンにおいて権威のある特別国際会議を召集するのがよいでしょう．

　第3点．IAEAは1957年の昔に設立されたものであり，その資金と職員が現代の原子力工学の発展レベルに見合っていない点に鑑み，このユニークな国際機関の役割と可能性を高めること

が適切でありましょう．ソ連邦は，これに応じる準備ができています．

　第4点．原子力の平和利用を安全に発展させるための努力に，国連と，世界保健機関（WHO）や国連環境計画（UNEP）などの国連の専門機関がもっと積極的に関与すべきであるとわれわれは確信しています．

　しかしこうしたなかで忘れてならないのは，すべての事柄が相互に関係しあっているわれわれの世界では，「平和利用のための原子」の問題と並んで，「軍事利用のための原子」の問題が存在することであります．これが今日の主要な問題です．チェルノブイリ事故は，もし核戦争が人類に降りかかるならばいかなる破滅に陥ることになるかをあらためて示してくれました．備蓄されている核兵器に，チェルノブイリ事故よりはるかに恐ろしい惨事を何千何万もひき起こす力が備わっているのです．

　核問題への関心が高まりつつあるなかで，ソ連政府は，自国民と全人類の安全に関するあらゆる事情を考慮して，本年8月6日，すなわち，40年以上前に日本の広島市に最初の原子爆弾が投下され，何十万もの死者が出た，その日付の日まで，核実験の一時停止を延長する決定を下しました．

　われわれは，アメリカ合衆国に対し，人類をおおっている危険の大きさを考え，国際共同体の意見に最大の責任をもって耳を傾けることを再び強く勧めるものであります．アメリカ合衆国の頂点に立つ人たちは，人々の生命と健康に対する配慮を行動で示すべきであります．

　われわれを受け入れる用意のあるヨーロッパのいずれかの国の首都か，あるいはたとえば広島において早急に会見し，核実験禁止の取り決めをするという私のレーガン大統領への提案を，私は再確認します．核の時代には，破滅的な軍拡競争に終止符を打ち，世界の政治風潮を抜本的に改善するために，国際関係に対する新たな取り組みと社会体制の異なる国々の努力を結集しあうことが強く必要とされています．これにより，すべての国とその国民の実り多い協力に向かって広い地平線が開けてくるでありましょうし，また地球上のすべての人々が利益を受けることになるでしょう．

付録 3

東ヨーロッパとスカンジナビアにおける癌の発生率

　図35の地図にチェルノブイリからスウェーデンのフォルスマークに向かって，放射能雲がはじめに移動した方向を示してあるが，この地図から明らかなように，放射性降下物のレベルが特に高くなったのは，東ヨーロッパとスカンジナビアである．ヨウ素-131とセシウム-137に対する公衆の関心については第7章で，癌死亡の増加の推定値として公表された値については第9章で述べた．しかしながら，甲状腺癌と白血病——これらの悪性腫瘍は放射線によって誘発される癌に関して最も頻繁に言及されるものであるが——によって将来増加する死亡数の算定ができるためには，現在の発生パターンを知らなければならない．この付録はソ連に関する国際出版物に現れた最新の利用可能なデータのまとめを載せたものである．また，ここではほかの東ヨーロッパ諸国およびスカンジナビアのデータとソ連のものとの比較も行っている．

　ただちに利用できる最も最近のソ連のデータは1969年から1971年の，ウクライナと白ロシアを含む15のソビエト社会主義共和国すべてについてのものである．1976年に国際癌研究機関（International Agency for Research on Cancer ; IARC）は『五大陸における癌発生率』第3巻を出版したが，これにはソ連のデータは載っていない．この補遺として1983年にIARCより出版されたのがこのデータである．第4巻は1982年に出版されたが，それにもソ連のデータは入っていない．

　IARC第3巻と第4巻には癌発生率のデータが全体でおよそ100種の国際疾病分類番号（ICD番号）ごとに記載されている．しかしソ連のデータがあるのは次のICD番号のグループに限られている．

　　ICD番号
　　140　　　　口唇
　　141〜149　口喉と咽喉（その他の口腔と咽頭と呼ぶ）
　　150　　　　食道
　　151　　　　胃
　　154　　　　直腸
　　161　　　　喉頭
　　162　　　　肺（気管支と気管と呼ぶ）
　　172〜173　皮膚
　　200〜209　リンパ性および骨髄性白血病

および，その他の癌と不特定の癌

　これは，甲状腺癌（ICD番号194）は，「その他の癌と不特定の癌」にまとめられ，白血病（ICD番号204のリンパ性，205の骨髄性，205の単球性，207のその他の白血病）は，リンパ性および骨髄性白血病（ICD番号200のリンパ肉腫等，201のホジキン病，202の細網症，203の多発性骨髄腫，208の真性赤血球増加症，209の骨髄線維症）にまとめられている．しかし，ほかの東ヨーロッパ諸国における甲状腺癌の発生率が一貫して低い（ふつう，男性100万人につき60〜200人，女性100万人につき100〜250人の範囲）ことは，ソ連においてもおよそ同様であることが示されていると考えてよい．しかし，ソ連における白血病の発生率を推定するのは容易ではない．というのは，ICD番号200〜209の癌発生率は，東ヨーロッパのほかの諸国にくらべ，概してソ連のほうが低いが，それが白血病とリンパ腫のいずれかによるのか，その両者によるのかが明らかではないからである．

　癌発生率を比較する場合には，同一統計変数に基づく数値の比較でなければならない．ソ連を入れて比較する場合にはこれは粗平均年発生率でなければならない．異なる年齢別発生率の値はソ連についてのIARC出版物とソ連以外の国についての同第3巻および第4巻とでは異なった年齢グループを対象としている．ソ連は10歳ごとの間隔であるのに対し，第3巻と第4巻では，5歳間隔である．

　最初の表では，東部ヨーロッパとスカンジナビアの男性について，この地域で高い発生率を示している甲状腺癌，すべての白血病（ICD番号204〜207），肺癌，胃癌の平均年発生率（すなわち新しい癌例数）を比較している．肺癌の発生率は，ルーマニアとソ連を除いての，ここにあげたすべての地域で，胃癌の発生率を超えている．ハンガリーの一部では男性の肺癌と胃癌の発生率はほぼ同程度である．同様に，この表で興味深いのは，ポーランドにおける肺癌の発生数について都市地域でデータのあるのはクラカウとワルシャワの2つの都市だけであるが，その2都市で特に高いことである．

　表から次のようなことがわかる．
- 甲状腺癌の発生率は非常に低いが，常に，男性よりも女性のほうが高い．
- 白血病は，女性の場合，通常甲状腺癌の2倍であり，男性の場合，甲状腺癌の6倍程度高く発生している．

　その他の興味ある特色は
- 男性の場合，ソ連とルーマニアでは，肺癌にくらべて，胃癌の発生率が著しく高い．
- 女性の場合，ソ連とルーマニアでは，子宮頸癌の発生率は乳癌にくらべてわずかに高いが，一方，ほかの多くの国では乳癌のほうが子宮頸癌にくらべてはるかに高い．
- これらの表で考察してきた地域のなかでは，白ロシアでの女性の胃癌の発生率は，女性100万人につき403例ときわだっており最高である．白ロシアの男性では，100万人につき535例で，ルーマニアの504例と肩を並べている．
- 次に示す4つの円グラフは，IARC出版物のなかから利用可能なすべてのデータを使って，ウクライナと白ロシアにおける男性と女性の癌発生率のパターンを示したものである．男性と女性とに分けた2つの棒グラフは，リンパ性および骨髄性白血病（ICD番号200〜209）のソ連のデータをほかの国々と比較したものである．チェルノブイリ事故による放射性放出物のために癌発生率（すべての癌患者が，癌で死ぬとはかぎらないので死亡率とは区別される）が増加

対象人口における男性の癌発生数

地域と登録年度		男性100万人当たりの癌発生数			
		甲状腺	白血病	胃	肺
スカンジナビア					
スウェーデン	1971〜75	21	125	316	395
デンマーク	1973〜76	12	111	266	757
ノルウェー	1973〜77	19	98	321	374
フィンランド	1971〜76	18	81	328	853
東部ヨーロッパ					
東ドイツ	1973〜77	11	86	455	835
(a)チェコスロバキア	1973〜77	8	62	336	526
(b)ハンガリー	1973〜77	6	33	356	327
(c)ハンガリー	1973〜77	9	58	552	719
(d)ポーランド	1973〜77	12	97	417	474
(e)ポーランド	1973〜77	12	65	328	698
(f)ポーランド	1973〜74	6	40	353	470
(g)ポーランド	1973〜77	19	65	423	481
(h)ポーランド	1973〜77	9	78	355	780
(i)ポーランド	1973〜77	1	70	359	473
(j)ルーマニア	1974〜78	4	63	504	414
(k)ユーゴスラビア	1973〜76	17	69	465	613
ソ連					
ウクライナ	1969〜71	不明		421	402
白ロシア	1969〜71	不明		535	247
全ソビエト連邦	1969〜71	不明		478	360

対象人口における女性の癌発生数

地域と登録年度		女性100万人当たりの癌発生数				
		甲状腺	白血病	胃	肺	子宮頸部
スカンジナビア						
スウェーデン	1971〜75	54	90	202	883	168
デンマーク	1973〜76	22	83	176	853	284
ノルウェー	1973〜77	55	76	206	731	224
フィンランド	1971〜76	50	65	244	535	112
東部ヨーロッパ						
東ドイツ	1973〜77	25	71	318	597	384
(a)チェコスロバキア	1973〜77	23	42	192	378	165
(b)ハンガリー	1973〜77	20	23	179	258	134
(c)ハンガリー	1973〜77	20	42	325	292	187
(d)ポーランド	1973〜77	22	47	215	240	210
(e)ポーランド	1973〜77	25	65	238	352	246
(f)ポーランド	1973〜74	14	35	196	288	250
(g)ポーランド	1973〜77	21	57	286	257	163
(h)ポーランド	1973〜77	34	68	236	532	270
(i)ポーランド	1973〜77	9	46	155	205	179
(j)ルーマニア	1974〜78	19	42	303	379	355
(k)ユーゴスラビア	1973〜76	28	52	275	444	213
ソ連						
ウクライナ	1969〜71	不明		291	224	278
白ロシア	1969〜71	不明		403	158	175
全ソビエト連邦	1969〜71	不明		382	187	260

注
(a)西部スロバキア (b)サボルチェ-ザトマール郡 (c)バース郡 (d)チェジン地域 (e)クラカウ市 (f)カトーウィツェ地区 (g)ノビソンチ (h)ワルシャワ市 (i)ワルシャワ郊外 (j)クルージュ郡 (k)スロベニア

するか否かを研究するにあたっては，もし統計的に有意に癌が増加したことを実証しようとするのであれば，このような癌発生パターンを考慮に入れなければならない．

白ロシア　1969-1971　男性

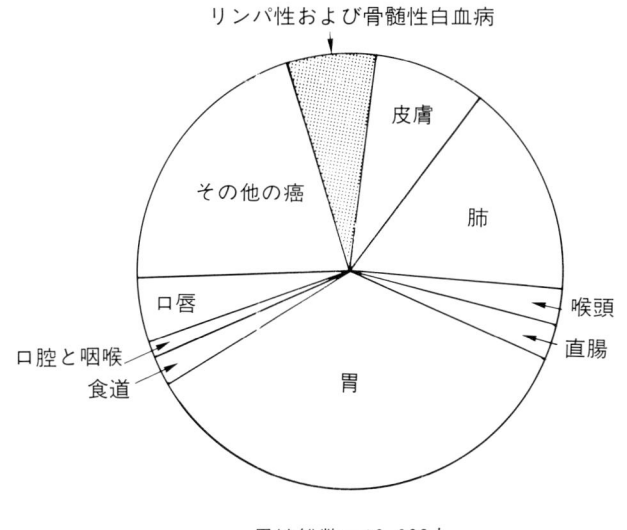

- リンパ性および骨髄性白血病
- 皮膚
- その他の癌
- 肺
- 口唇
- 喉頭
- 口腔と咽喉
- 直腸
- 食道
- 胃

男性総数＝19,206人

白ロシア　1969-1971　女性

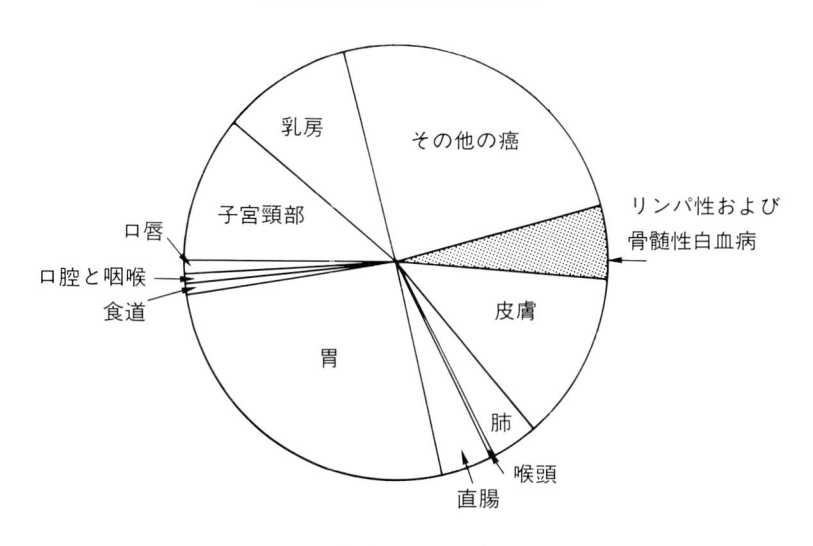

- 乳房
- その他の癌
- 子宮頸部
- リンパ性および骨髄性白血病
- 口唇
- 口腔と咽喉
- 食道
- 皮膚
- 胃
- 肺
- 喉頭
- 直腸

女性総数＝22,739人

付録　3

ウクライナ 1969-1971 男性

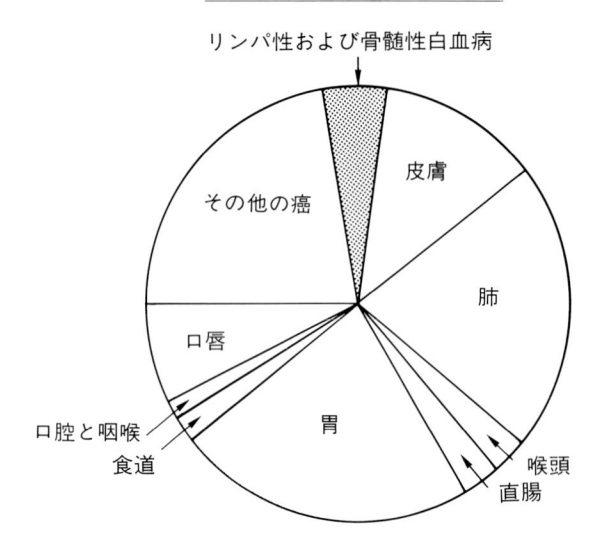

- リンパ性および骨髄性白血病
- 皮膚
- その他の癌
- 肺
- 口唇
- 胃
- 口腔と咽喉
- 食道
- 喉頭
- 直腸

男性総数＝118,562人

ウクライナ 1969-1971 女性

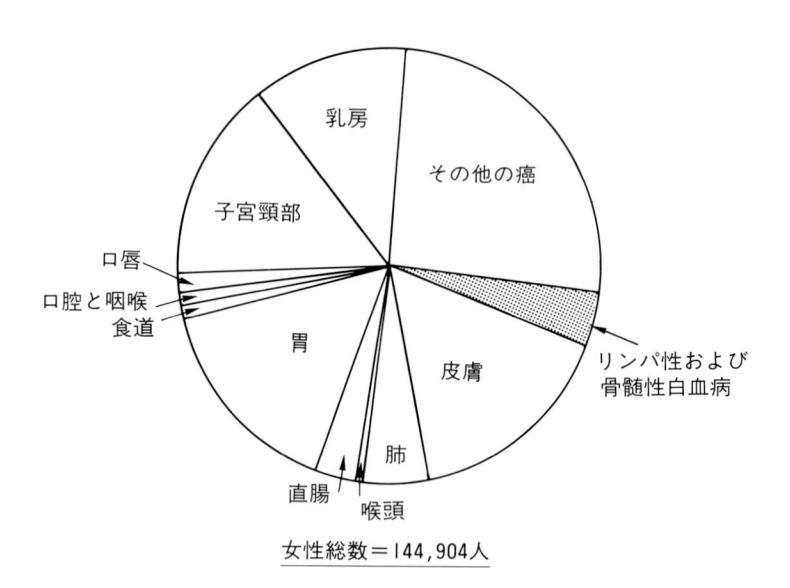

- 乳房
- その他の癌
- 子宮頸部
- 口唇
- 口腔と咽喉
- 食道
- 胃
- 皮膚
- 肺
- 直腸
- 喉頭
- リンパ性および骨髄性白血病

女性総数＝144,904人

男性100万人当たりの癌発生数

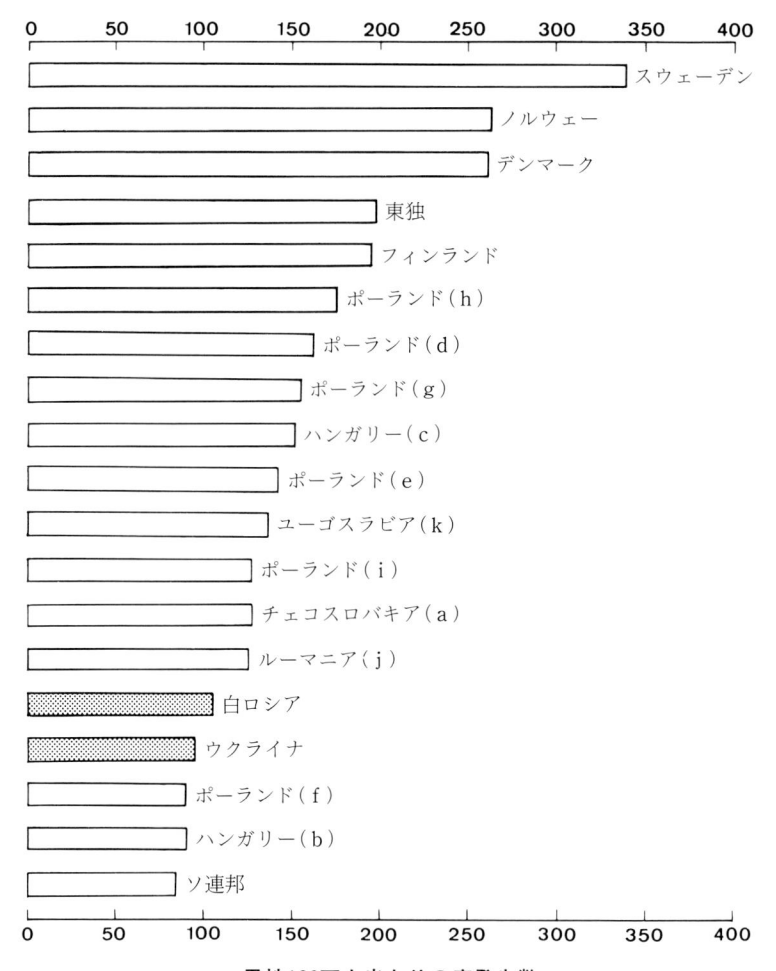

スウェーデン	~340
ノルウェー	~260
デンマーク	~260
東独	~200
フィンランド	~200
ポーランド(h)	~190
ポーランド(d)	~170
ポーランド(g)	~170
ハンガリー(c)	~170
ポーランド(e)	~160
ユーゴスラビア(k)	~160
ポーランド(i)	~150
チェコスロバキア(a)	~150
ルーマニア(j)	~140
白ロシア	~110
ウクライナ	~110
ポーランド(f)	~110
ハンガリー(b)	~110
ソ連邦	~90

男性100万人当たりの癌発生数
<u>男性におけるリンパ性および骨髄性白血病の発生</u>

女性100万人当たりの癌発生数

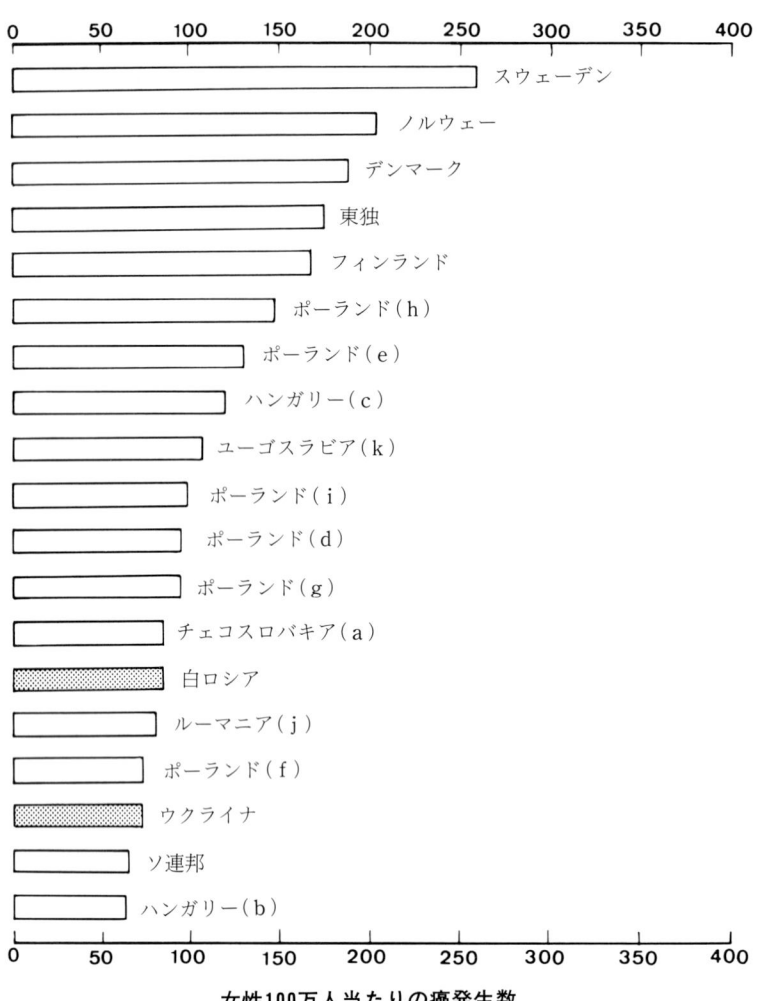

スウェーデン	
ノルウェー	
デンマーク	
東独	
フィンランド	
ポーランド(h)	
ポーランド(e)	
ハンガリー(c)	
ユーゴスラビア(k)	
ポーランド(i)	
ポーランド(d)	
ポーランド(g)	
チェコスロバキア(a)	
白ロシア	
ルーマニア(j)	
ポーランド(f)	
ウクライナ	
ソ連邦	
ハンガリー(b)	

女性100万人当たりの癌発生数

女性におけるリンパ性および骨髄性白血病の発生

付録　4

ソ連の放射線犠牲者医療処置マニュアル

　このマニュアルは，1987年4月12日アンゲリナ・グシコーバ教授が生物学研究所のチェルノブイリに関するセミナーに出席するためにロンドンに滞在中に，著者に寄贈してくれたものである．このマニュアルは放射線障害の治療についてのソ連における標準的な参考書である．

「電離放射線により障害を受けた人々の医療の構成に関するマニュアル」1986年，L・A・イリイン編，エネルゴアトミザート出版（科学編），モスクワ（1986年8月5日出版承認，4650部印刷，ロシア語版）

РУКОВОДСТВО
по организации медицинского обслуживания лиц, подвергшихся действию ионизирующего излучения

マニュアルの内容は以下のとおり．

第1章　放射線の主要な生物学的影響と，その研究の一般的原理（A・K・グシコーバ，V・I・キルュシキン（Kiruyshkin）およびM・M・コセンコ（Kosenko）担当）

第2章*　電離放射線源を用いて作業する人々についての特殊な調査の方法論

第3章*　さまざまな種類の放射線源の生産に携わる人々に生ずる疾病の防護と治療のための調査の基本原理
　　　　3．1　ウラン
　　　　3．2　ポロニウム
　　　　3．3　プルトニウム

第4章　通常よりも高い放射線レベルの環境で働く集団のなかのある限定された一部の人々についてのモニタリングの構成（V・I・キルュシキン，A・K・グシコーバおよびM・M・コセンコ担当）

---

*　第2，3章はそれぞれ約15人の著者によって書かれている．この内容一覧の翻訳を援助してくださったタス通信のI・ペスコフ（Peskov）氏に感謝する．

付録　5

チェルノブイリ犠牲者基金

　チェルノブイリ事故の犠牲者のための災害基金が1986年4月26日にソ連で設立され，同年9月1日までには国家銀行口座番号904のチェルノブイリ救援基金にソ連国民から4.8億ルーブルが寄せられた．これに加えて，外国貿易銀行の同様な救援基金への寄金は9月1日までに外貨で130万ルーブルに達した．諸外国にもこの基金の口座が開かれており，たとえば英国ではロンドンにあるモスクワ・ナロドニ銀行の141505CRFという口座である．基金への寄付者は多種多様であるが，なかでも最も喧伝されたのは5月30日にモスクワのスポーツセンターで開催されたチャリティーコンサートである．このコンサートは「チェルノブイリ援助」と呼ばれ，約9万ルーブルの売り上げがあった．アラ・プガチョノバ（A. Pugachyonova）（写真右端）とか，アレクサンドレ・グラッキー（A. Gradsky）といったソ連のポピュラー歌手がリサイタル，オートグラフ，クルーズなどのグループサウンドと一緒に出演した．

　またノーボスチ通信によると，避難，放射能除染，原子炉の埋没処理，その他の必要事項を併せて費用は全部で約20億ルーブルに達するといわれる．英貨（ポンド）との換金率は本書出版の時点でおよそ1.02ポンド＝1ルーブルである（1ポンド＝約280円）．

モスクワのオリンピックスポーツコンプレックスでチャリティコンサートを開いたソ連の歌手アラ・プガチョンバ (A. Pugachyonova) さん (右) とポップシンガーたち。売上げはチェルノブイリ事故の犠牲者たちに贈られた。

用 語 集

IAEA 国際原子力機関（International Atomic Energy Agency）.

ICRP 国際放射線防護委員会（International Commission Radiological Protection）.

アイソトープ，同位元素 陽子の数が同じ（すなわち原子番号が同じ）であるが中性子の数が異なる（すなわち質量数が異なる）ような原子の種類．ウラン-238 とウラン-236 はいずれも原子番号は同じ（92）であるが質量数は異なり（238 と 236），中性子の数も異なる（146 と 144）．安定アイソトープ（安定同位元素）は放射性でなく，壊変しない．

RBE 生物学的効果比（Relative biological effectiveness）.

RBMK 1000 チェルノブイリ原子力発電所で採用されている原子炉型.

アルファ線（α線） 陽子（プロトン）2 個と中性子 2 個でできている粒子．ある種の放射性アイソトープが壊変するときにアルファ線が放出される．ヘリウムの原子核も陽子 2 個と中性子 2 個でできている．

アルファ線，ベータ線，ガンマ線の透過力 放射性物質から出てくる放射線には透過力が異なるものがあることが，放射性物質を取り扱った初期の実験で示されている．この実験では，アルファ線は最も透過力が弱く，2，3 cm の厚さの空気やごく薄い金属板で完全に吸収されてしまった．ベータ線は約 1 mm の厚さの鉛で吸収された．ガンマ線は最も透過力が大きく，約 10 cm の厚さの鉛を通過することができた．

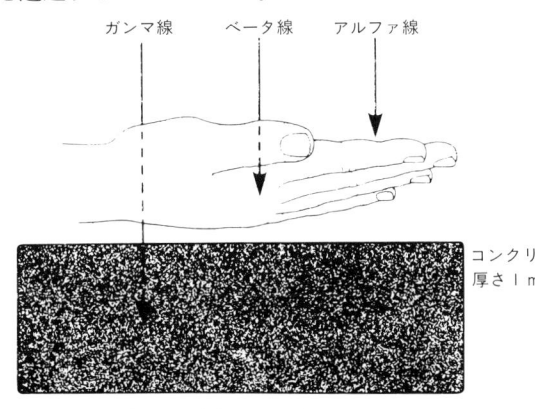

放射線の透過力． アルファ線は皮膚の表層を通過するだけである．ベータ線は 1～2 cm の厚さのヒトの組織を通過できる．ガンマ線は透過力が強く，人体を通り抜けることができるが，1 m の厚さのコンクリートではほとんど完全に吸収される．

もう1つの相違点はアルファ線とベータ線のみが磁場によって進行方向をまげることができたことである．これら3種の放射線の性質は，はっきりと異なっている．アルファ線はヘリウム原子の核であって陽子2個と中性子2個とでできている．つまりアルファ線は陽子の2倍の質量と2倍の正（プラス）の電荷をもっていることになる．ベータ線は電子であり，ガンマ線は電磁波の光子（フォトン）である．ガンマ線はアルファ線やベータ線のような粒子ではない．

アロジェニック（移植）（Allogenic）　同種内で遺伝子組成が異なる（組織の移植）．骨髄移植にさいして同種の動物の1個体とほかの個体とのあいだの移植がアロジェニック移植である（同種他個体間の，異質遺伝的移植）．移植される新しい骨髄は提供者（ドナー）から採取される．

UNSCEAR（アンスケア）　国連放射線影響科学委員会（United Nations Scientific Committee on the Effects of Atomic Radiation）．

イオン　「イオン化」の項を参照．

イオン化（電離）　安定した電気的に中性の原子が電子を失う過程．出ていった電子は「負の（マイナス）イオン」，残った正の電荷の原子は「正の（プラス）イオン」と呼ばれる．

萎縮症　器官や組織の大きさの減少．

遺伝子　「染色体」の項を参照．

INSAG（インサッグ）　国際原子力安全諮問グループ（The International Nuclear Safety Advisory Group）．IAEA事務総長の諮問グループで，次のような機能を果たす．
 (1)　国際的に重要な原子力安全の全般的問題に関しての情報交換の場を提供すること．
 (2)　現在重要な原子力安全問題がなんであるかを明らかにし，IAEAの原子力安全活動の成果ならびにその他の情報に基づいて結論を出すこと．
 (3)　情報の交換，および/または，その他の活動を必要とするような原子力安全問題について助言すること．
 (4)　可能な場合には共通の同意の得られるような安全概念を創出すること．1986年12月にIAEAはチェルノブイリ事故に関して事故後検討会議（1986年8月25〜29日）のINSAG要約報告書を発表した．

ウィンズケール（Windscale）　英国で1957年に民間を巻き込んだ原子力発電所の事故が起こった場所．以下の記述は米国の1986年7月1日付議会議事摘要報告から引用したものである．
　「1956年代の米国の核兵器計画では，プルトニウムの一部はウィンズケールにある小型の黒鉛減速空気冷却型プルトニウム生産炉から得られていた．1957年，通常運転中に黒鉛の一部が過熱し，ウラン燃料と黒鉛の一部が発火した．推定約2万キューリーのヨウ素-131が放出され，周辺の牧野に降下したため，牛乳（原乳）の放射能汚染が起こった．汚染した地域で生産されたほとんどの牛乳は消費禁止となったが，住民の避難は行われなかった．英国医学審議会の調査委員会は『ウィンズケールの従業員や一般公衆のいずれについても健康に障害が生ずるようなことはありえない』と決論した」．
　ウィンズケール事故が1988年1月に再度新聞紙上の大見出しになったのは，「連合王国内閣の文書類は30年経過した後でなければ一般に公開されない」という規則が原因であった．1988年に新しく公表された文書によると，事故当時の首相であったハロルド・マクミランはウィリアム・ペニー（W. Penny）卿の調査報告書をすべて公開することに反対し，そのため政府が公表したのは調査結果の要約のみであった．問題の文書は原子力庁1957年11月白書

「ウィンズケール1号炉における1957年10月10日の事故」であった．30年間にわたって情報を秘匿したことについて新聞等がコメントを出しているが，その典型的なものを以下にあげる．

「ザ・タイムズ」紙，1988年1月1日付

1957年原子力庁議事録よりの引用．「(当時の国防省の主任科学者が首相に『秘密保持上の反対は存在しない』と助言したのに対して)かりにこのように高度に技術的な詳細を公表することに秘密保持上の反対はないと考えられてきたとしても，敵意をもつ評論家によってある部分が全体の文脈のなかから抜き出されて引用され，本来意図されたこととは異なる使い方をされる危険性は依然として存在する．特に，現在，米国政府当局は彼らが希望している程度まで他国との協力を進めることができるようにするため，マクマーホン(McMahon)法(米国政府が他国と核技術情報を分かちあうことを禁止する法律で1954年に制定された)の改定を提案することを考えているが，この調査報告書を公開することはこの改定に対していずれにせよ反対すると思われる米国内の保守派に弾薬を送るようなものである」．

「ニュー・サイエンティスト」誌，1988年1月7日号

1957年の原子力庁の一員の発言の引用．「この報告書を公刊するならば，課せられた職務を遂行する原子力庁の能力に寄せる公衆の信頼が大幅に揺らぐことになろうし，また，必然の結果として，原子力の開発，および原子力の未来についてなんらかの疑義をもっている人々に反対の弾薬を提供することになろう」．

同誌はまた，ペニー報告がポロニウム-210というアルファ線放出放射性アイソトープについてなんら言及していないことを指摘して，この誤りは「放射能モニタリングが当初はガンマ線放出核種に集中して行われていたために生じたのであろう」と，公正な記述も載せている．しかし，

「この事故のさいに原子炉(パイル)のいくつかの副チャンネルの1つでビスマスの照射が行われており，これによってポロニウム-210が生成されていた．原子力庁のスタッフによる事故後の報告文書——これは1980年代まで公表されなかったもの——によるとポロニウム汚染が広くひろがったことが明らかになっている．それにもかかわらず，ペニー報告も，あるいは1988年1月に公表されたほかのいかなる文書にも，このことが言及されていない．英国放射線防護庁が1982年にウィンズケールのデータを初めて調査検討したさいにも，この事実は知らされなかった」．

「デーリー・テレグラフ」紙，1988年1月2日付

同紙はウィンズケール事故を調査した4人のグループの一員であったジョン・ケイ(J. Kay)教授(ほかのメンバーはペニー卿，ジャック・ダイアモンド(J. Diamond)教授，およびションランド(B. F. J. Schonland)博士)にインタビューして，1988年の彼の発言を以下のように引用している．「こういうと一人よがりのように聞こえるのはいやなのだが，私たちが事故をいつかは経験せざるをえないものとすれば，あそこであのときに事故が起こったことはたしかによかったと私は思う．この事故によってすべての人が安全に対して気をつかうようになり，わが国の原子力産業界にりっぱな安全管理が確立されることになった．現在の安全の基準について私は疑いなく確信をもっている．現在，原子炉は良好であり，管理運営は良好で，検査も良好である」．

英国原子力庁は事故記念日(声明発表28/87，1987年10月5日付，英国の原子爆弾製造競争から学んだ教訓；声明発表29/87，1987年10月5日付，ウィンズケール原子炉のクリーンアップ開始)，および1988年1月1日(声明発表40/87，1957年核火災放出についての報告)の両日に新聞声明を発表した．また，英国原子力庁の雑誌である「アトム」誌1987年10月号，No. 372，には「1957年のウィンズケール火災：一般に入手可能な文献一覧(約70件の報告)」，1987年12月号，No. 374，には「ウィンズケールの原子炉——過去，現在，未来」という記事が載っている．

後者の記事は「事故に至る経緯，原子炉の安全を確保するためにその後にとられた対策と監視，廃炉に備えて行われつつある作業を記述したもの」である．

英国原子力庁新聞発表　29/87
　　「原子炉が敷地内の作業者や一般公衆にリスクを生じたことは長年にわたってない．事実何年ものあいだ，私たちは初期段階の取り片づけにより生じた空き地を大型研究装置を入れた実験室やオフィスに使用してきている」．
　　また，「取り片づけ作業には約10年（1988年から）を要する．作業は慎重に進める必要があり，原子炉（パイル）自体についてなんらかの作業をする以前に各パイルの基底の部分に空気貯留ダムを設けて（400フィートの高さの）煙突を密閉しなければならない．空気ダムが設置されてより綿密な検査ができるようにならないと損傷した炉心の状態は正確にはわからない」．
　　燃料貯蔵水槽は2つの原子炉（第1パイルと第2パイル）の中間にあるが，これは英国核燃料公社（British Nuclear Fuels Ltd.）が空にして清掃することになっている．煙突の作業も同社が行う．原子炉の廃炉（とり壊し）作業については英国原子力庁が責任を負うことになる．

英国原子力庁新聞発表　40/87
　　「発電ではなくて，原子爆弾原料製造用に使われていたこの軍用原子炉は英国において建造されたものとしては格納容器がなにもない炉の最後のものであった．火災の原因はワイナー（Wigner）エネルギーの蓄積により炉が過熱し，この現象によって炉心の黒鉛ブロック材が発火したのである．このようなことは今日の原子炉では起こりえない」．
　　そして，「原子力にかかわる論議につけ加えられた重要な出来事として，また，1950年代以降に達成された多数の原子力安全性改善事項を人々に知らしむるものとして，われわれは，今回のファイルの公表を歓迎するものである」．

ウラン　閃ウラン鉱（瀝青，ピッチブレンド）などの金属鉱石のなかに天然に存在する．1896年にアンリー・ベクレル（H. Becquerel）によって放射能という現象が発見されたのは，ウランの塩化物を用いてのことであった．ウランの原子核には92個の陽子がある．天然に存在しているウランは主としてウラン-238で，ウラン-235は0.7％にすぎない．速中性子で核分裂が起きるのはウラン-238のみである．ウラン-235の核分裂は熱中性子で起きる．

英国中央電力庁　Central Electricity Generating Board of the United Kingdom (CEGB)．

SI　国際的な単位の体系，国際単位系（Système International d'Unités）．

X線，エックス線　ある特定の電磁エネルギーの線（電磁波の一種）．エネルギーを有する光子（フォトン）と呼ばれることもある．医療上の診断や癌治療用などのX線装置から発生する．

X線の発見　X（エックス）線は，1895年11月8日にドイツのウルツブルクにおいてウィルヘルム・レントゲン（W. Rentgen, 1845-1923）によって発見された．それはレントゲンが空気を吸引して真空に近くしたガラス管の中を誘導コイルからの放出電子が通過するさいの現象を調べているときのことであった．このガラス管は黒い紙でおおわれており，また部屋全体が完全に暗黒にしてあったにもかかわらず，蛍光物質を塗った紙製のスクリーンが光るのが観察された．この奇妙な新しい「線」は木板，厚い書籍，金属薄板などの物体を透過することがわかった．このようにしてX線は発見され，この年の12月に「新しい種類の『線』について」と題して発表された．この発見は広く世の賞賛を浴び，「照らし出される組織」，「固体を透視する電気的写真」そして，その他さまざまな同工異曲の奇妙な見出しが紙面を飾り，ついには「他人の体の骨をみるというなんとも節度を欠いた行い」について論評する雑誌も現れた．まもなく多くの国々で，手や財布，エジプトのミイラ，そして小動物のX線写真が撮られ，人々に公表されるようになった．

NRPB　英国放射線防護庁（National Radiological Protection Board）．

FDA　米国の食品医薬庁（Food and Drug Administration）．

エレクトロンボルト（eV）　電子ボルト．電子が真空中で電位差1ボルトの2点間を通過すると

きに得られるエネルギーに等しい．

エンセファロパシー（Encephalopathy）　脳疾患の総称．

オートロガス（Autologous）　同じ遺伝的素因の．

核事故　フェルミ原子炉の燃料溶融，キシュティム，スリーマイル島，ウィンズケールの項を参照．

核分裂　核分裂は，原子核（nucleus）が2つまたはそれ以上の核に分裂してそのさいにエネルギーを放出する過程である．核分裂という用語は，ウラン-235の原子核が中性子を放出して分裂することをさして使われることが多い．

確率的影響と非確率的影響　ある影響について，その重篤度ではなく，それが起こる確率が放射線の線量によって変わるような影響．遺伝的障害や癌の誘発の場合はその線量以下では影響が起こらないという「閾値線量」は存在しない．したがって，放射線の遺伝的影響や発癌影響は確率的影響である．これとは対照的に高線量の放射線被曝の結果として起こる影響（たとえば皮膚の放射線火傷）は，ある「閾値線量」を超えて被曝した場合に起こり，このような影響を「非確率的影響」という．〔訳注：「非確率的影響」は，現在では「確定的影響」（Deterministic effect）という〕

顆粒球　白血球の一種で顆粒状の細胞質を有する．〔訳注：成熟した顆粒状白血球，すなわち好中球，好酸球，好基球〕

癌の粗発生率　年間発生率は，ある特定の年における新しい患者の数を表す指標である．これは通常，発癌リスクのある特定の集団の10万人当たりの発生割合として表されるが，100万人当たり，あるいは1000人当たりで示すこともある．「粗」という言葉は年齢（分布）や基準とする年度などの要因を考慮して調整することをしていない，という意味である．男性の，ある特定の器官の癌についての10万人当たり年間粗発生率は，

$$\frac{Y年度に登録された新しい男性癌患者数}{Y年度における男性の平均数} \times 100,000$$

同様にして女性の粗発生率を定義できる．粗発生率は個々の部位の癌についても，癌全体についても計算できる．

癌発生率　「癌の粗発生率」，「年齢別癌発生率」の項を参照．

ガンマ線　ある特定の電磁エネルギーの線〔電磁波の一種，エネルギーを有する光子（フォトン）と呼ばれることもある〕で，質量も電荷もない．ガンマ線は放射性核種の壊変にさいして放出されるが，このさいにアルファ線またはベータ線が放出される．

ギガ（Giga）　10億，すなわち10^9を表わす接頭語．

布ガス　キセノンやクリプトンなどの化学的に不活性な気体．

キセノン毒（Xenon poisoning）　核分裂によって直接つくり出されるキセノン-135はごく少量である．大部分のキセノン-135はヨウ素-135の放射性壊変の結果として生ずるものである．キセノン-135は一部は放射性壊変（半減期9.2時間）によって，一部は中性子捕獲によって消滅する．全中性子の約2％がキセノン-135に捕獲されるので，炉内の中性子の全体的なバランスを保つうえでキセノン-125は重要な因子となっている．キセノン-135の生成と壊変とのバランスは「炉の出力が減少すると，中性子束が減少し，そのためにキセノンの濃度が高まる」という関係になっている．キセノン-135の濃度があまりに高くなった場合にはこの現象

を「キセノン毒」ということがある．

吸収線量　空気中の電離に関する量として照射線量があり，これはたとえば放射線治療装置から出る X 線やガンマ線の性質・量を表すのに用いる．これは装置から出る放射線の空気中の出力，あるいは 1 分間当たりのレントゲン数（R/分）のようにして空気中の出力率を表現する．しかし，照射線量は放射線を受けた物質に与えられた放射線エネルギーを表すものではなく，たとえば，患者の体内の目標とする部分（目標体積）に吸収されたエネルギーの量を規定するのには使えない．そのために必要なのは吸収線量（D）で，その単位は（かつては）ラドである．

$$D = \frac{\Delta Ed}{\Delta m}$$

ここで ΔEd は電離放射線からある基本体積の物質に与えられたエネルギーで，Δm はその体積の物質の質量である（1 ラド＝100 エルグ/g）．

吸収線量と照射線量は次式で関係づけられる．

$$吸収線量 = 照射線量 \times f$$

ここで f は放射線および照射される物質の性質によって決まる係数である．

吸収線量の SI 単位（国際単位）はグレイ（Gy）であり 1 Gy は 1 ジュール/kg にあたり，したがって，1 Gy＝100 ラドである．吸収線量の単位は以下のような関係になっている（c ＝センチ，m ＝ミリ）．

$$1 \text{ラド} = 0.01 \text{ Gy} \text{ または } 1 \text{ cGy}$$
$$1 \text{ミリラド} = 0.01 \text{ mGy}$$
$$10 \text{ミリラド} = 0.1 \text{ mGy}$$
$$100 \text{ミリラド} = 1 \text{ mGy}$$
$$500 \text{ラド} = 5 \text{ Gy} \text{ または } 500 \text{ cGy}$$

急性放射線症状　全身または全身の大部分が透過性の放射線（ガンマ線，X 線，中性子）を大量に急激に（短時間内に）受けた場合には，「急性放射線症状」と呼ばれるある一定の様式の症状が出現する．この一定の様式の症状のもとになっているのは人体を維持するうえで基本的な役割を果たしている 3 つの臓器の放射線感受性である．照射される線量の大きさにしたがって，造血組織（骨髄），小腸（粘膜組織）および中枢神経系が影響を受ける．身体胴部には小腸と造血組織の大部分があるので，胴部の被曝する範囲が広いほど病状は重くなる．

キューリー単位　「放射能」および「放射線の単位：SI と非 SI：変換係数」の項を参照．

キロ（kilo）　1000，すなわち 10^3 を表す接頭語．

キシュティム（Kyshtym）　以下の記述は 1986 年 7 月 1 日付の米国議会議事摘要報告から引用したものである．

「1957 年または 1958 年におけるウラルでの災害の報告．1957 年または 1958 年に重大な事故が起こり，多数の人命が失われ広大な地域が危険なレベルの放射能汚染を受けた，と主張している報告がいくつかある．この事故はおそらくウラル山脈の東側の，1947 年に操業を開始したソ連の最初のプルトニウム生産施設があるキシュティムで起こったものである」．

グレイ単位（Gray, Gy）　「吸収線量」，「放射線の単位：SI と非 SI：変換係数」の項を参照．

軽水　通常の水 H_2O．この H は水素-1．「重水」の項を参照．

原子（アトム） ほかの原子と化学的に結合できる物質構成要素の最小単位．

原子核 原子の中核であり，原子の体積のうちのごく小さな部分を占めるにすぎないが，原子の質量のほとんどは核にある．原子核はすべて正（プラス）の電荷をもっているが，核のまわりをまわっている電子が核の正の電荷の数とまったく等しい数の負（マイナス）の電荷をもっているので，原子自体は電気的に中性である．核の素粒子は陽子（正の電荷をもつ）と中性子（電荷がない）である．

原子番号 原子核の中の陽子の数．〔訳注：原子核の外にある電子の数でもある．原子の化学的性質はもっぱらこの電子の数によって決まる〕

減速材 原子炉において，核分裂によって生じた速中性子の速度を落とし，すなわち減速して，さらに核分裂が進行する可能性を増すために用いられる材料．RBMK 1000 型炉の減速材は黒鉛（グラファイト）である．

光子（フォトン） 「ガンマ線」，「X 線」の項を参照．

国際癌研究機関 IARC；International Agency for Research on Cancer. フランス・リヨンにある．

骨髄発生（Myelopoiesis） 骨髄，または骨髄から生産される細胞の生成．

ゴイアニア（ブラジル）の放射線事故 廃棄されることになっていた放射線治療装置から放射性物質を盗みだしたために起こった事故が 2 件，1980 年代にあった．第 1 の事故は 1983 年にメキシコのフアレス（Juarez）で起こったもので，もう 1 つの最近のものは 1987 年 9 月にブラジルで起こったものである．以下の記述は IAEA のプレス発表（1987 年 10 月 15 日，PR87/35）から再録したものである．

「ゴイアス州の首都であるゴイアニア市で起こった放射線事故の原因と結果についてブラジルから IAEA に詳報が提出された．
　IAEA が受け取った情報によると，この事件はその地域の放射線治療病院で医療用に使用して廃棄されていたセシウム-137 の線源が盗み出されたことによって起こったものである．この線源は何年か使用されていたものだが，戸を閉めた燃料置き場に保管してあった．盗人は防護用の遮蔽がついたままの線源を金物屑屋に売り，屑屋はその品物が放射性であることを知らずに線源容器を開けてしまった．屑屋とその家族，および屑屋の家を訪れた何人かの人々が汚染された．数時間のうちにこの人々は放射線過剰被曝の典型的症状を呈し，治療を受けにその町の病院へ行った．この時点になってはじめて被曝事故が起こったことがわかり，ブラジルの原子力委員会に通報があった．
　40 人以上の専門家がただちにゴイアニア市に送られた．これらの専門家は汚染された区域の範囲を決めたり，汚染の可能性のある人々をモニターする作業にとりかかった．最もひどく汚染されていることが判明した人々は適切な治療施設が備わっているリオデジャネイロの海軍病院へ送られた．汚染の程度がそれほどひどくない人々はゴイアニアの病院に収容された．汚染のある区域画が 7 カ所発見され，これらの区域は隔離され，除染作業が現在行われている．
　IAEA は 10 月 6 日にブラジルから援助要請を受けた．この要項は，ブラジルも加盟している「原子力事故あるいは放射線緊急時における援助協定」に基づいて出されたものである．現在，アルゼンチン，西独，ソ連および米国の専門家が援助活動を行っている．
　ブラジル政府当局によると現在ゴイアニアの事態は収拾されたと考えられている．しかし汚染者のうち少なくとも 4 人が危篤状態にある．
　ブラジル政府はこの事件の公式調査を開始したことを発表した」．

現在 3〜4 人が死亡し，そのなかには屑屋の 6 歳の娘が入っている．新聞報道によるとこの子はセシウム-137 の粉を体に塗っただけでなく一部を口にした，とのことである．テレビのニュース番組は死者の 1 人が鉛板でおおった棺桶に入れられて埋葬されるところや，汚染した犬が放置されて苦しみながら死んでいくところを放映した．1987 年 10 月 19 日付「タイム」誌によると，ブラジル政府当局は 4000 人以上の人々の身体汚染の有無を測定し，30 家族を移住させ，約 20 人を病院に収容したとのことである．1987 年 10 月 14 日付の「フィナンシャ

ル・タイムズ」紙は243人が汚染したと報じ，また，「ニュー・サイエンティスト」誌1987年10月15日号は線源のセシウム-137の放射能は1400キューリーであったと述べている．〔訳注：この事故による放射能汚染者の数は249人（1987年12月まで），被曝線量は0.5Gy以上の人が29人，1Gy以上が21人，4Gy以上が8人あり，死亡者は38歳の女性，6歳の女児，22歳の男性，および18歳の男性の合計4人であった〕

サイトプラズマ　細胞核をとりまく原形質（細胞質）．

色素沈着　着色物質が沈着すること．チェルノブイリ事故の犠牲者が皮膚のベータ線照射を受けた後に生じた皮膚の濃青色の色素沈着はメラニンによるものである．

質量数　原子核を構成する陽子（プロトン）と中性子（ニュートロン）の数の和．

シーベルト単位（Sievelt, Sv）「線量当量」と「放射線の単位：SIと非SI：変換係数」の項を参照．

充血　身体の一部の血液量が過剰に増加すること．

重水　D_2O_0Dは重水素．すなわち水素-2である．

重水素　陽子1個と中性子1個で構成される核を有する重い水素．2重水素（Hydrogen-2）と呼ぶこともある．Hydrogen-1は核の陽子が1個の通常の水素である．

集団実効線量当量（collective effective dose equivalent）　単に集団線量，集団線量当量ともいう．ある特定の放射線源により被曝する人々の人数に乗じて得られる．単位は人・シーベルト（人・Sv）である．1986年8月25～29日の会議の後に発行された「ランセット」誌の1986年9月13日号に，その使用例が以下のように載っている．「発電所から3～15kmの範囲に住んでいた人約2万5000人の外部被曝個人平均線量は350～550ミリシーベルト（35～55レム）で，13万5000人の避難者は，外部被曝のみについての総計として，集団線量1万6000人・Sv（160万人・レム）を受けた」．この数値の意味を解釈するには，ちなみに英国で人々が受ける線量（個人平均線量）はすべての放射線発生源からの線量をあわせて2ミリシーベルト以下で，また放射線作業者の年線量限度は50ミリシーベルトである．

症候群，シンドローム　ある単一の原因によって起こるか，あるいは臨床上明確な1つの病気として扱われるような，よく一緒に起こっている一連の徴候や症状の疾患群．

照射線量（Exposure）　1レントゲン単位は，1937年に「X線またはガンマ線の照射を受けた空気0.001293gから発生した二次電子が空気中に1静電単位の正と負のイオン対を生ずるような線量」であると定義された．0.001293gは，標準状態の気圧・気温（0°C，76cmHg）における1cm³の空気（乾燥）の重さである．この定義は後になって改定され，「レントゲン」は「照射線量（X），すなわち，光子によって質量ΔMの空気の体積要素内の自由になったすべての電子（ネガトロンとポジトロン）が完全に空気中で止められたときに生ずる一方の符号の電荷の和ΔQをΔmで除した商，

$$X = \frac{\Delta Q}{\Delta M}$$

の特別な単位である」とされた．1レントゲン単位（R）＝2.58×10^{-4}クーロン（coulomb）/空気kg，である．照射線量のSI単位には特に名称はつけられていないが，その大きさは1クーロン/kgであり，およそ3.876×10^3Rに相当する．

新生物（neoplasm）　癌（通常は「悪性新生物」という）．

スクラム　原子炉の核分裂反応を緊急に停止させること．

ストロンチウム　放射性アイソトープであるストロンチウム-90は核分裂生成物であり，半減期は28.6年で，壊変するさいにベータ線を放出する．

スリーマイル島　米国ペンシルバニア州の首都ハリスバーグ市の近くにあり，商用原子力発電所事故が起こったところ．以下の記述は1986年7月1日付の米国議会議題摘要報告から引用したものである．「疑いもなく米国で最も深刻で最も巷間に喧伝された原子力発電所事故がペンシルバニア州ミドルタウン（Middletown）町のスリーマイル島原子力発電所2号炉で1979年3月に起こった．この炉は加圧水型で発電容量は906メガワット（MW）であった．機器の故障と操作の誤りによって炉心がある長さの時間，冷却水面から露出し，その結果核燃料棒のいくつかが溶融した．放射能が格納容器内に漏れ，放射能のほとんどは格納容器内に保持されたが，いくぶんかは外へ出てしまい，発電所周辺を小規模ではあったが汚染した．全面的避難は実施されなかった．しかしペンシルバニア州知事は妊婦に避難を勧告し，何万人かの人々が，自発的に避難した．集団線量算定のための関係各省庁共同調査グループは後日，『発電所敷地外の放出放射能による集団線量はごく小さくて，周辺住民に健康影響が生ずるリスクはほとんどない』と結論した．破損した炉心の取り片づけはまだ終了していない」．〔訳注：スリーマイル島の事故では妊婦と子どもが避難した．炉心の取り片づけ（放射能除染）は1991年5月現在，まだ終了していない〕

正のボイド係数　RBMK 1000型炉のような原子炉の設計には，「正のボイド係数」として知られる性質がある．これは以下に述べるような設計上の特徴がある場合のことである．すなわち，「炉心の蒸気量がなんらかの理由で増加したときに炉の出力が上昇して，より多くの水が蒸気になり，そのために出力がさらに上昇する．このような過程が際限なく継続する」という性質である．しかし設計を注意深く行うことによって，このような望ましくない特徴を打ち消すことができる．RBMK 1000型炉の場合にも正常の運転条件下ではこれが達成されている．しかし炉出力が20％を切るような場合には原子炉がいわゆる「正の出力係数」をもつことが起こりうる．このような場合にはチェルノブイリで起こったように，出力がいったん少しでも増加するとこれがさらに次の出力増加につながり，それがとどまることなく拡大していくことになる．

セシウム　放射性アイソトープであるセシウム-137は核分裂生成物であって，半減期30.2年で，ベータ線を放出して壊変しバリウム-137mになる．バリウム-137mは2.6分でバリウム-137に壊変し，そのさいに0.66MeVのエネルギーのガンマ線を放出する．セシウム-137はガンマ線源として広く用いられており，医療の分野では針の形（セシウム針）で癌組織のなかに挿入したり，子宮癌や子宮頸癌の治療の場合には膣や子宮内にセシウム線源を挿入するなど，癌の放射線治療に用いられる．

セラフィールド（Sellafield）　ウィンズケール（地名）の現在の名称．

栓球　血小板の別名．血液の凝固に重要な役割を果たす．「白血球」の項も参照．

染色体　細胞が分裂するときに細胞核のなかで現れる暗褐色に染まる棒状の構造体で，そのなかに遺伝子（遺伝因子）が含まれている．生物の種ごとに染色体の数は一定で，人間では通常46本である．

センチ　100分の1を表す接頭語，すなわち10^{-2}．

線量　放射線の量を表す一般的な用語だが，たとえば「吸収線量」，「集団実行線量当量」など，

定義された線量がいろいろあるので，線量という用語はできるかぎり正確に使わなければならない．

「線量－効果」関係（線量効果関係）　次表に示す「急性電離放射線被曝の場合の線量効果関係」は，米国医学会誌（*J. of the American Medical Association*，1986年8月1日号，610頁）に掲載されたガイガー（J. Geiger）博士の論文から引用したものである．ガイガー博士によると数値の上限と下限の範囲について近年，論議があり，また広島・長崎のデータの再検討も行われつつある，とのことである．

線　量 レム（シーベルト）	臨床病状	治療処置による生存率
15～50（0.15～0.5）	症状なし．染色体異常が起こりうる	100 %
100～200（1～2）	めまいと嘔吐，骨髄の機能低下	100 %
300～400（3～4）	重度の白血球減少，血小板減少，脱毛	50 %
600～1000（6～10）	胃腸管症状	0～10 %
1000～5000（10～50）	急性脳疾患，心臓血管系虚脱	0 %

線量当量　人間が受けても安全であるような電離放射線の最大量を測るのにさいして，「生物学的効果比」（RBE）という量が提案されており，放射線の種類によって決められているこのRBEの値に，電離放射線の単位質量当たりの吸収エネルギー（吸収線量）を乗ずると生物学的効果線量になる．この「生物学的効果線量」の単位はレムで，レム（rem）の由来は「ヒトでのレントゲン等価線量（Rontgen Equivalent Man）である．吸収線量の単位としてラド（rad）を用いて，線量当量（dose equivalent），Hという量が1962年に決められ，これが以前の生物学的効果線量に代わるものとなった．このHは荷重された吸収線量で

$$H = DQN$$

となる．ここでDは吸収線量，Qは荷重係数の1つで，電離放射線の種類によって決められた線質係数であり，Nは吸収線量Dによって生ずる潜在的に有害な生物学的効果を修飾するような，その他の荷重係数（複数）である．現在はNは1とされているが将来，情報が得られるとなんらかの変更が加えられることになろう．線質係数，Q，については次のような値が勧告されている．

$Q = 1$　X線，ガンマ線および電子線に対して
$Q = 10$　中性子線および陽子線に対して
$Q = 20$　アルファ線に対して

種々の異なった放射線の影響が複合している場合，たとえばX線と中性子線とが一緒になっているような場合には，この線質係数が非常に重要になる．そのような場合には生物学的反応を考慮しなければならない．

線量当量のSI単位はシーベルト（Sv）で，レムとの関係は次のようになる．（μ＝マイクロ，m＝ミリ）

$$1 \text{ rem（レム）} = 10^{-2} \text{ Sv}$$
$$1 \text{ Sv（シーベルト）} = 100 \text{ rem}$$
$$1 \text{ mrem（ミリレム）} = 10\,\mu\text{m} = 0.01 \text{ Sv}$$
$$10 \text{ mrem} = 0.1 \text{ mSv}$$

$$100 \text{ mrem} = 1 \text{ mSv}$$
$$1 \text{ rem} = 10 \text{ mSv}$$

造血性 血液細胞を生産する（能力）．

速中性子 一般にはエネルギーが 0.1 MeV，速度が 1 秒当たり 4000 km 以上の中性子をいう．通常の温度における熱中性子はエネルギーが約 0.025 eV，速度は 1 秒当たり 2200 m である．

WHO 世界保健機関（World Health Organization）．

中性子（neutron） 質量はほぼ陽子の質量に等しく，電荷がない素粒子（Elementary Particle）．

テラ（tera） 1 兆を意味する接頭語．すなわち 10^{12}．

電子 陽子（プロトン）と等しいが逆（マイナス）の電荷を有する基本的な粒子（素粒子の 1 つ）である．質量は陽子の 1/1836 である（電子の静止質量は 0.5110 MeV，陽子の静止質量は 938.256 MeV）．

電離放射線（イオン化放射線） 原子のイオン化を起こす放射線．アルファ粒子，ベータ粒子，ガンマ線，X 線，中性子がその例である．

トリップ 原子炉に関しては「停止」を意味する．

ナノ（nano） 10 億分の 1，すなわち 10^{-9} を表す接頭語．

熱火傷 熱で起きる火傷．チェルノブイリ事故の犠牲者の場合，熱火傷とベータ線による火傷とは区別される．

熱中性子 中性子が減速してしまって，その平均熱エネルギーの大きさが通過している物質の原子や分子の平均熱エネルギーと等しくなっているような中性子．

年齢別癌発生率 年齢別発生率はある特定の年齢幅，通常は 5 年または 10 年，の人の集団についての発生率である．たとえば 40〜45 歳の年齢幅について男性 10 万人当たり年間の年齢別癌発生率は次のようになる．

$$\frac{\text{ある年（Y年）に登録された 40〜45 歳の男性中の新しい癌症例数}}{\text{ある年（Y年）における 40〜45 歳の癌発生リスクのある男性の平均人数}} \times 100{,}000$$

これと同様に年齢別癌発生率を 40〜45 歳の女性についても定めることができる．特別の年齢群に関係して，なんらかの癌発生率の異常があった場合にそれがはっきりと示されるという点で，年齢別発生率は粗発生率よりも優れている．年齢による変動は粗発生率ではわからない．

濃縮ウラン なかに含まれる放射性アイソトープであるウラン-235 の含有割合が天然の含有割合 0.7 %（重量%）より増加しているようなウラン．RBMK 1000 型原子炉用のウラン燃料の濃縮度は 2 % であるが，事故の後，これを 2.4 % に増やすことになっている．この濃縮度増加によって炉のボイド係数がかなり減少し安全性が高まる．

白血球 血液は血漿（プラズマ）という液状の物質でできていて，そのなかに赤血球，白血球および血小板が浮遊している．正常の血液では血液 1 mm³ 当たり約 8000 個の白血球がある．

白血球減少症 血液中の白血球数が減少して少なくなっている症状．

白血病 造血器官の疾患で致死的であることが多い．血液中の白血球とその前駆体（白血球になる前の細胞）の数が顕著に増えるのが特徴である．俗に「血液の癌」ともいうことがある．

半減期 放射性アイソトープの放射能が壊変によって減少して半分になるまでに要する時間．半

減期は数分の1秒から数千年まで，さまざまである．

反応度 原子炉の炉心の燃料集合体が核分裂連鎖反応を維持する能力を表す1つの尺度．

PWR 加圧水炉．

皮膚の紅斑 皮膚が炎症を起こして赤くなること．X線やラジウムが発見されてから後，医療においてX線やラジウムについて線量を規定するのに「皮膚紅斑線量」（皮膚の紅斑を生ずるような線量）が用いられた．しかし患者のなかには放射線の効果について疑いをもつ者もいて，1901年にウィーンのある医師は「一過性の軽度の紅斑が生ずることが唯一の目に見える治療結果であって，そのために患者たちは放射線治療の成功について疑いがちであった」と記している．患者のX線被曝線量を決めるのに紅斑線量を使っていた開業医たちにとっては，自分自身の，通常は手や前腕に放射線を照射する実験はごく当たり前のことであって，1927年になってもある教科書には「医療にかかわる法律上の問題に鑑み，X線照射装置の操作者は線量を決めるのにさいして自己の皮膚を用いるのがよい」と勧められている．1903年にロンドンレントゲン協会の会合では次のように述べて自己の皮膚の代わりにキロスコープ（Chiroscope, 手像器）を使うことを勧めている．「ほとんどすべてのX線作業者は，X線管球の調子を検査するのに蛍光板を用いて自分自身の手のX線像を比較基準にすることを非常に頻繁に行わざるをえない．この頻度があまりに多いため，X線作業者の手の皮膚は程度の差こそあれ急性の炎症を起こすようなことになっている．これを避ける手段はキロスコープである．この装置は小型の蛍光板の後側に関節でつながった手の骨格を適切に装着したもので，これを検査用に用いる．手の肉の部分は適当な形状に切り出した錫の薄膜で代用し，全体を架台の上に設置する．このような装置を用いることで操作者の手を防護することができる」．このように代替法があったにもかかわらず，自分の手を被曝させる方法が行われつづけたのである．

フアレス（メキシコ）放射線事故 この事故のもととなった装置はピッカー（Picker）社製のコバルト-60放射線治療装置で，これは1963年以前に製造され，最も最近では1967年にコバルト-60の線源の入れ替えが行われている．製造当時のコバルト-60線源の放射能は約3000キューリーであった．コバルト-60の半減期は5.3年である．事故は1983年12月に起こった．近年の放射線治療装置はコバルト-60は最大でも2 cm程度の大きさの小さな1つの円盤または棒の形にまとめられているのだが，これとはちがってピッカー社製のこの線源は直径約1 mmの小さな粒状のもの（ペレット）が約7000個詰め込まれたものであった．

この装置は当初は米国テキサス州ルボック（Lubbock）のメソディスト病院が購入したものだが，そこで不要になったのでフォートワース（Fort Worth）のX線装置会社に売却され，この会社から1977年にフアレスのセントロ・メディコ（Centro Medico）病院に送られた．しかしこの装置は同病院の放射線治療部門に設置されず，1983年11月まで倉庫に保管されたままになっていた．病院のだれかがこれを分解することに決め，そうして分解されたものが盗み出され，まわりまわって1983年12月6日にフアレスのジュンケ・フェニックス（Junke Fenix）にある金属スクラップ置き場にピックアップトラックで運び込まれた．これら一連の出来事が判明したのは1カ月後の1984年1月16日に，まったく偶然のきっかけによってのことであった．

金属スクラップから製造された鋼棒を積んだトラックが道をまちがえて米国ニューメキシコ州のロスアラモス国立研究所に近づき，研究所の敷地外道路に備えてあった放射線検知器を通り越したため警報が鳴った．放射線治療装置が分解されたその月のうちにメキシコで2つ，米

国で1つの鋳鉄会社が放射能を帯びた鋼材を取り扱った．汚染鋼の半分はフアレスの南160 kmのアセロス（Acelos）にある製鉄所に送られ，コンクリート建物の補強用鋼棒に加工された．当局の担当官はアセロス・デ・チフラフア（Acelos de Chihuahua）の洗浄用水にコバルト-60をみつけたので，少なくともいくらかのコバルト-60は大気中に漏出したことがわかる．

鋼棒の多くはアセロスに残っていたが，ファルコン・ド・フアレス鋳鉄所で生産された放射性鋼材のいくらかは，レストランの食卓の脚部に使う鋼材を作っている米国ミズリー州セントルイス市にあるファルコン・プロダクツ米国工場に出荷された．

鋼材の出荷が停止されたのは1984年1月25日になってからのことで，その間におよそ5000トンの補強用鋼棒と，およそ1万8000個の食卓の脚がメキシコから出ていった．

その放射能汚染のひどいピックアップトラックはフアレスの住宅街近くに1カ月ほど駐車したままになっていて，このトラックが安全な場所に移動されるまでに少なくとも12人の子どもがそれに乗って遊んでいたという．コバルト-60の粒（ペレット）がいくつかこのトラックのなかでみつかっている．

フェルミ原子炉の燃料溶融　以下の記述は1986年7月1日付米国議会議事摘要報告から引用したものである．「ミシガン州ラグナ・ビーチ（Lagoona Beach）にあるエンリコ・フェルミ（E. Fermi）原子力発電所には小型のナトリウム冷却高速増殖炉があり，この炉の発電容量は61 MWであった．1966年10月5日に2つの燃料集合体の核燃料が冷却材の循環停止により溶融した．傷害の発生も放射能の放出も起こらなかった．この炉は修理後1979年10月に運転を再開した．しかしこの事故は原子炉容器が破裂する恐れがあったため大きく注目された．

浮腫　身体組織内における水分の過剰な貯留．水腫．

プルトニウム（Plutonium, Pu）　放射性の金属元素．1940年に発見された．プルトニウムはウラン-238を中性子で照射することにより生成する．プルトニウム-239の半減期は2万4100年である．プルトニウムはアルファ線を放出し，熱中性子の照射により核分裂を起こしうる．このプルトニウム-239の核分裂反応が1945年に長崎に投下された原子爆弾の基になっている．プルトニウムにはプルトニウム-238という別の放射性アイソトープがあり，これの半減期は86年である．プルトニウムをヒトが摂取すると骨に沈着する．

ベクレル単位（Becquerel, Bq）　「放射能」「放射線の単位：SIと非SI：変換係数」の項を参照．

ベータ粒子　ある種の放射性アイソトープの壊変にさいして放出される電子．この電子の負荷が正（プラス）であれば，これをポジトロンと呼ぶ．

ペディクル（pedicle）　足の指あるいは茎に似た部品あるいは付着構造．

放射性壊変　放射性アイソトープが自然に崩壊する過程．この崩壊にはアルファ壊変（アルファ線を出して壊変する）とベータ壊変（ベータ線を出して壊変する）とがある．

放射性核種　放射性アイソトープの別称．

放射線症候群　「急性放射線症状」の項を参照．

放射線の単位：SI と非 SI：変換係数　1975 年 5 月の第 30 回世界保健会議（World Health Assembly）において，医学分野において SI 単位を用いることが是認された．

量	SI 単位 名称	SI 単位 記号	非 SI 単位 名称	非 SI 単位 記号	換算係数
放 射 能	ベクレル	Bq	キューリー	Ci	$1Ci = 3.7 \times 10^{10} Bq$
照射線量	kg 当たりクローン	C/kg	レントゲン	R	$1R = 2.58 \times 10^{-4} C/kg$
吸収線量	グレイ	Gy	ラド	rad	$1rad = 0.1 Gy$
線量当量	シーベルト	Sv	レム	rem	$1rem = 0.01 Sv$

放射線リスク係数　癌や白血病，あるいは遺伝的障害の，単位線量当量当たりの発生確率．通常は致死的な癌と重篤な遺伝的障害についての値である．現在，リスクは，はっきりと障害が観察されるような最低レベルの線量について推定されている．この場合のリスクは「1 ミリシーベルトの全身被曝について，放射線被曝時の年齢がその後に癌が発生するのに十分な長さの余命があるような年齢であるとして，10 万人当たり約 1～2 例の死亡」である．各器官（たとえば甲状腺，肺，骨，生殖腺）ごとの単位線量当量当たりのリスクは全身に対するリスクより小さい．

放射能　Ci（キューリー）は放射能の単位として 1910 年に提案されたが，そのときは次のように，ラドンについてのみ用いるものとして定義されていた．「1 g のラジウムと放射平衡にあるラドンの量である」．後になってこの定義はすべての放射性アイソトープを含めて，「1 キューリーは 1 秒間に 3.700×10^{10} 個（370 億個）の壊変を生ずるような放射能の強さの単位」とされた．放射能の新しい SI 単位はベクレル（Bq）で，1 秒間に 1 個の原子が崩壊するような放射能の強さが 1 Bq である．

　放射能の単位は次のような関係になっている（Ci＝キューリー，m＝ミリ，M＝メガ，G＝ギガ，T＝テラ）

$$1 \text{ Ci} = 37 \times 10^9 \text{ Bq}$$
$$1 \text{ Bq} = 27.03 \times 10^{-12} \text{ Ci}$$
$$2 \text{ mCi} = 74 \text{ MBq}$$
$$10 \text{ mCi} = 370 \text{ MBq}$$
$$100 \text{ mCi} = 3.7 \text{ GBq}$$
$$1000 \text{ Ci} = 37 \text{ TBq}$$

暴走　事故による，制御できない連鎖反応．

ポロニウム　キューリー夫妻（ピエールとマリー）によって，ラジウムの発見に先立って 1898 年に発見された．ポロニウムの原子番号は 84 で，質量数が 218，216，215，214，212，211，および 210 の同位体（アイソトープ）がある．

ボロン　中性子の効果的な吸収体で原子炉の制御棒に用いられる．

マイクロ（micro）　100 万分の 1，すなわち 10^{-6} を表す接頭語．

ミリ（milli）　1000 分の 1，すなわち 10^{-3} を表す接頭語．

無精症　精液または精子がないこと．

メガ（Mega）　100 万，すなわち 10^6 を表す接頭語．

メガエレクトロンボルト（MeV）　100 万電子ボルト．

メガワット（MW） 100万ワット，あるいは1000キロワット．

毛細血管拡張症（telangiectasia） 小さい紅色の斑点状の異常（紅斑や鮮紅色の丘疹）が通常は皮膚や粘膜に生ずる．末梢血管拡張症ともいう．〔訳注：毛細血管拡張性運動失調症（ataxia telangiectasia）は遺伝病の1つ（常染色体劣性）で，進行性の小脳障害による運動失調を示し，眼の皮膚の毛細血管が拡張し，肺や気道の感染症にかかりやすい．またこの患者は放射線による障害を受けやすい〕

誘導対策限度 事故が起こったさいにどのような対策を実施するかを決定する基準となるような，あらかじめ定められている放射線（放射能）レベル．現在のところ，たとえばミルクや葉菜などの食品中の放射能について，国際的に承認された誘導対策レベルはない．1986年8月25～29日の会議においてイリイン教授は，ソ連では放射能放出事故のさいにおける住民の避難については1989年に次のような基準が決められていると述べた．

放射線レベル	行 動
25レム以下	避難なし
25～75レム	避難が必要だが，状況を考慮して実施
75レム以上	緊急避難

陽子，プロトン 電子の電荷と同じ大きさの逆の符号の正（プラス）の電荷をもつ素粒子．

ヨウ素 ヨウ素は甲状腺に蓄積される．放射性ヨウ素-131は核分裂生成物で，半減期は8.1日，壊変するさいにベータ線を放出する．医療においては，甲状腺の診断には小量の，甲状腺癌の治療には大量のヨウ素-131が使われる．

溶融（meltdown） メルトダウン．溶融．原子炉内の固体燃料の全部あるいは一部の温度が上がり，燃料被覆管および核燃料が溶融，液化すること．炉心の過熱によってこのようなことが起こる．

予後 病気が将来回復する見込み（病気の経過や結果の予測）．癌の患者に関してよく使われる．

ラジウム 放射性アイソトープであるラジウム-226は1898年にキューリー夫妻（マリーとピエール）によって発見された．これは半減期が1620年の，高エネルギーのアルファ線放出核種である．天然に存在し，ピッチブレンド（閃ウラン鉱，瀝青）などのウラン鉱石のなかに含まれている．ラジウムは長年にわたって針や管の形にして癌の放射線治療に使われていた．このラジウム針（管）はラジウムの硫化物あるいは臭化物を不活性の充てん材と一緒にしてプラチナ・イリジウム製の鞘に納めたものである．しかし，ラジウムは壊変して放射性の気体であるラドン-222になること，また，半減期が長いことが理由で，今日では医療用には世界的にセシウム-137，イリジウム-192，コバルト-60および金-198にほとんど置き換えられている．

ラジウムの発見 ベクレルが放射能を発見したことが契機となってピエール・キューリー（1859-1906）とマリー・キューリー（1867-1934）によってラジウムが発見され，1898年12月26日にそれが発表された．キューリー夫妻は（ベクレルの用いた）写真乾板よりももっと適切な放射線測定装置，すなわち電離箱に接続した電流計をもっており，放射線の強さがウランの量に比例していることを明らかにした．多数の物質について放射線を測った結果，金属ウランを含有している瀝青ウラン鉱石（ピッチブレンド）の放射線の強さが，単にそのなかに含まれて

いる放射性のウランとトリウムのみでは説明できないような高い強度を示していることを見いだしたのである．これに引き続いて，鉱石のビスマス抽出分に関連してポロニウム，そして最終的にバリウム抽出分に関連してラジウムをみつけたのである．しかし，新しい元素，ラジウムがあることはわかったものの，ピッチブレンド鉱石からある程度のまとまった量のラジウムを精製することは途方もなくむずかしい問題であった．1902 年において，鉱石1トン当たり臭化ラジウム 260 mg という収率を得ることは大変な成果であると考えられた．しかし分離精製がそのようにむずかしい問題だったということは現代ではもはや歴史上の思い出にすぎない．

ラド単位（rad）　「吸収線量」，「放射線の単位：SI と非 SI：変換係数」の項を参照．

リンパ球　白血球の一種で細胞質が透明である．

リンパ球減少症　血液中のリンパ球の数が相対的に，あるいは絶対的に減少する状態．

リンパ（球）様の（Lymphoid）　リンパ組織のリンパに似ているもの．

レム単位（rem）　「線量当量」，「放射線の単位：SI と非 SI：変換係数」の項を参照．

レントゲン単位　「照射線量」，「放射線の単位：SI と非 SI：変換係数」の項を参照．

ワイナー効果（Wigner effect）　中性子の連続的な照射によって黒鉛の結晶格子内の炭素原子の場所が変わること．この結果として黒鉛の全般的な形状や大きさが変わり，また保有エネルギーやポテンシャルエネルギーが蓄積され，これが後に熱として放出されることがある．この効果が重大な問題になるのは，発電に必要とされる温度よりも低い温度で運転される原子炉の場所だけである（英国原子力庁プレス発表 28/87 より）．

参 考 文 献

Some of these references will be useful for further reading and for identifying scientific work on the consequences of Chernobyl which have been carried out in various countries.

(Note: For references in the journal *Nature* it is not always obvious where the work was undertaken and therefore the country of origin is given in brackets at the end of the reference.)

ABRAMS, H. L., "How radiation victims suffer". *Bulletin of the Atomic Scientists*, Vol. 43, pp. 13–17, August/September 1986.

ALEXANDROPOULOS, N. G., ALEXANDROPOLOU, T., ANAGNOSTOPOULOS, D., EVANGELOU, E., KOTSIS, K. T. & THEODORIDOU, I., "Chernobyl fallout on Ionnina, Greece". *Nature*, Vol. 322, p.779, 28 August 1986. (Greece)

AOYAMA, M., HIROSE, K., SUZUKI, Y., INOUE, H. & SUGIMURA, Y., "High level radioactive nuclides in Japan in May". *Nature*, Vol. 321, pp. 819–20, 26 June 1986. (Japan)

APSIMON, H. & WILSON, J., "Tracking the cloud from Chernobyl". *New Scientist*, pp. 42–5, 17 July 1986.

ARAKI, T. & MOROTANI, Y. (Mayors of the cities of Hiroshima and Nagasaki), *Appeal to the Secretary General of the United Nations*. Including: I. Physical destruction due to the atomic bomb; II. Medical effects of the atomic bomb; III. Sociological destruction due to the atomic bomb; IV. Problems for future study. Illustrated with 49 photographs. October 1976.

BARABANOVA, A. V., BARANOV, A. E., GUSKOVA, A. K., KEIRIM-MARKUS, I. B., MOISEEV, A. A., PYATKIN, E. K., REDKIN, V. V. & SUVOROVA, L. A., *Acute radiation effects in man*. State Committee of the USSR on the Use of Nuclear Energy, National Commission on Radiation Protection at the USSR Ministry of Health. Moscow: TsNIIatominform-ON-3, 1986. (Translated from the Russian for Oak Ridge National Laboratory.)

BARRETT, A. J. & GORDON-SMITH, E. C., *Bone marrow transplantation: a review*. Oxford: Medicine Publishing Foundation, 1985.

BERRY, R. J., "Living with radiation – after Chernobyl". Editorial from *The Lancet*, pp. 609–10, 13 September 1986.

BERRY, R. J., "Chernobyl: the anatomy of a disaster". *Cancer Topics*, Vol. 6, pp. 40–2, 1987.

BLIX, H., *The influence of the accident at Chernobyl*. Report C8, Division of Public Information, Vienna: IAEA, 1986.

BLIX, H., *The post-Chernobyl outlook for nuclear power*. Address given to the European Nuclear Conference '86, Geneva, 2 June 1986, Vienna: IAEA, 1986.

BONDIETTI, E. A. & BRANTLEY, J. N., "Characteristics of Chernobyl radioactivity in Tennessee". *Nature*, Vol. 322, pp. 313–14, 24 July 1986. (USA)

BRITISH INSTITUTE OF RADIOLOGY, "Biological basis of radiological protection and its application to risk assessment". Proceedings of a one-day seminar held at the British Institute of Radiology 44th Annual Congress, 11 April 1986. Contents: UPTON, A. C., "Cancer induction and non-stochastic effects". LYON, M. F., "Hereditary effects of radiation: some evidence from animal experiments". MOLE, R. H., "Irradiation of the embryo and fetus". THORNE, M. C., "Principles of the ICRP system of dose limitation". BEAVER, P. F., "Practical implementation of ICRP recommendations". POCHIN, E. E., "Radiation risks in perspective". *British Journal of Radiology*, Vol. 60, pp. 1–50, 1987.

CASSEL, C. K., "Political and medical lessons of Chernobyl". *Journal of the American Medica Association*, Vol. 256, pp. 630–1, 1986.

---

* See Additional References, p. 243–244.

CENTRAL ELECTRICITY GENERATING BOARD, "Chernobyl special". *Power News*, September, 1986.
CLARKE, R. H., "NRPB Response to Chernobyl" and "Chernobyl and the international agencies". *Radiological Protection Bulletin*, No. 75, August/September 1986, pp. 5–6 and pp. 10–12, NRPB, Chilton.
COLLIER, J. G. & DAVIES, L. M., *Chernobyl*. Report prepared for the Central Electricity Generating Board, UK, September 1986.
DARBY, S. C., "Evaluation of radiation risk from epidemiological studies of populations exposed at high doses". *The Statistician*, Vol. 34, pp. 59–72, 1985.
DEVELL, L., TOVEDAL, H., BERGSTROM, U., APPELGREN, A., CHYSSLER, J. & ANDERSSON, L., "Initial observations of fallout from the reactor accident at Chernobyl". *Nature*, Vol. 321, pp. 192–3, 15 May 1986. (Sweden)
DONNELLY, W., BEHRENS, C., MARTEL, M., CIVIAK, R. & DODGE, C., *The Chernobyl nuclear accident: causes, initial effects, and congressional response.* Updated 1 July 1986, Issue brief, Order code IB86077, Environment & Natural Resources Policy Division & Science Policy Division, Congressional Research Service, USA.
FRY, F. A., CLARKE, R. H. & O'RIORDAN, M. C., "Early estimates of UK radiation doses from the Chernobyl reactor". *Nature*, Vol. 321, pp. 193–5, 15 May 1986. (United Kingdom)
GEIGER, H. J., "The accident at Chernobyl and the medical response". *Journal of the American Medical Association*, Vol. 256, pp. 609–12, 1986.
GENERAL, MUNICIPAL, BOILERMAKERS & ALLIED TRADES UNION, *Report of the Union Delegation to the USSR*. Prepared by J. Edmonds, F. Alexander, F. Cottam, J. Norfolk, C. Roberts & others. Contents: Chapter 1, Reactor designs and characteristics; Chapter 2, Radiation; Chapter 3, The containment issue; Chapter 4, Employment and the nuclear industry; Chapter 5, The Chernobyl accident; Chapter 6, Report to the GMBATU Central Executive Council. London, 1987.
GILBERT, E. S., "How much can be learned from populations exposed to low levels of radiation?" *The Statistician*, Vol. 34, pp. 19–30, 1985.
GITTUS, J. H, HICKS, D., BONELL, P. G., CLOUGH, P. N., DUNBAR, I. H., EGAN, M. J., HALL, A. N., NIXON, W., BULLOCH, R. S., LUCKHURST, D. P. & MACCABEE, A. R., *The Chernobyl accident and its consequences*. Report by members of the Safety & Reliability Directorate, UKAEA, Harwell Laboratory and the National Nuclear Corporation. United Kingdom Atomic Energy Authority, London: H.M. Stationery Office, 1987.
GUBARYEV, V. (Science Correspondent of *Pravda*), *Sarcophagus*. Script of a play translated from the Russian by M. Glenny and used by the Royal Shakespeare Company in their April 1987 production at the Barbican Theatre, London. (Later published by Penguin Books, 1987.)
GUSKOVA, A. K., "Basic principles of the treatment of local radiation injuries" in "Radiation damage to skin". Proceedings of a workshop held in Saclay, France, 9–11 October 1985. *British Journal of Radiology*, Supplement No. 19, pp. 122–5, 1986.
GUSKOVA, A. S., *Early acute effects of the Chernobyl accident: acute radiation effects in victims of the accident at the Chernobyl nuclear power station*. Working document for 1987 meeting of the International Commission on Radiation Protection, ICRP/87/C:G-01.
HAWKES, N., LEAN, G., LEIGH, D., MCKIE, R., PRINGLE, P. & WILSON, A., *The worst accident in the world*. London: William Heinemann & Pan Books, 1986.
HAYWOOD, J. K. (Editor), *Chernobyl: response of medical physics departments in the United Kingdom*. IPSM Report No. 50. London: Institute of Physical Sciences in Medicine, 1986.
HOHENEMSER, C., DEICHER, M., HOFSASS, H., LINDNER, G., RECKNAGEL, E. & BUDNICK, J. I., "Agricultural impact of Chernobyl – a warning". *Nature*, Vol. 321, p.817, 26 June 1986. (Federal Republic of Germany)
HOLLIDAY, B., BINNS, K. C. & STEWART, S. P., "Monitoring Minsk and Kiev students after Chernobyl". *Nature*, Vol. 321, pp. 820–1, 26 June 1986. (United Kingdom)
ILYIN, L. A. (Editor), *Manual for the organisation of medical treatment of persons who have been affected by ionising radiation*. Ehergoatomizdat (Scientific Edition), Moscow, 1986. (Publishing approval given on 5 August 1986, print run of 4650 copies, Russian Language Edition.)
INTERNATIONAL ATOMIC ENERGY AGENCY, *Radiation – a fact of life*. Vienna: IAEA, 1979.
INTERNATIONAL ATOMIC ENERGY AGENCY, *Facts about low-level radiation*. Vienna: IAEA, 1979.
INTERNATIONAL ATOMIC ENERGY AGENCY, Press releases to November 1987, including those on the 25–29 August 1986 post-accident review meeting. Vienna: IAEA, 1986.
INTERNATIONAL ATOMIC ENERGY AGENCY, "Response to Chernobyl". *IAEA Bulletin*, Vol. 28, No. 2, pp. 61–5, 1986.
INTERNATIONAL ATOMIC ENERGY AGENCY, "Nuclear plant safety: response to Chernobyl". Miscellaneous papers, including those by A. Petrosyants and A. Salo, and including national reports from Sweden, Poland, Federal Republic of Germany, United Kingdom and USA. *IAEA Bulletin*, Vol. 26, No. 3, pp. 1–39, 1986.
INTERNATIONAL ATOMIC ENERGY AGENCY, "Delegation's trip reinforces USSR-IAEA co-operation". *IAEA Newsbriefs*, Vol. 2, No. 1, p. 1, 20 January 1987.
INTERNATIONAL ATOMIC ENERGY AGENCY, *One year after Chernobyl: the IAEA's actions and*

programmes in nuclear safety. Report D3, Division of Public Information, Vienna: IAEA, June 1987.
INTERNATIONAL COMMISSION ON RADIOLOGICAL PROTECTION, "Recommendations of the International Commission on Radiological Protection". *Annals of the ICRP*, Vol. 1, No. 3. Oxford: Pergamon Press, 1977.
INTERNATIONAL NUCLEAR SAFETY ADVISORY GROUP, "Summary report on the post-accident review meeting on the Chernobyl accident". *IAEA Safety Series*, No. 75, INSAG-1. Vienna, IAEA, 1986.
IZVESTIA, issues from 2 May 1986 to 31 December 1986.
JOHANSON, L. & BRYNILDSEN, L., *The Chernobyl fallout – status for Norwegian meat production, April 1987*. Oslo: Ministry of Agriculture, Division of Veterinary Services, 1987.
JONES, R. R., "Cancer risk assessments in light of Chernobyl". *Nature*, Vol. 323, pp. 585–6, 16 October 1986. (United Kingdom)
JOST, D. T., GAGGELER, H. W., BALTENSPERGER, U., ZINDER, B. & HALLER, P., "Chernobyl fallout in size-fractionated aerosol". *Nature*, Vol. 324, pp. 22–3, 6 November 1986. (Switzerland)
KAUL, A., *Chernobyl nuclear accident: quantification and assessment of risk from radiation*. Federal Republic of Germany: Federal Health Office, 1986.
KAZUTIN, D., "Forget Chernobyl?" Review of book manuscript by Andrei Illesh for Rybok Publishers, Sweden, in *Moscow News*, No. 46, p. 12, 1986.
KELLY, P., "How the USSR broke into the nuclear club". *New Scientist*, pp. 32–5, 8 May 1986.
KEREIAKES, J. G., SAENGER, E. L. & THOMAS, S. R., "The reactor accident at Chernobyl: a nuclear medicine practitioner's perspective". *Seminars in Nuclear Medicine*, Vol. 16, pp. 224–30, 1986.
KETCHUM, L. E., "Lessons of Chernobyl: Society of Nuclear Medicine members try to decontaminate world threatened by fallout". *Journal of Nuclear Medicine*, Vol. 28, pp. 933–42, 1987.
KETCHUM, L. E., "Lessons of Chernobyl: health consequences of radiation released and hysteria unleashed". *Journal of Nuclear Medicine*, Vol. 28, pp. 413–22, 1987.
KJELLE, P. E., *Fallout in Sweden from Chernobyl: part 1*. SSI-rapport 86–20. Stockholm: Statens Stralskyddsinstitut, 1986.
KRETSCHMAR, J. & BILLIAU, R. (Editors), *The Chernobyl accident and its impact*. Proceedings of a seminar of the Studiecentrum voor Kernergie/Centre d'etude de l'energie nucleaire held on 7 October 1986 at Mol, Belgium. Publication number 86.02. Mol: I.S. Publications, 1986.
LATARJET, R., "Sur l'accident nucleaire de Tchernobul". *Comptes Rendus Academie des Sciences*, Paris, Vol. 303, Series III, pp. 19–24, 1986.
LE MONDE, *Les defis du nucleaire*. Special 16 page issue, February 1987, Paris.
LEGASOV, V., *The lessons of Chernobyl are important for all*. Moscow: Novosti Press Agency Publishing House, 1987. (In English)
LINDELL, B. & DOBSON, R. L., "Ionising radiation and health". *Public Health Papers*, No. 6, World Health Organisation, Geneva, 1961.
LUSHBAUGH, C. C., FRY, S. A. & RICKS, R. C., "Medical and radiobiological basis of radiation accident management". Presentation at the British Institute of Radiology seminar on "Nuclear reactor accidents: preparedness and medical consequences", Southampton, 2 April 1987. *British Journal of Radiology*, vol. 60, pp. 1159–63, 1987.
MACLEOD, G. K. & HENDEE, W. R., "Radiation accidents and the role of the physician: a post-Chernobyl perspective". *Journal of the American Medical Association*, Vol. 256, pp. 632–4, 1986.
MADDOX, J., "Second chance for nuclear power? Soviet frankness creates sense of solidarity. Chronology of a catastrophe. Shutting the stable door. Tracking radiation release". Editorial in *Nature*, Vol. 323, pp. 1–3 and pp. 26–9, 4 September 1986.
MARSHALL, E., "Reactor explodes amid Soviet silence". *Science*, Vol. 232, pp. 814–15, 16 May 1986.
MARWICK, C., "Physicians' reaction to Chernobyl explosion: lessons in radiation – and cooperation". *Journal of the American Medical Association*, Vol. 256, pp. 559–65, 1986.
MCCALLY, M., "Hospital number six: a first-hand report". *Bulletin of the Atomic Scientists*, Vol. 43, pp. 10–12, August/September 1986.
MEDVEDEV, Z., "Nuclear power? nyet, ta". *New Statesman*, pp. 18–19, 9 May 1986.
MERZ, B., "No place to hide – computer models track atmospheric radionuclides worldwide". *Journal of the American Medical Association*, Vol. 256, pp. 566–7, 1986.
MORREY, M., BROWN, J., WILLIAMS, J. A., CRICK, M. J., SIMMONDS, J. R. & HILL, M. D., *A preliminary assessment of the radiological impact of the Chernobyl reactor accident on the population of the European Community*. United Kingdom: National Radiological Protection Board, January 1987. (Work funded under CEC contract number 86 398).
MORRIS, J. A., *Exposure of animals and their products to radiation – surveillance, monitoring, control of national and international trade*. Report presented at the 55th General Session of Office International des Epizooties, Paris, 18–22 May 1987. United Kingdom: Ministry of Agriculture, Fisheries and Food, 1987.
MOULD, R. F., "After Chernobyl". *British Institute of Radiology Bulletin*, June 1987, pp. B29–B34.
MOULD, R. F., *Cancer Statistics*. Includes chapters on cancer registries, cancer incidence, cancer risk, cancer prevalence, cancer mortality, cancer survival, cancer treatment success and cancer cure. Bristol: Adam Hilger, 1983.

MOULD, R. F., *Radiation protection in hospitals*. Includes chapters on atoms, radioactivity and X-rays; radiation risk; radiation absorption and attenuation; radiation measurement; radiation shielding; classification of radiation workers; protection in: external beam radiotherapy, interstitial source radiotherapy, intracavitary radiotherapy, radioactive iodine-131 radiotherapy, nuclear medicine radiodiagnostics, and diagnostic radiology. Bristol: Adam Hilger Ltd, 1985.

MOULD, R. F., *A history of X-rays and radium*. Chapters include some early medical investigations; early treatment techniques; and radiation units 1895–1937. Sutton: IPC Building & Contract Journals Ltd, 1980.

NAPALKOV, N. P., TSERKOVNY, G. F., MERABISHVILI, V. M., PARKIN, D. M., SMANS, S. & MUIR, C. S. (Editors), *Cancer incidence in the USSR*, IARC Scientific Publication No. 48, 2nd revised edition. Lyon: International Agency for Research on Cancer, 1983.

NATIONAL INSTITUTE OF RADIATION PROTECTION, "After Chernobyl? Implications of the Chernobyl accident for Sweden". Special issue of *News & Views: Information for immigrants*, Stockholm, November 1986.

NATIONAL RADIOLOGICAL PROTECTION BOARD, *Living with radiation*, 3rd edition. Chilton: NRPB, 1986.

NICHOLSON, R. A., NICHOLSON, J. P. & MOULD, R. F., "Westminster Hospital monitoring with a single sodium iodide counter". In *Chernobyl: response of medical physics departments in the United Kingdom*, edited by J. K. Haywood, pp. 27–32. Institute of Physical Sciences in Medicine, London, 1986.

NISHIZAWA, K., TAKATA, K., HAMADA, N., OGATA, Y., KOJIMA, S., YAMASHITA, O., OHSHIMA, M. & KAYAMA, Y. "Iodine-131 in milk and rain after Chernobyl". *Nature*, Vol. 324, p. 308, 27 November 1986. (Japan)

NOVOSTI PRESS AGENCY, "Novosti Press Agency reports on Chernobyl", May 1986–November 1987.

OFFICE INTERNATIONAL DES EPIZOOTIES, *Control of radioactivity in man's food and in animals*. Report of the 54th General Session of the O.I.E., 26–30 May 1986. Report number 54 SG/RF, p. 22, paragraph 127. Paris: O.I.E., 1986.

ORLANDO, P., GALLELLI, G., PERDELLI, F., DE FLORA, S. & MALCONTENTI, R., "Alimentary restrictions and iodine-131 in human thyroids". *Nature*, Vol. 324, p. 23, 6 November 1986. (Italy)

PATTERSON, W. C., *Nuclear power*, 2nd edition. London: Penguin Books, 1986.

PERMANENT MISSION OF THE SOVIET UNION, GENEVA, *Press bulletins on Chernobyl*, 11 May–27 July 1986.

PETROSYANTS, A., "The Soviet Union and the development of nuclear power". *IAEA Bulletin*, Vol. 28, No. 3, pp. 5–8, 1986.

PETROSYANTS, A. M., "Obninsk marks 30 years of nuclear power". *IAEA Bulletin*, Vol. 26, No. 4, pp. 42–6, 1984.

POCHIN, E., *Nuclear radiation: risks and benefits*, Oxford: Clarendon Press, 1983.

POHL, F., *Chernobyl – a novel*. London: Bantam Books, 1987.

POURCHET, M., PINGLOT, J. F. & GASCARD, J. C., "The northerly extent of Chernobyl contamination". *Nature*, Vol. 323, p. 676, 23 October 1986. (France)

Pravda, issues from 2 May 1986 to 25 December 1986.

PRINGLE, D. M., VERMEER, W. J. & ALLEN, K. W., "Gamma-ray spectrum of Chernobyl fallout". *Nature*, Vol. 321, p. 569, 26 June 1986. (United Kingdom)

RASSOW, J., *Kernreaktorunfall in Tschernobyl*. Federal Republic of Germany: Universitatsklinikum der Universitat-Gesamthochschule-Essen, 1987.

SADASIVAN, S. & MISHRA, U. C., "Relative fallout swipe samples from Chernobyl". *Nature*, Vol. 324, pp. 23–4, 6 November 1986. (India)

SAENGER, E. L., "Radiation accidents". *Annals of Emergency Medicine*, Vol. 15, pp. 1061–66, 1986.

SALO, A., "Information exchange after Chernobyl". *IAEA Bulletin*, Vol. 28, No. 3, pp. 18–22, 1986.

SCHAFER, H., *Endlager-statte Mensch?* Munich: Knauer, 1986.

SCHERBAK, Y., "Chernobyl: documentary story". *Unost* (Youth), June 1987, pp. 46–66. (In Russian)

SEMENOV, B. A., "Nuclear power in the Soviet Union". *IAEA Bulletin*, Vol. 25, No. 2, pp. 47–59, 1983.

STATENS STRALSKYDDSINSTITUT, *Chernobyl – its impact on Sweden*. SSI-rapport 86–12. Stockholm: National Institute of Radiation Protection, 1986.

The Biologist, "The lessons of Chernobyl". Proceedings of the 11 April 1987 Institute of Biology Seminar in London which included contributions from F. R. Livens, T. Hugosson, H. D. Roedler, A. Guskova and R. Gale.

THOMAS, A. J. & MARTIN, J. M., "First assessment of Chernobyl radioactive plume over Paris". *Nature*, Vol. 321, pp. 817–19, 26 June 1986. (France)

TRADES UNION CONGRESS NUCLEAR ENERGY REVIEW BODY, *Report of a delegation visit to the USSR, hosted by the All Union Central Council of Trade Unions, 2–5 April 1987*. London: Trades Union Congress, 1987.

UNION FEDERALE DES CONSOMMATEURS, "Tchernobyl ce qui est reste radioactif". *Que Choisir?*, special issue, 1987.

UNITED NATIONS ENVIRONMENT PROGRAMME, *Radiation doses, effects, risks*. Geneva: UNEP, 1985.

UNITED NATIONS SCIENTIFIC COMMITTEE ON THE EFFECTS OF ATOMIC RADIATION, *Exposures resulting from nuclear weapons test explosions and the military fuel cycle*. Proceedings of the 35th Session of UNSCEAR, Vienna, 14–18 April 1986. Vienna: UNSCEAR, 1986.

UNITED STATES FOOD AND DRUG ADMINISTRATION, FDA Press Office daily clipping service: Chernobyl, 29 April–13 May 1986, Rockville, Maryland.

UNITED STATES NUCLEAR REGULATORY COMMISSION, *Report on the accident at the Chernobyl nuclear power station*. NUREG-1250. Prepared by: Department of Energy, Electric Power Research Institute, Environmental Protection Agency, Institute of Nuclear Power Operations and Nuclear Regulatory Commission, Washington DC, 1986.

USSR STATE COMMITTEE ON THE UTILIZATION OF ATOMIC ENERGY, *The accident at the Chernobyl nuclear power plant and its consequences*. Information compiled for the IAEA Experts' Meeting, 25–29 August 1986. Vienna: IAEA, 1986.

VAN DER VEEN, J., VAN DER WIJK, A., MOOK, W. G. & DE MEIJER, R. J., "Core fragments in Chernobyl fallout". *Nature*, Vol. 323, pp. 399–400, 2 October 1986. (The Netherlands)

VARLEY, J., "Chernobyl prepares to start up". Editorial in *Nuclear Engineering International*, Vol. 31, p. 7, 1986.

VOLCHOK, H. L. & CHIECO, N. (Editors), *A compendium of the Environment Measurements Laboratory's research projects related to the Chernobyl nuclear accident*. EML-460. New York: US Department of Energy, 1986.

VON HIPPEL, F. & COCHRAN, T. B., "Estimating long-term health effects". *Bulletin of the Atomic Scientists*, Vol. 43, pp. 18–24, August/September 1986.

WAIGHT, P. J., "Estimate of the relationship between food contamination and consumption". Personal communication, 31 March 1987.

WATERHOUSE, J. A. H., MUIR, C. S., CORREA, P. & POWELL, J. (Editors), *Cancer incidence in five continents*, Volume III. IARC Scientific Publication, No. 15. Lyon: International Agency for Research on Cancer, 1976.

WATERHOUSE, J. A. H., MUIR, C. S., SHANMUGARATNAM, K. & POWELL, J. (Editors), *Cancer incidence in five continents*, Volume IV. IARC Scientific Publication, No. 42. Lyon: International Agency for Research on Cancer, 1982.

WATSON, W. S., NICHOLSON, R. A. & MOULD, R. F. "Chernobyl radionuclide deposition in Kiev and Warsaw". *Nature*, in press, 1988. (United Kingdom)

WEBB, G. A. M., SIMMONDS, J. R. & WILKINS, B. T., "Radiation levels in Eastern Europe". *Nature*, Vol. 321, pp. 821–2, 26 June 1986. (United Kingdom)

WEBSTER, E. W., "Chernobyl predictions and the Chinese contribution". *Journal of Nuclear Medicine*, Vol. 28, pp. 423–5, 1987.

WEINBERG, S., "Armand Hammer's unique diplomacy". *Bulletin of the Atomic Scientists*, Vol. 43, pp. 50–2, August/September 1986.

WORLD HEALTH ORGANISATION REGIONAL OFFICE FOR EUROPE, *Chernobyl reactor accident*. Report of a consultation. Copenhagen: WHO, 1986.

WORLD HEALTH ORGANISATION REGIONAL OFFICE FOR EUROPE, *Assessment of radiation dose commitment in Europe due to the Chernobyl accident*. Unpublished working group report, 25–27 June 1986. Bilthoven: WHO, 1986.

WORLD HEALTH ORGANISATION REGIONAL OFFICE FOR EUROPE, *Updated background information on the nuclear reactor accident in Chernobyl, USSR*. Data summary with regard to activity measurements, 12 June 1986.

SELECTED REFERENCES FOR FURTHER READING

This book concerns the Chernobyl nuclear accident, but readers may also be interested in references to the previous two worst civil nuclear accidents at Windscale in the United Kingdom in 1957 and at Three Mile Island, Pennsylvania, in the USA in 1979.

Windscale

ATOMIC ENERGY OFFICE, *Accident at Windscale No. 1 pile on 10 October 1957*. Report of the Committee of Inquiry. Cmnd. 302. London: H.M. Stationery Office, 1957.

MAYNEORD, W. V., ANDERSON, W., BENTLEY, R. E., BURTON, L. K., CROOKALL, J. O. & TROTT, N. G., "Radioactivity due to fission products in biological material". *Nature*, Vol. 182, pp. 1473–8, 29 November 1958.

THOMPSON, T. J. & BECKERLEY, J. G. (Editors), *The technology of nuclear reactor safety – Volume 1: Reactor physics and control*. Chapter 11, "Accidents and destructive tests", Section 3.7, "Accident at Windscale No. 1 pile", pp. 633–6. Cambridge, Massachusetts: The M.I.T. Press.

Three Mile Island

CANTELON, P. L. & WILLIAMS, R. C., *Crisis contained, the Department of Energy at Three Mile Island: a history*, Chapter 1, "Accident at Three Mile Island", pp. 1–7. Washington DC: US Department of

Energy, 1980.
Moss, T. H. & SILLS, D. L. (Editors), "The Three Mile Island nuclear accident: lessons and implications". *Annals of the New York Academy of Sciences*, Vol. 365, 24 April 1981.
SILLS, D. L., WOLF, C. O. & SHELANSKI, V. B. (Editors), *Accident at Three Mile Island: the human dimension*. Boulder, Colorado: Westview Press, 1982.
STEPHENS, M., *Three Mile Island*. London: Junction Books, 1980.

Hiroshima
These references which include eye witness accounts of some of the victims of Hiroshima as distinct from other more extensive scientific and technical studies. The latter are issued in the Life Span Study reports of the Japanese Ministry of Health & Welfare in co-operation with the Atomic Bomb Casualty Commission (replaced by the Radiation Effects Research Foundation from April 1975).

CHISHOLM, A., *Faces of Hiroshima*. London: Jonathan Cape, 1985.
HERSEY, J., *Hiroshima*. London: Penguin Books, 1984.

Additional References

BERRY, R. J., "The International Commission on Radiological Protection – a historical perspective". In *Radiation and Health*, edited by R. R. Jones & R. Southwood, Chapter 10, John Wiley & Sons, Chichester, 1987.
BOURDILLON, P. J., "The role of National Health Service hospitals in the preparedness for nuclear accidents". *British Journal of Radiology*, Vol. 60, pp. 1171–4, 1987.
CLARKE, R. H., "Reactor accidents in perspective". *British Journal of Radiology*, Vol. 60, pp. 1182–8, 1987.
CLARKE, R. H., "Dose distributions in Western Europe following Chernobyl". In *Radiation and Health*, edited by R. R. Jones & R. Southwood, Chapter 20, John Wiley & Sons, Chichester, 1987.
Cox, R. A. F., "Nuclear emergencies: medical preparedness". *British Journal of Radiology*, Vol. 60, pp. 1180–2, 1987.
CSONGOR, E., KISS, A. Z., NYAKO, B. M. & SOMORJAI, E., "Chernobyl fallout in Debrecen, Hungary". *Nature*, Vol. 324, 20 November 1986. (Hungary).
EDMONDSON, B., "United Kingdom nuclear reactor design and operation". *British Journal of Radiology*, Vol. 60, pp. 1174–7, 1987.
ENNIS, J. R., "New dosimetry at Hiroshima & Nagasaki – implications for risk estimates". Report of 23rd. Annual Meeting of the National Council on Radiation Protection & Measurements, Washington, DC, 8–9 April 1987, *Radiological Protection Bulletin*, No. 85, pp. 24–7, September 1987.
FOWLER, S. W., BUAT-MENARD, P., YOKOYAMA, Y., BALLESTRA, S., HOLM, E. & NGUYEN, H. V., "Rapid removal of Chernobyl fallout from Mediterranean surface water by biological activity". *Nature*, Vol. 329, pp. 56–8, 3 September 1987. (Monaco & France)
FRY, F. A., "The Chernobyl reactor accident: the impact on the United Kingdom". *British Journal of Radiology*, Vol. 60, pp. 1147–58, 1987.
GUBARYEV, V., "In Chernobyl's Sarcophagus". *The Scientist*, p. 23, 21 September 1987.
HAMMAN, H. & PARROTT, S., *Mayday at Chernobyl*. Sevenoaks: New English Library, 1987.
HOUSE OF COMMONS OFFICIAL REPORT, Parliamentary Debates (Hansard), "Foodstuffs (Radioactive Contamination)" (Col. 403), Vol. 121, No. 33, London: HMSO, 29 October 1987.
JOHNSTON, K., "British sheep still contaminated by Chernobyl fallout". *Nature*, Vol. 328, p. 661, 20 August 1987. (United Kingdom)
JOHNSTON, K., "United Kingdom upland grazing still contaminated". *Nature*, Vol. 326, p. 821, 30 April 1987. (United Kingdom)
JONES, R. R. & SOUTHWOOD, R., Editors, *Radiation and Health, the Biological Effects of Low-Level Exposure to Ionizing Radiation*. Chichester: John Wiley & Sons, 1987.
LAMBERT, B. E., "The effects of Chernobyl". In *Radiation and Health*, edited by R. R. Jones & R. Southwood, Chapter 21, John Wiley & Sons, Chichester, 1987.
MARPLES, D. R., *Chernobyl and Nuclear Power in the USSR*. Basingstoke: Macmillan, 1987.
NADEZHINA, N. M., "Experience of a specialised centre in the organisation of medical care of persons exposed during a nuclear reactor accident". *British Journal of Radiology*, Vol. 60, pp. 1169–70, 1987.
NATIONL RADIOLOGICAL PROTECTION BOARD, "Interim guidance on the implications of recent revisions of risk estimates and the ICRP 1987 Como statement". NRPB–GS9, November 1987.
NATIONAL RADIOLOGICAL PROTECTION BOARD, "Statement from the 1987 Como meeting of the International Commission on Radiological Protection". Supplement to *Radiological Protection Bulletin*, No. 86, 1987.
NEFFE, J., "Germany and Chernobyl, end of the nuclear programme?". *Nature*, Vol. 321, p. 640, 12 June 1986. (Federal Republic of Germany)
NÉNOT, J. C., "Medical basis for the establishment of intervention levels". *British Journal of Radiology*,

Vol. 60, pp. 1163–9, 1987.

ORGANISATION ECONOMIC CO-OPERATION & DEVELOPMENT, *Chernobyl and the Safety of Nuclear Reactors in the OECD Countries*, Paris: OECD, 1987.

RICH, V., "More compensation in Finland for nuclear accident victims". *Nature*, Vol. 325, p. 654, 19 February 1987. (Finland)

ROTBLAT, J., "A tale of two cities: Hiroshima & Nagasaki: a new look at the data". *New Scientist*, Vol. 117, pp. 46–50, 7 January 1988.

SCHEER, J., "How many Chernobyl fatalities?". *Nature*, Vol. 326, p. 449, 2 April 1987, *followed with reply by* FREMLIN, J. H., *Nature*, Vol. 327, p. 376, 4 June 1987, *followed with replies by* SCHEER, J., *Nature*, Vol. 329, pp. 589–90, 15 October 1987, *and by* FREMLIN, J. H., *Nature*, Vol. 329, p. 590, 15 October 1987.

SWINBANKS, D., "Chernobyl takes macaroni off Japan's menu". *Nature*, Vol. 329, p. 278, 24 September 1987. (Japan)

TRABALKA, J. R., EYMAN, L. D. & AUERBACH, S. I., "Analysis of the 1957–1958 Soviet nuclear accident". *Science*, Vol. 209, pp. 345–53, 1980.

TRICHOPOULOS, D., ZAVITSANOS, X., KOUTIS, C., DROGARI, P., PROUKAKIS, C. & PETRIDOU, E., "The victims of Chernobyl in Greece: induced abortions after the accident". *British Medical Journal*, Vol. 295, p. 1100, 31 October 1987.

WRIGHT, J. K., "Emergency planning". *British Journal of Radiology*, Vol. 60, pp. 1177–80, 1987.

追加文献一覧
（1986-2011年における書籍および報告書類等）

　ここに挙げた参考文献は主として書籍と報告書類であるが，数編の論文と発表報告も含まれている．現在では国際原子力機関（IAEA）を含めて，種々の国際機関が出版をインターネットのみで行っている．このような出版方針は専ら経済的な理由によるものであり，例えばチェルノブイリに関するIAEAの直近最後の印刷された出版物は2005年のものである．IAEAによる最新の参考資料としては，ベラルーシやウクライナの放射能汚染地域における環境，社会，および技術面での現況についての一連の記述や写真，ビデオがある．同様に，世界保健機構（WHO）もインターネット上で情報を発信している．印刷物として刊行された書籍や報告書のほとんどは事故直後の2，3年間と，事故後10年，15年，20年の記念出版として発行された物である．今回ここに取り上げた参考文献の中には，事故とその影響にかかわる質の良い写真を載せた新聞のカラーページや雑誌も入っている．表題と著者名とを記した1986-2011年の期間の参考文献を以下に年次順に並べて示す．

1986

Hawkes N, Lean G, Leigh D, McKie R, Pringle P, Wilson A： *The Worst Accident in the World. Chernobyl： The End of the Nuclear Dream*. London： William Heinemann & Pan Books, 1986.

Haywood JK, ed.： *Chernobyl： Response of Medical Physics Departments in the United Kingdom*. London： Institute of Physical Sciences in Medicine, 1986.

International Nuclear Safety Advisory Group.： *Summary Report on the Post-Accident Review Meeting*（25-29 August 1986）*on the Chernobyl Accident*. IAEA Safety Series. No. 75-INSAG-1. STI/PUB/740. Vienna：IAEA, September 1986.

1987

Edwards M, Raymer S, Mion P.： Chernobyl-One Year After. *National Geographic*；171（5）：633-653, May 1987.

Hamman Henry, Parrott Stuart.： *Mayday at Chernobyl. One Year On, The Facts Revealed*. Sevenoaks： Hodder & Stoughton, New English Library, 1987.

Mould RF.： After Chernobyl. *British J Radiology*；60：B29-B34, 1987.

Gubaryev V. *Sarcophagus*.（Translated by Michael Glenny）（Text of a Russian play about Chernobyl, written by the Science Editor of *Pravda*）Harmondsworth： Penguin Books, 1987.

1988

Mould RF.： *Chernobyl-The Real Story*. Oxford： Pergamon Press, 1988. 日本語版（本書），西村書店, 1992.

Svensson Hans.： The Chernobyl accident, impact on Western Europe. 6th Klaus Breuer lecture. *Radiotherapy & Oncology*；12：1-13, 1988.

1989

Baranov A, Gales RP, Guscova A, Piatkin E, Selidovkin G et al.： Bone marrow transplantation after the Chernobyl nuclear accident. *New England J Medicine* 27；321：205-212, July 1989.

1991

IAEA.： *The International Chernobyl Project. Proceedings of an International Conference held in Vienna 21-24 May 1991. Assessment of Radiological Consequences and Evaluation of Protective Measures*. Vienna：IAEA, 1991.

IAEA. Report by an International Advisory Committee.： *The International Chernobyl Project. An Overview. Assessment of Radiological Consequences and Evaluation of Protective Measures*. Vienna：IAEA, 1991.（Summary Brochure, 91-03254 IAEA/PI/A32E, 1991）

1992

International Nuclear Safety Advisory Group: *The Chernobyl Accident: Updating of INSAG-1*. IAEA Safety Series. No. 75-INSAG-7. STI/PUB/913. Vienna: IAEA, November 1992.

Ukraine MinChernobyl, Academy of Sciences of Ukraine.: *Description of the Ukritiye Encasement and Requirements for its Conversion*. (Russian & English languages booklet) International Competition. Kiev: Naukova Dumka, 1992. (Russian & English languages booklet)

1993

WHO.: *International Programme on the Health Effects of the Chernobyl Accident* (IPHECA). WHO/PEP/93.14. Geneva: WHO, 1993.

1994

Edwards M, Ludwig G.: Chernobyl. *National Geographic*; 186(2): 100-115, August 1994.

1995

Ilyin Leonid A. *Chernobyl: Myth and Reality*. Moscow: Megapolis, 1995. (English translation ISBN5866400049).

Nuclear Energy Agency, Organisation for Economic Co-operation and Development: *Chernobyl: Ten years On Radiological and Health Impact*. Paris: NEA, 1995.

Tarlap Tiit.: *Chernobyl 1986. Memoirs of an Estonian Cleanup Worker*. Tallinn: Institute of Experimental & Clinical Medicine, 1995.

United Nations Department of Humanitarian Affairs (UNDHA): Chernobyl No Visible End to the Menace. *DHA News*; No. 16: 2-28, September/October 1995

United Nations Scientific Committee on the Effects of Atomic Radiation (UNSCEAR): *Chernobyl: Local Doses and Effects*. 44th session of UNSCEAR, Vienna, 12-18, June 1995.

WHO.: *Health Consequences of the Chernobyl Accident. Results of the IPHECA Pilot Projects and Related National Programmes*. Summary Report. Geneva: WHO, 1995.

WHO.: *Health Consequences of the Chernobyl and Other Radiological Accidents*. International Conference 20-23 November 1995, Geneva. WHO/EHG/95.11. Geneva: WHO, 1995.

1996

European Commission and the Belarus, Russian and Ukrainian Ministries on Chernobyl Affairs, Emergency Situations and Health.: *Chernobyl Research: Radiological Aftermath*. Brussels: European Commission, 1996.

Izrael YA, De Cort M, Jones AR et al.: Atlas of ^{137}Cs contamination of Europe after the Chernobyl accident. In: Karaoglu A, Desmet G, Kelly GN, Menzel HG, eds. *Proc 1st Int Conf. The Radiological Consequences of the Chernobyl Accident*. Minsk 18-22. EUR 16544. Brussels, April 1996: European Commission, pp 1-10, 1996.

Jensen PH.: One decade after Chernobyl: environmental impact assessments. *Proc Int Conf One Decade After Chernobyl, Summing Up The Consequences Of The Accident*. Vienna, 8-12. Vienna: IAEA, pp 77-83, April 1996.

Lyabakh M, ed.: *And The Name of The Star is Chernobyl. Album in Pictures*. Kiev: Interinform Chernobyl, 1996.

Scherbak Yuri M.: Ten years of the Chernobyl era. *Scientific American*; 44-9, April 1996.

Souchkevitch GN, Tsyb AF, Repacholi MN, Mould RF, eds.: *Health Consequences of the Chernobyl Accident. Results of the IPHECA Pilot Projects and Related National Programmes*. Scientific report. Geneva: WHO, 1996.

1997

EU-Tacis.: *Chernobyl Nuclear Power Plant Object Ukritiye. Photo Documentation*. Kiev: Chernobyl NPP "Ukritiye", November 1997.

IAEA.: *Ten Years After Chernobyl: What Do We Really Know?* Based on the proceedings of the IAEA/WHO/EC International Conference, Vienna, April 1996. 97-00467 IAEA/PI/A51E. Vienna: IAEA, 1996.

Rahu M, Tekkel M, Veidebaum T, Pukkala E et al.: The Estonian study of Chernobyl clean-up workers: II. Incidence of cancer and mortality. *Radiation Research* 1997; 147: 653-657.

1999

Mould RF.: Chernobyl accident health impact. *Nowotwory J Oncology* 1999; 49: 498-512.

UNSCEAR.: *Exposures and Effects of the Chernobyl Accident*. 48th session of UNSCEAR. Vienna 12-16, April 1999.

Souchkevitch GN. Classification and terminology of radiation injuries. *Int J Radiation Medicine*; 1: 14-20, 1999.

2000

Mould RF.: *Chernobyl Record*. Bristol: Institute of Physics Publishing, 2000.

UNSCEAR.: *Exposures and Effects of the Chernobyl Accident*. Annex G. 49th session of UNSCEAR. Vienna 2-11, May 2000.

2001

Clark S, Moreau J-L.: To them, it's just another day at the plant. To us it's risking their lives cleaning up Chernobyl. *Sunday Times Magazine* 4: 28-37, February 2001.

2002

Kesminiene A, Cardis E, Tenet V, Ivanov VK et al.: Studies of cancer risk among Chernobyl liquidators: materials and methods. *J Radiation Protection*; 22: 137-141, 2002.

2005

Chernobyl Forum.: *Chernobyl's Legacy: Health, Environmental and Socio-economic Impacts and Recommendations to the Governments of Belarus, the Russian Federation and Ukraine*. Vienna: International Atomic Energy Agency (IAEA). (The Chernobyl Forum consists of the IAEA, WHO, FAO, UNDP, UNEP, UN-OCHA, UNSCEAR and the World Bank Group), 2005.

2006

Alexievich S.: *Voices from Chernobyl. The Oral History of a Nuclear Disaster*. (Translated by Gessen J). New York: Picador, 2006.

Stone R, Ludwig G. Inside Chernobyl. *National Geographic*; 209(4): 32-53, April 2006.

Davis S, Day RW, Kopecky KJ, Mahoney MC, McCarthy PL et al. (International Consortium for Research on the Health Effects of Radiation) Childhood leukaemia in Belarus, Russia and Ukraine following the Chernobyl power station accident: results from an international collaborative population-based case-control study. *Int J Epidemiology*; 35: 386-396, 2006.

2007

Kesminiene A, Cardis E.: Cancer epidemiology after the Chernobyl accident. *Bull Cancer*; 94: 423-430, 2007.

Ivanov VK. Late cancer and non-cancer risks among Chernobyl emergency workers of Russia. *Health Physics*; 93: 470-479, 2007.

2008

Romanenko AY, Finch S, Hatch M, Lubin J, Bebeschko VG et al.: The Ukranian-American study of leukemia and related disorders among Chernobyl cleanup workers from Ukraine. III. Radiation Risks. *Radiat Res*; 170: 711-720, 2008.

2009

Boehm BO, Steinert M, Dietrich JH, Peter RU, Belyi D et al.: Thyroid examination in highly radiation-exposed workers after the Chernobyl accident. *Eur J Endocrinology*; 160: 625-630, 2009.

IAEA Press Release 2009/05. UN agencies mark Chernobyl anniversary with launch of US$2.5 million project. 24 April 2009.

2011

Dubrova Yuri E.: Germline mutation after Chernobyl-what is known and what is not. *Presentation at British Institute of Radiology meeting 12 December 2011*: Chernobyl 25 years on: consequences, actions and thoughts for the future. (Powerpoint presentation provided by the BIR).

Rothkamm Kai.: Biomarkers for radiation exposure and effect. *Presentation at British Institute of Radiology meeting 12 December 2011* : Chernobyl 25 years on : consequences, actions and thoughts for the future. (Powerpoint presentation provided by the BIR).

Likhtarov I, Kovgan L, Chepurny M et al.: Estimation of the thyroid doses for Ukranian children exposed in utero after the Chernobyl accident. *Health Physics*; 100(6): 583-593, June 2011.

Thomas GA, ed.: The Radiobiological Consequences of the Chernobyl Accident 25 Years On: April 2011. *Clinical Oncology* Special Issue: 23(4): 229-307, May 2011.

Ainsbury EA, Bakhanova E, Barquinero JF, Brai M, Chumak V et al.: Review of retrospective dosimetry techniques for external ionising radiation exposures. *Radiation Protection Dosimetry*；147：573-592, 2011.

LiVolsi VA, Abrosimov AA, Bogdanova T, Fadda G, Hunt JL, Ito M, Rosai J, Thomas GA, Williams ED.： The Chernobyl thyroid cancer experience：pathology. *Clinical Oncology*；23：261-267, 2011.

Tuttle RM, Vaisman F, Tronko MD.： Clinical presentation and clinical outcomes in Chernobyl-related paediatric thyroid cancers：What do we know? What can we expect in the future? *Clinical Oncology*；23：268-275, 2011.

Thomas GA, Bethel JA, Galpine A, Mathieson W, Krznaric M, Unger K.： Integrating research on thyroid cancer after Chernobyl-the Chernobyl Tissue Bank. *Clinical Oncology*；23：276-281 2011.

Special Issue of the journal Health Physics.： Dedicated to the heroes and professionals who helped protect the world from nuclear disasters and to those who were displaced by these catastrophes. *Health Physics*；101(4)：335-495, 2011.

Zablotska LB, Ron E, Rozhko AV, Hatch M, Polyanskaya ON et al.： Thyroid cancer risk in Belarus among children and adolescents exposed to radioiodine after the Chernobyl accident. *Br J Cancer*；104：181-187, 2011.

Amano Y, IAEA Director General. Statement to international conference(in Kiev)on *Chernobyl： 25 years on-safety for the future*. 20 April 2011. http://www.iaea.org/newscenter/statements/2011/amsp2011n010.html

IAEA. IAEA chief visits Chernobyl accident site, calls for strengthened nuclear safety. 20 April 2011. http://www.iaea.org/newscenter/news/2011/dg_chernobyl.html

IAEA. Chernobyl In Focus. Watch and listen. 1986-2011：25 year anniversary of Chernobyl accident. 20 April 2011. http://www.iaea.org/newscenter/focus/chernobyl/

WHO. Ionizing radiation. Health effects of the Chernobyl accident. UN action plan on Chernobyl, ICRIN, past WHO activities. 26 April 2011. http://www.who.int/ionizing_radiation/chernobyl/en/

著者について

リチャードF. モールド（Richard F. Mould）

　理学士（物理），修士（核物理），博士（がん統計）．WHO，IAEA 報告書を含めて 50 冊以上の書籍，200 報以上の審査付き論文原著者・編者．最初の論文は 1965 年 British J. of Radiology に掲載．単独著作に，『医学統計概論』（初版 1976，改訂 1989, 1998，大竹出版より日本語版 1994），『放射線治療計画』（初版 1981，改訂 1985），『がん統計』（1983），『目で見るチェルノブイリの真実』（1988，日本語版本書），『チェルノブイリの記録』（2000）がある．X 線とラジウムに関して造詣が深く，『X 線とラジウムの歴史』（1980），および『医療における X 線と放射能の世紀』（1993）の著書がある．

　1961 年よりロンドンの王立マースデン病院にて X 線担当，続きチェルシー＆ウェストミンスター病院の医学物理部部長に就任．

　その間，レントゲンの生地でレントゲン博物館のあるドイツのレンネップ，X 線発見の地ヴュルツブルク，レントゲンが研究に従事し，その墓地があるギーセンなど，ヨーロッパや米国の主要な博物館や図書館を訪ね，X 線の歴史的情報に関わる定期刊行物，書籍，写真などを調査．X 線とラジウムについて，ヨーロッパ，米国，オーストラリア，東南アジア，中国など世界各国で，また，日本でも広島，長崎，大阪，東京などで講演．

　1986 年 8 月 25～29 日ウィーン開催の IAEA チェルノブイリ検討会議に英国政府代表として出席．

　1980 年英国王立放射線科専門医会名誉会員，1985 年ロンドン市自由市民，1997 年米国ケンタッキー州より名誉称号(米国ルイビル大学の医学統計学教育における貢献による)，2007 年ワルシャワがん学会名誉会員，2010 年ポーランドがん学会名誉会員．

　現在イングランド湖水地方の田園都市カートメルに在住．3 人の子供と 7 人の孫あり．

訳者あとがき

　1986年4月末、チェルノブイリ事故が世界を震撼させてからもう6年になります。この間に事故の原因や人々への影響について、虚実とりまぜて様々な報道が伝えられて来ました。真実は混沌の中から時の流れと共に姿を現してきます。その意味では本書は事故後一年間に明らかになった事柄に基づいて書かれていますので必ずしも完全ではありません。しかしながらそれを差し引いて余りある貴重な情報が本書にあふれています。事故の経緯やその科学的社会的背景についての要を得た説明に加えて写真や図表などの資料が綿密に集められており、全体を著者の科学者としての思想が透徹しています。特に事故当時の状況を客観的に冷静に伝えている点で本書は類を抜いていると言えましょう。

　事故の主因は本書に記述されているように「低出力状態で出力上昇があると暴走しやすい、というRBMK炉の特性に加えて、運転員のいくつものミスが重なったこと」でしたが、さらに制御棒に係わる設計上のミスがあったことなどがその後の調査で判明しています。このような工学上の問題を総まとめした白書がロシア連邦原子力省から近々公表されると伝えられています。

　環境に放出された放射能による健康影響についてはCEC、FAO、IAEA、ILO、UNSCEAR、WHO、などの国際機関による国際チェルノブイリプロジェクト(重松逸造委員長)が専門家による詳しい実地調査に基づく報告書を1991年に出しました。その報告書には事故の緊急対策に従事した人々以外には急性の障害は生じなかったこと、避難した人々を含めての一般公衆には放射線の影響としてのがん、白血病、甲状腺の病気は認められていないこと、しかし、心臓や胃腸の病気などの一般的な病気が増えていて、これには心理的な影響が係わっていると思われること、などが書かれています。がんや甲状腺の病気などの若年者への影響などはこれから注意深く調査を続けていくことによって明らかになるでしょう。このような疫学調査に関して注意すべき点についても本書の記述は大変参考になります。

　終わりにあたって翻訳原稿作成を辛抱強く手伝ってくださった私の秘書である足立和子、高林真里子、工藤知子、岡田雅子の皆さん、そして、煩雑な原稿の整理と校正にご尽力くださった西村書店編集部の皆さんに心から謝意を表します。また、現地の状況やロシア語の文献についての理解を助けていただいたロシア、ベラルーシ、ウクライナの友人達に感謝いたします。この方々のご援助なしにはこの翻訳は到底完成しなかったことでしよう。本書がチェルノブイリ事故を理解する一助となることを願いつつ。

1992年4月

小林　定喜

訳者紹介

小林定喜（こばやし・さだよし）

1934年長野県生まれ．1958年東京大学農学部（水産化学）卒，東京大学新聞研究所研究生修了．以降，科学技術庁（現・文部科学省）放射線医学総合研究所（放医研）において放射線の障害，防護，健康・環境リスク評価にかかわる実験および理論研究に従事．1959～1961年，米国デューク大学大学院（生物物理学）留学．1973～1978年，オーストリア国ウィーンの国際原子力機関（IAEA）ライフサイエンス部における低線量放射線影響研究プログラム・環境浄化放射線利用プログラム担当専門官．1984～1995年，放医研総括安全解析研究官．

国際的活動として，チェルノブイリ事故に関する日本ソ連邦科学技術協力協定による環境・健康影響共同研究プロジェクト，IAEA東南アジア地域協力協定による放射線防護プロジェクト，放射線の医学生物学利用プロジェクトのプロジェクトコーディネーター，経済協力機構原子力機関（OECD-NEA）の放射線防護プロジェクト「ステイクホルダーの役割」についてのコンサルタントなどを．また，国内の原子力安全行政に関して，（旧）内閣府原子力安全委員会の安全審査委員，専門委員，技術参与を務めた．

2012年現在，放医研名誉研究員，日本リスク研究学会名誉会員，日本放射線影響学会名誉会員．

目で見る チェルノブイリの真実 新装版
1992年9月10日　初版第1刷発行
2013年3月4日　新装版第1刷発行

著　者　リチャード・F・モールド
訳　者　小　林　定　喜
発行人　西　村　正　徳
発行所　西村書店　東京出版編集部
　　　　〒102-0071 東京都千代田区富士見2-4-6
　　　　電話 03-3239-7671　FAX 03-3239-7622
　　　　www.nishimurashoten.co.jp
印　刷　三報社印刷株式会社　　製　本　株式会社難波製本

本書の内容を無断で複写・複製・転載すると，著作権ならびに出版権の侵害となることがありますのでご注意ください．

ISBN978-4-89013-685-8

西村書店 好評図書

奇跡の医療・福祉の町 ベーテル 心の豊かさを求めて

[著] 橋本 孝
●四六判・248頁 ◆1,575円

ドイツには障害者でも老人でも、一生安心して暮らせる町がある。歴史的背景を踏まえつつベーテルの現在を豊富なカラー写真で紹介。医療・福祉のこれからのあり方を考える。

死ぬ権利はだれのものか

[著] コルビー　[訳] 大野善三／早野ZITO真佐子
●四六判・384頁 ◆1,680円

全米で物議を醸した衝撃のドキュメンタリー！尊厳死、医師による自殺幇助、終末期ケア…延命治療か尊厳死か、医学の進歩が私たちに迫る皮肉な選択。

死ぬ瞬間の心理

[著] R.カステンバウム　[監訳] 井上勝也
●四六判・408頁 ◆2,100円

死の心理学領域の名著。事故死、病死、自殺、臨終期の体験など豊富な事例とアンケートをもとに多様な角度から分析。死をめぐる様々な事柄を冷静に読み解く。

洗脳の世界 だまされないために マインドコントロールを科学する

[著] K.テイラー　[訳] 佐藤 敬
●四六判・400頁 ◆1,680円

北朝鮮・イスラムの暴走、宗教、宣伝、教育など、我々の周囲に思想コントロールがどのように存在するかを明らかにし、恐るべき洗脳のメカニズムを脳科学から徹底解明。防御法を説く。

モネの庭 花々が語るジヴェルニーの四季

[文・写真] ラッセル　[監訳] 六人部昭典　[訳] 大久保恭子　●B4変型判・172頁 ◆3,990円

500もの作品が生まれたジヴェルニーの「モネの庭」。この魅力の庭の春夏秋冬を美しい写真と絵で綴る。〈睡蓮〉等の逸話や作品、ガーデニングの秘策も紹介。

作家の家 創作の現場を訪ねて

[文] プレモリ=ドルーレ　[写真] レナード
[監訳] 鹿島 茂　[訳] 博多かおる
●B4変型判・208頁 ◆2,940円

コクトー、ヘミングウェイほか文豪20名の書斎、リビング、サロンから庭園まで、丹精こめてつくりあげた"自らの城"と作家の生涯を貴重なカラー写真で紹介する。

芸術家の家 作品の生まれる場所

[文] ルメール　[写真] アミエル　[訳] 矢野陽子
●B4変型判・192頁 ◆3,780円

偉大な芸術家が制作のために築き上げた住まいとはどんなものだったのか。ミュシャ、マグリット、デ・キリコなど個性豊かな14人の画家と彫刻家の住まいと生涯を、美しい写真とともに紹介。

推理作家の家 名作のうまれた書斎を訪ねて

[文・写真] 南川三治郎
●B5判・260頁 ◆2,730円

写真家で自らも大のミステリーファンである著者が単独取材・撮影。ジェフリー・アーチャー、パトリシア・コーンウェル、トム・クランシーなど、海外ミステリー作家30名の飾らない素顔を貴重な写真で紹介。

音楽家の家 名曲が生まれた場所を訪ねて

[文] ジュファン　[写真] バスタン／エヴラール
[訳] 博多かおる　●B4変型判・200頁 ◆3,780円

モーツァルト、ベートーヴェン、ショパン、ヴェルディ、ラヴェルら23名の音楽家の家を、愛用の机、ピアノ、譜面台、絵画などとともに美しい写真で紹介。

※価格は5%税込